The Elements

BIG QUESTIONS

118 원소

ⓒ 잭 챌리너, 2022

초판 1쇄 인쇄일 2022년 12월 20일
초판 1쇄 발행일 2022년 12월 27일

지은이 잭 챌리너　　**옮긴이** 곽영직
펴낸이 김지영　　　**펴낸곳** 지브레인^{Gbrain}
편 집 김현주, 백상열
제작 · 관리 김동영　　**마케팅** 조명구

출판등록 2001년 7월 3일 제2005-000022호
주소 04021 서울시 마포구 월드컵로7길 88 2층
전화 (02)2648-7224　　**팩스** (02)2654-7696

ISBN 978-89-5979-503-1(04430)
　　　978-89-5979-593-2(SET)

- 책값은 뒤표지에 있습니다.
- 잘못된 책은 교환해 드립니다.

H He Li Be B C N O F Ne Na

Mg Al Si P S Cl Ar K Ca Sc Ti

V Cr Mn Fe Co Ni Cu Zn Ga Ge As

Se Br Kr Rb Sr Y Zr Nb Mo Tc Ru

Rh Pd Ag Cd In Sn Sb Te I Xe Cs

BIG QUESTIONS **118원소**

사진으로 이해하는 원소의 모든 것

잭 챌리너 지음 **곽영직** 옮김

Ba La Ce Pr Nd Pm Sm Eu Gd Tb Dy

Ho Er Tm Yb Lu Hf Ta W Re Os Ir

Pt Au Hg Tl Pb Bi Po At Rn Fr Ra

Ac Th Pa U Np Pu Am Cm Bk Cf Es

Fm Md No

지브레인

Lr Rf Db

CONTENTS

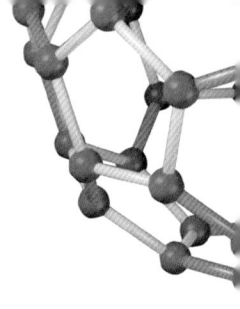

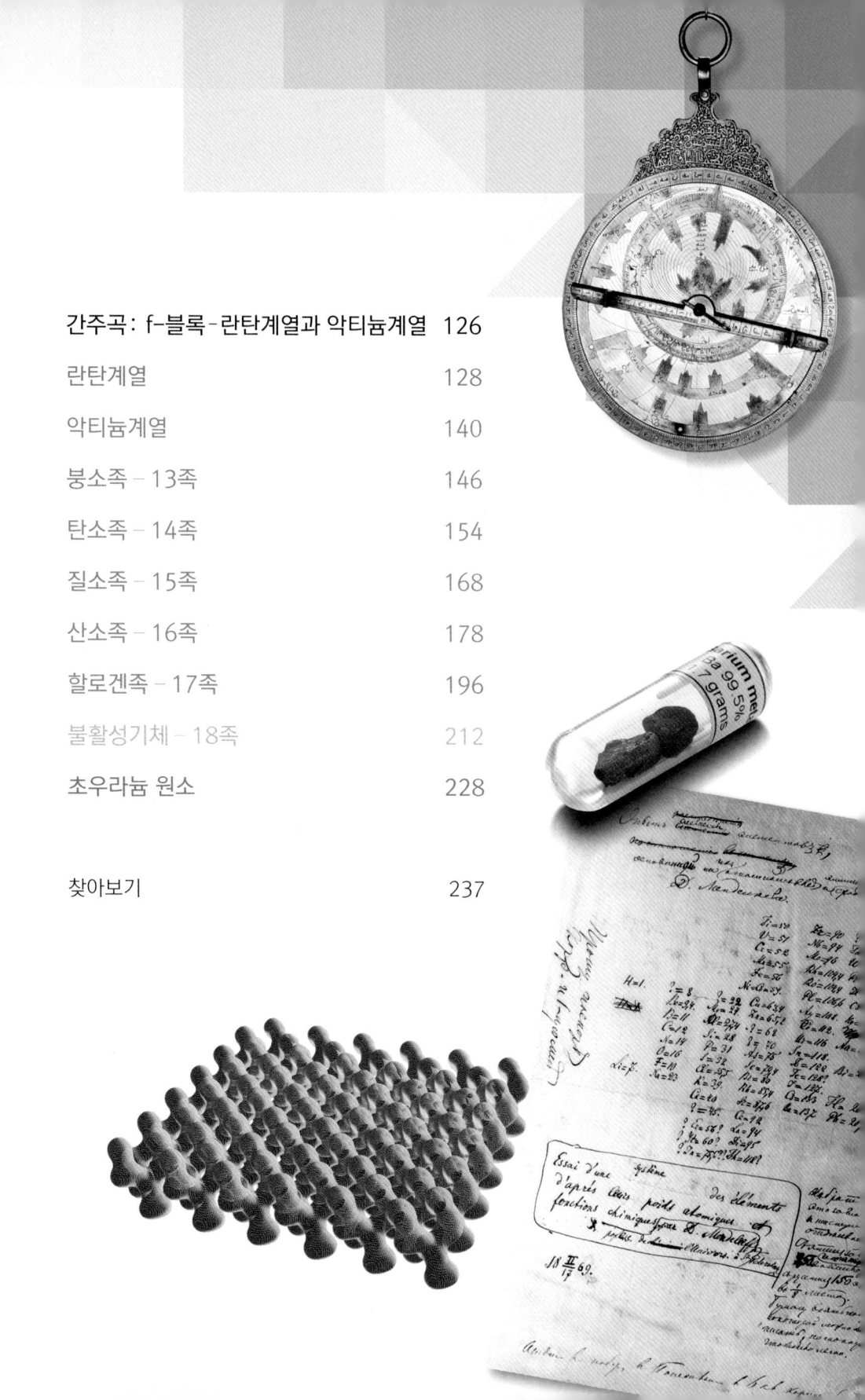

원소주기율표

1 **H** 수소 Hydrogen																	
3 **Li** 리튬 Lithium	4 **Be** 베릴륨 Beryllium																
11 **Na** 소듐(나트륨) Sodium	12 **Mg** 마그네슘 Magnesium																
19 **K** 칼륨(포타슘) Potassium	20 **Ca** 칼슘 Calcium	21 **Sc** 스칸듐 Scandium	22 **Ti** 티타늄(타이타늄) Titanium	23 **V** 바나듐 Vanadium	24 **Cr** 크롬 Chromium	25 **Mn** 망간 Manganese	26 **Fe** 철 Iron	27 **Co** 코발트 Cobalt
37 **Rb** 루비듐 Rubidium	38 **Sr** 스트론튬 Strontium	39 **Y** 이트륨 Yttrium	40 **Zr** 지르코늄 Zirconium	41 **Nb** 나이오븀 Niobium	42 **Mo** 몰리브덴 Molybdenum	43 **Tc** 테크네튬 Technetium	44 **Ru** 루테늄 Ruthenium	45 **Rh** 로듐 Rhodium
55 **Cs** 세슘 Caesium	56 **Ba** 바륨 Barium	57~71 **La** 란탄족 Lanthanoids	72 **Hf** 하프늄 Hafnium	73 **Ta** 탄탈럼 Tantalum	74 **W** 텅스텐 Tungsten	75 **Re** 레늄 Rhenium	76 **Os** 오스뮴 Osmium	77 **Ir** 이리듐 Iridium
87 **Fr** 프랑슘 Francium	88 **Ra** 라듐 Radium	89~103 **Ac** 악티늄족 Actinoids	104 **Rf** 러더포듐 Rutherfordium	105 **Db** 더브늄 Dubnium	106 **Sg** 시보귬 Seaborgium	107 **Bh** 보륨 Bohrium	108 **Hs** 하슘 Hassium	109 **Mt** 마이트너륨 Meitnerium

| 57
La
란탄
Lanthanum | 58
Ce
세륨
Cerium | 59
Pr
프라세오디뮴
Praseodymium | 60
Nd
네오디뮴
Neodymium | 61
Pm
프로메튬
Promethium | 62
Sm
사마륨
Samarium |
| 89
Ac
악티늄
Actinium | 90
Th
토륨
Thorium | 91
Pa
프로탁티늄
Protactinium | 92
U
우라늄
Uranium | 93
Np
넵투늄
Neptunium | 94
Pu
플루토늄
Plutonium |

									2 **He** 헬륨 Helium
			5 **B** 붕소 Boron	6 **C** 탄소 Carbon	7 **N** 질소 Nitrogen	8 **O** 산소 Oxygen	9 **F** 불소(플루오린) Fluorine	10 **Ne** 네온 Neon
			13 **Al** 알루미늄 Aluminium	14 **Si** 규소 Silicon	15 **P** 인 Phosphorus	16 **S** 황 Sulfur	17 **Cl** 염소 Chlorine	18 **Ar** 아르곤 Argon

28 **Ni** 니켈 Nickel	29 **Cu** 구리 Copper	30 **Zn** 아연 Zinc	31 **Ga** 갈륨 Gallium	32 **Ge** 게르마늄(저마늄) Germanium	33 **As** 비소 Arsenic	34 **Se** 셀레늄 Selenium	35 **Br** 브롬 Bromine	36 **Kr** 크립톤 Krypton
46 **Pd** 팔라듐 Palladium	47 **Ag** 은 Silver	48 **Cd** 카드뮴 Cadmium	49 **In** 인듐 Indium	50 **Sn** 주석 Tin	51 **Sb** 안티몬 Antimony	52 **Te** 텔루륨 Tellurium	53 **I** 요오드(아이오딘) Iodine	54 **Xe** 제논 Xenon
78 **Pt** 백금 Platinum	79 **Au** 금 Gold	80 **Hg** 수은 Mercury	81 **Tl** 탈륨 Thallium	82 **Pb** 납 Lead	83 **Bi** 비스무트 Bismuth	84 **Po** 폴로늄 Polonium	85 **At** 아스타틴 Astatine	86 **Rn** 라돈 Radon
110 **Ds** 다름스타튬 Darmstadtium	111 **Rg** 렌트게늄 Roentgenium	112 **Cn** 코페르니슘 Copernicium	113 **Nh** 니호늄 Nihonium	114 **Fl** 플레로븀 Flerovium	115 **Mc** 모스코븀 Ununperntium	116 **Lv** 리버모륨 Livermorium	117 **Ts** 테네신 Tennessine	118 **Og** 오가네손 Oganesson

63 **Eu** 유로퓸 Europium	64 **Gd** 가돌리늄 Gadolinium	65 **Tb** 터븀 Terbium	66 **Dy** 디스프로슘 Dysprosium	67 **Ho** 홀뮴 Holmium	68 **Er** 어븀 Erbium	69 **Tm** 툴륨 Thulium	70 **Yb** 이터븀 Ytterbium	71 **Lu** 루테튬 Lutetium
95 **Am** 아메리슘 Americium	96 **Cm** 퀴륨 Curium	97 **Bk** 버클륨 Berkelium	98 **Cf** 칼리포늄 Californium	99 **Es** 아인슈타이늄 Einsteinium	100 **Fm** 페르뮴 Fermium	101 **Md** 멘델레븀 Mendelevium	102 **No** 노벨륨 Nobelium	103 **Lr** 로렌슘 Lawrencium

서론

"현대 물리학과 화학은 우리가 살아가는 복잡한 세상을 놀랍도록 단순한 것으로 바꾸어놓았다."

- 칼 세이건 *Carl Sagan*

원소와 화합물 그리고 혼합물

우리에게 익숙한 대부분의 물질은 화합물이거나 혼합물이다. 나무, 강철, 공기, 소금, 콘크리트, 피부, 물, 플라스틱, 유리, 왁스와 같은 것들은 모두 하나 이상의 원소로 이루어진 화합물이거나 혼합물이다. 우리는 일상생활을 하는 동안 한 가지 원소로 이루어진 물질을 접할 수 있지만 100% 순수한 것은 아니다. 금과 은이 좋은 예다. 지금까지 생산된 가장 순수한 금에도 수백만 개의 원자 중 하나꼴로 금이 아닌 다른 원자가 포함되어 있다. 구리(파이프), 철(난간), 알루미늄(포일), 탄소(다이아몬드)도 우리가 자주 접하는, 상당한 정도로 순수한 원소들이다. 일부 원소들이 우리에게 익숙한 것은 산소, 질소, 염소, 칼슘, 나트륨, 납처럼 이들이 매우 중요하거나 흔한 원소들이기 때문이다.

이 책은 모든 원소들의 성질을 다룰 것이다. 원소들의 성질에는 이 원소가 다른 원소들과 어떻게 상호작용하는지를 나타내는 화학적 성질도 포함할 것이다. 그리고 각 원소들을 포함하고 있는 중요한 화합물과 혼합물에 대해서도 이야기할 것이다.

꼭 읽기 바란다!

많은 경우 서론 부분을 읽든 읽지 않든 별 차이가 없다. 그러나 이 책은 다르다. 이 책의 서론에는 이 책의 구성과 이 책에 포함된 정보를 이해하는 데 꼭 필요한 내용과 복잡한 세상의 아름다움을 감상하는 데 도움이 되는 내용들이 포함되어 있다. 그리고 세상의 모든 것을 어떻게 양

성자, 중성자, 전자의 세 가지로 설명할 수 있는지를 알 수 있도록 도와줄 것이다. 지구의 핵에서부터 멀리 있는 별에 이르는 세상의 모든 물질이, 그것이 고체이든 액체이든 기체이든 관계없이 모두 양성자, 중성자 그리고 전자의 조합에 의해 만들어졌다는 것은 놀라운 일이 아닐 수 없다.

양성자와 중성자 그리고 전자

원자의 지름은 1000만분의 1mm(0.0000001mm) 정도다. 원자의 질량은 원자의 중심에 있는 양성자와 중성자로 이루어진 무거운 원자핵에 집중되어 있다. 양성자나 중성자보다 훨씬 가벼운 전자들은 원자핵 주위를 돌고 있다. 우리 주변에 있는 모든 물질은 양성자와 중성자 그리고 전자가 여러 가지 방법으로 결합하여 만든 약 90가지 원소들로 이루어져 있다. 같은 종류의 원자들을 통틀어 원소라고 한다.

양성자는 양전하를 가지고 있고, 전자는 음전하를 가지고 있지만 전하량은 같다. 양성자와 전자가 야구공만큼 크다고 가정해보자. 양손에 전자와 양성자를 들고 있으면 둘 사이에 전기적 인력이 작용해 우리는 그 힘을 느낄 수 있을 것이다. 이름에서 짐작할 수 있듯이 중성자는 전하를 가지고 있지 않다. 따라서 공만큼 큰 중성자를 한 손에 들고 있어도 전자나 양성자가 잡아당기거나 미는 힘을 느끼지 못할 것이다.

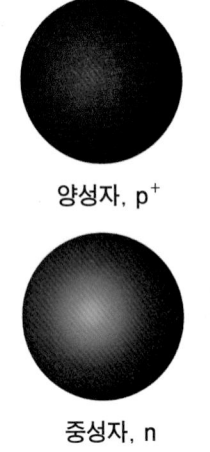

양성자, p+

중성자, n

전자, e−

양성자(붉은색)와 중성자(푸른색) 그리고 전자. 양성자의 질량은 중성자의 질량과 같고 전자 질량의 1800배다.

원자 만들기

야구공만큼 커진 상상 속의 원자들을 이용하여 가장 가볍고 가장 간단한 수소에서 시작하여 몇 개의 원소를 만들어볼 수 있다.

수소 원자핵을 만들기 위해서는 하나의 양성자만 있으면 된다. 양성자 하나에 전자 하나를 더한 것이 수소 원자다. 원자는 같은 수의 양성자와 전자를 가지고 있기 때문에 전체적으로 중성이다. 양성자와 전자를 일정한 거리에 떨어뜨려놓으면 둘 사이에는 전기적 인력이 작용한다. 인력이 작용한다는 것은 전자가 위치에너지를 가지고 있음을 뜻한다. 전자를 그대로 두면 전자는 양성자로 떨어져 위치에너지를 잃게 될 것이다. 그러나 전자는 양성자로 떨어지는 대신 양성자

주위의 궤도에서 양성자를 돌고 있다. 이런 전자는 바닥 에너지 상태에 있다.

이상한 행동들

가상적인 것이기는 하지만 우리는 수소 원자를 만들어보았다. 그런데 양성자나 전자와 같이 아주 작은 알갱이들 사이에는 양자물리학이라는 이상한 법칙이 적용된다. 예를 들면 전자가 양성자를 향해 떨어질 때 공이 땅으로 떨어지는 것처럼 매끄러운 선을 따라 떨어지는 것이 아니라 점프를 하면서 떨어진다. 전자는 특정한 에너지만을 '가질 수' 있다는 것은 우주의 기본 법칙이다. 전자가 한 번의 점프에서 잃는 에너지의 크기, 즉 두 에너지준위 사이의 에너지 차이를 에너지 양자라고 부른다. 가장 낮은 위치에너지를 가지는 준위, 즉 원자핵에 가장 가까운 에너지준위는 보통 $n=1$로 나타낸다. 전자가 잃는 에너지양자는 가시광선이나 자외선의 광자를 만들어낸다. 광자들의 종류가 다른 이유는 포함하고 있는 에너지가 다르기 때문이다. 파란빛의 광자는 붉은빛의 광자보다 더 많은 에너지를 가지고 있고, 자외선 광자는 파란빛 광자보다 더 큰 에너지를 가지고 있다. 전자를 몇 단계 높은 에너지준위로 올려 보내면 다시 원래의 에너지준위로 돌아오면서 빛을 내는 것을 볼 수 있다. 이때 광자의 일부는 눈으로 볼 수 있는 가시광선이고, 일부는 눈에 보이지 않는 자외선이다. 에너지준위는 원자핵 속에 들어 있는 양성자의 수에 따라 달라지므로 각 원소는 특정한 조합의 에너지준위를 가지고 있다. 따라서 각 원소들은 특정한 진동수를 가지는 광자들만 방출한다. 원소가 내는 이런 특정한 광자는 프리즘을 이용하여 분산시켜 검은 배경에 밝은 선으로 나타나도록 하여 관찰할 수 있다.

결과적으로 원소들은 여분의 에너지를 가지고 있는 들뜬 전자들이 안정한 상태의 에너지준위로 돌아가면서 내놓는 빛의 색깔로

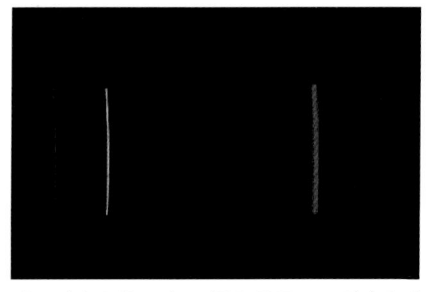

서로 떨어져 있는 밝은 선들은 들뜬 수소 원자가 내는 가시광선의 선스펙트럼이다.

수소와 베릴륨 원자핵을 도는 전자들의 에너지준위를 나타내는 그림(크기는 고려하지 않았다).

구별할 수 있다. 열이나 전기 또는 자외선을 이용하여 원자를 들뜨게 할 수 있다. 금속 원자들은 불꽃반응에서 특정한 색깔의 빛을 낸다. (불꽃반응 사진은 38쪽 참조) 이런 과정에 의해 불꽃놀이의 여러 가지 색깔이 만들어진다. 연소할 때 나오는 열이 금속 원자 안의 전자를 높은 에너지준위로 들뜨게 하고, 이 들뜬 전자들이 제자리로 돌아오면서 특정한 색깔의 빛을 낸다. 에너지를 절약하는 형광등에서는 자외선이 형광등 내벽에 발려 있는 형광물질의 전자를 들뜨게 하여 붉은색과 초록색 그리고 파란색 광자를 발생시킨다. 이 세 가지 광자가 눈으로 들어올 때 우리는 색깔이 없는 흰색의 환한 빛으로 인식하게 된다.

흐릿한 전자궤도

우리의 가상 원자는 또 다른 이상한 성질을 가지고 있다. 전자는 위치를 정확히 결정할 수 있는 입자가 아니라 원자핵 주변을 둘러싼 궤도에 흐릿하게 퍼져 있는 파동이다. 양자의 세상은 우리에게 익숙지 않은 확률이 지배하는 세상으로 물체가 동시에 두 장소에 있을 수도 있고, 입자로서뿐만 아니라 널리 퍼져 있는 파동으로도 존재할 수 있다. 따라서 전자는 입자일 수도 있고 3차원 확률 정상파일 수도 있다. 원소의 화학적 성질은 원자핵을 둘러싸고 있는 궤도에 전자들이 어떻게 배열되느냐에 따라 결정된다.

점 입자 또는 퍼져 있는 파동 형태의 전자가 존재할 수 있는 전자궤도의 그림

원자번호

이제 전자를 멀리 보내고 양성자만 남겨보자. 수소 다음의 원자를 만들기 위해서는 원자핵에 양성자 하나를 더 보태야 한다. 하지만 양성자들은 모두 양전하를 가지고 있기 때문에 서로 강하게 밀어낸다. 문제를 더 어렵게 만드는 것은 거리가 가까워질수록 밀어내는 힘이 더 커진다는 것이다. 다행스럽게도 해결 방법이 있다. 두 번째 양성자를 잠시 내려놓고 대신 중성자를 더해보자. 전하를 가지고 있지 않은 중성자를 원자핵에 보태는 데는 아무 어려움이 없다. 중성자를 양성자 가까이 가져가면 양성자와 중성자 사이에 갑자기 강한 인력이 작용하는 것을 느낄 수

있다. 이것이 강한 핵력이다. 양성자와 중성자를 결합시킨 강한 핵력은 세기가 아주 강해서 이제는 양성자와 중성자를 떼어내는 것이 어려울 것이다. 강한 핵력은 아주 가까운 거리에서만 작용한다. 이렇게 해서 양성자 하나(1p)와 중

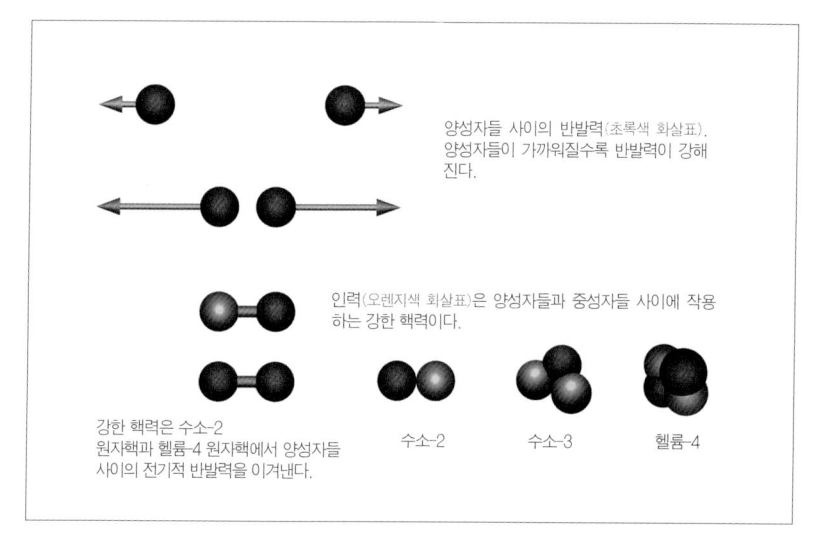

양성자들 사이의 반발력(초록색 화살표). 양성자들이 가까워질수록 반발력이 강해진다.

인력(오렌지색 화살표)은 양성자들과 중성자들 사이에 작용하는 강한 핵력이다.

강한 핵력은 수소-2 원자핵과 헬륨-4 원자핵에서 양성자들 사이의 전기적 반발력을 이겨낸다.

수소-2   수소-3   헬륨-4

양성자들 사이에는 반발력이 작용한다. 그 반발력은 거리가 가까워질수록 커진다. 그러나 아주 가까운 거리에서는 강한 핵력이 양성자와 중성자를 결합시켜 전기적 반발력을 이겨내고 원자핵을 만든다.

성자 하나(1n)로 이루어진 원자핵이 만들어졌다. 이것은 아직도 수소다. 원자의 종류는 원자핵 안에 들어 있는 양성자의 수를 나타내는 원자번호에 따라 결정되기 때문이다. 그러나 이것은 약간 다른 종류의 수소로, 수소-2라고 부른다. 양성자는 하나 가지고 있지만 중성자의 수가 다른 것을 수소의 동위원소라고 부른다. 양성자 하나와 중성자 하나로 이루어진 수소-2의 원자핵에 중성자를 하나 더 보태면 또 다른 수소의 동위원소인 수소-3을 만들 수 있다. 강한 핵력은 양성자들 사이에도 작용한다(그러나 전자에는 작용하지 않는다). 양성자를 수소-3 원자핵에 아주 가까이 가져가면 강한 핵력으로 인한 인력이 전기적 반발력을 이겨내고 양성자가 원자핵과 결합하여 양성자 두 개(2p)와 중성자 두 개(2n)로 이루어진 헬륨-4 원자핵이 된다. 가벼운 원자핵을 결합하여 무거운 원자핵을 만드는 것을 핵융합이라고 한다.

원소 만들기

우주 초기의 엄청난 열기와 압력에 의해 양성자와 중성자가 서로 결합하여 네 개의 양성자와 네 개의 중성자로 이루어진 베릴륨까지의 원자핵이 만들어졌다. 다른 모든 원소들은 그 후 별 내부에서의 핵융합 반응을 통해 합성되었다. 예를 들면 세 개의 헬륨 원자핵(2p, 2n)이 융합하여 탄소-12의 원자핵(6p, 6n)을 만들었고, 여기에 또 다른 헬륨-4의 원자핵이 결합하여 산

소-16의 원자핵(8p, 8n)이 되었다. 이외에도 다양한 조합이 가능하다. 보통 별은 일생을 통해 수소와 헬륨만으로 시작하여 원자번호가 26인 철의 원자핵까지 만들어낼 수 있다. 철보다 원자번호가 큰 원자들은 별의 마지막 단계에서 큰 폭발을 일으키는 초신성 폭발 때 만들어진다. 따라서 우리 자신을 포함해 모든 것은 우주 초기에 만들어졌거나 별의 내부 또는 초신성 폭발 때 만들어진 원소로 이루어져 있다.

헬륨-4 원자핵

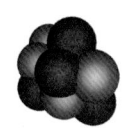

베릴륨-8 원자핵
(두 개의 헬륨-4 원자핵)

탄소-12 원자핵
(세 개의 헬륨-4 원자핵)

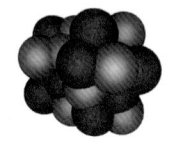

산소-16 원자핵
(네 개의 헬륨-4 원자핵)

전자궤도

우리가 만든 헬륨-4 원자핵으로 헬륨 원자를 만들려면 두 개의 전자가 더 필요하다. 원자핵을 향해 두 개의 전자를 떨어뜨리면 두 전자가 원자핵을 둘러싸고 있는 구형 S-궤도에 들어가는 것을 볼 수 있을 것이다('s'는 구형이라는 뜻의 영어 단어 'spherical'과는 아무 관계가 없다). 두 전자는 같은 에너지준위인 n=1에 있기 때문에 이 궤도는 1s로 나타낸다. 하나의 전자를 가진 수소는 $1s^1$ 전자구조를 가지고 있고, 헬륨은 $1s^2$ 전자구조를 가지고 있다. 더 많은 전자를 이용하여 더 무거운 원소를 만들면 안쪽의 궤도가 많아지면서 가장 바깥쪽에 있는 전자는 점점 더 원자핵으로부터 멀어질 것이다.

하나의 궤도에는 전자가 두 개까지 들어갈 수 있기 때문에 세 번째 원자인 리튬의 경우에는 새로운 궤도가 필요하다. 이 두 번째 전자궤도는 또 다른 구형 s-궤도로 n=2인 에너지준위에 있기 때문에 2s로 나타낸다. 따라서 1s 궤도에 두 개 그리고 2s 궤도에 하나의 전자

더 큰 원자핵 만들기. 별의 내부에서 일부 가장 흔한 원소들이 헬륨-4 원자핵의 핵융합 반응으로 만들어진다. 여기에는 베릴륨-8, 탄소-12, 산소-16이 나타나 있다.

가 들어가 있는 리튬의 전자구조는 $1s^2 2s^1$으로 나타낼 수 있다. 7쪽에 있는 주기율표를 보면 리튬이 두 번째 행에 있음을 알 수 있다. 주기율표의 행은 가장 바깥쪽 전자가 들어가 있는 궤도의 에너지준위를 나타낸다. 수소와 헬륨은 가장 바깥쪽 전자가 n=1인 에너지준위에 있기 때문에 첫 번째 행에 있다. 그리고 두 번째 행에 들어가 있는 리튬에서 네온까지의 원소들은 가장 바깥쪽의 전자들이 n=2인 에너지준위에 들어가 있다.

원자핵 주위의 같은 에너지준위에 들어가 있는 전자들은 같은 전자껍질에 있다고 말한다. 수

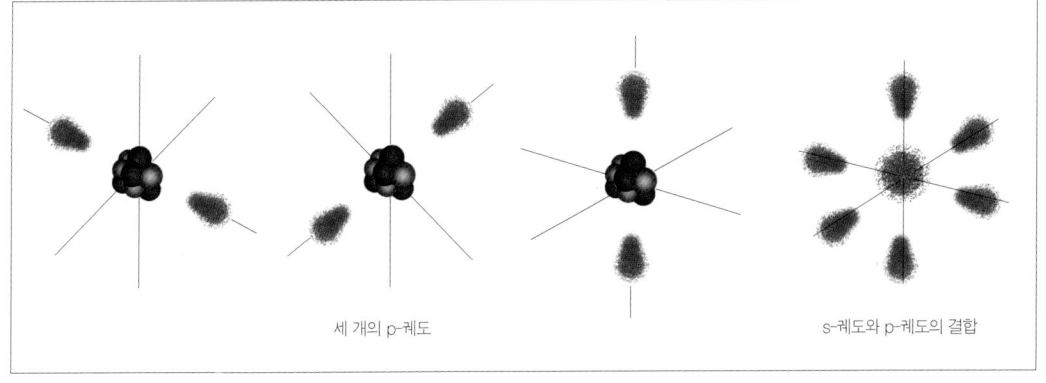

세 개의 p-궤도   s-궤도와 p-궤도의 결합

세 개의 2p 궤도 그리고 s-궤도와 p-궤도를 포함하고 있는 원자. 네온과 같이 바깥쪽 전자껍질이 채워진 원자는 궤도들이 결합하여 구형의 대칭 궤도를 형성하면서 구형 원자를 만든다.

소와 헬륨의 전자들은 첫 번째 껍질(에너지준위가 $n=1$인)에 들어가 있다. 두 번째 에너지준위 – 두 번째 전자껍질 – 에는 전자가 들어갈 공간이 더 있다. 여기에는 아령 모양의 p-궤도가 등장한다. s-궤도와 마찬가지로 p-궤도도 두 개까지의 전자가 들어갈 수 있다. 그런데 p-궤도는 세 개이므로 여섯 개까지의 전자가 들어갈 수 있다. 따라서 두 번째 행 가장 끝에 있는 네온의 전자구조는 $1s^2\ 2s^2\ 2p^6$로 전자의 수가 모두 10개가 되어 원자번호는 10이다. 네온은 가장 바깥쪽 껍질까지 전자가 가득 차 있다.

　세 번째 전자껍질에도 하나의 s-궤도와 세 개의 p-궤도가 있어 주기율표의 세 번째 행에도 여덟 개의 원소가 들어갈 수 있다. 따라서 세 번째 행 마지막 원소인 아르곤까지 18개의 원소가 들어가 있다. 첫 세 개의 껍질에 각각 2, 8, 8개의 전자가 들어갈 수 있어 총 18이 되기 때문이다. 네 번째 전자껍질(네 번째 행)에는 새로운 형태의 d-궤도가 등장하고, 여섯 번째 전자껍질에는 f-궤도가 등장한다. p-궤도는 세 개, d-궤도는 다섯 개, f-궤도는 일곱 개가 존재한다.

　각각의 궤도에는 두 개의 전자가 들어갈 수 있기 때문에 p-궤도에는 여섯 개, d-궤도에는 10개, f-궤도에는 14개의 전자가 들어갈 수 있다. 궤도들은 전자껍질 안의 전자껍질이라고 할 수 있다.

　앞에서 설명한 대로 전자를 더하며 원자를 만들어가서 네 번째 전자껍질에 전자를 채워보면 전자가 들어가는 순서는 첫 번째로 s-궤도에 들어가고 다음에 d-궤도 그리고 다음에 p-궤도가 채워진다. 마찬가지로 여섯 번째 전자껍질에 전자가 채워지는 순서는 s, d, f, p 궤도 순서다.

주기율표에는 이런 순서가 반영되어 있다. s-블록(1족과 2족)은 s-궤도(하나의 궤도)에 해당한다. 그리고 d-블록이라고 부르는 주기율표의 가운데 부분을 차지하고 있는 블록(3족에서 12족)은 d-궤도에 해당하고, f-블록은 f-궤도에 해당한다. 일반적으로 f-블록에 해당되는 원소들은 주기율표에서 나머지 원소들과 분리하여 아래쪽에 따로 정리되어 있다. 그러나 확장된 주기율표에서는 d-블록 원소들 다음에 f-블록 원소들이 포함되어 있다. 주기율표 우측에는 p-블록(13족에서 18족까지)이 있는데 이는 p-궤도에 해당된다.

불안정한 원자핵

전자껍질에 전자를 채워 넣을 때는 원자핵에 양성자도 넣어야 한다. 원자에는 같은 수의 전자와 양성자가 들어가 있어야 전기적으로 중성이 되기 때문이다. 따라서 원자핵이 수소나 헬륨의 원자핵보다 훨씬 커진다. 18개의 전자를 가진 아르곤은 원자핵에 18개의 양성자를 가지고 있어야 한다. 그러나 원자핵이 18개의 양성자만으로 이루어지면 양성자들 사이의 전기적 반발력이 강한 핵력으로 인한 인력보다 더 커진다. 그렇게 되면 원자핵은 매우 불안정해져 즉시 분열된다. 중성자는 전기적 반발력을 더 크게 하지 않으면서도 강한 핵력에 의한 인력을 증가시킬 수 있다. 중성자는 마치 원자핵을 단단하게 결합시키는 풀 같은 역할을 한다. 따라서 아르곤의 가장 흔한 동위원소의 원자핵에는 18개의 양성자와 22개의 중성자가 포함되어 있다.

그러나 원자핵에 더 많은 중성자가 들어 있다고 해서 더 안정한 것은 아니다. 양성자와 중성자가 특정 비율로 원자핵에 포함되어 있을 때 원자핵이 가장 안정하다. 따라서 모든 원소에는 특정한 동위원소가 훨씬 더 흔하게 존재한다. 아르곤의 가장 흔한 동위원소는 아르곤-40이다 (전자의 질량은 무시하므로 원자량은 양성자와 중성자의 합이다). 그러나 아르곤-40이 가장 흔한 동위원소이기는 하지만 다른 안정한 동위원소도 있다. 아르곤 원소의 평균 원자량(표준 원자량)은 정수가 아니라 39.948이다. 실제로 대부분의 표준 원자량은 정수가 아니다. 예를 들면 염소의 원자량은 35.453이다.

불안정한 원자핵에서는 여러 가지 일들이 생길 수 있다. 가장 흔히 일어나는 일이 알파붕괴와 베타붕괴다. 알파붕괴에서는 커다란 불안정한 원자핵이 두 개의 양성자와 두 개의 중성자로 이루어진 알파입자라고 부르는 입자를 방출한다. 그렇게 되면 원자핵은 두 개의 양성자를 잃기 때문에 원자번호가 2 줄어든다. 예를 들어 라듐-226 원자핵(88p, 138n)이 알파입자를 방출하면

라돈-222(86p, 136n)가 된다. 알파붕괴는 한 원소를 다른 원소로 바꾸는 원소 변환을 일으킨다. 이 경우에는 라듐이 라돈으로 변한다.

자연에 90가지 원소만 존재하는 이유는 이러한 원자핵의 불안정성 때문이다. 초신성에서 만들어진 더 무거운 원자핵들은 오래전에 가벼운 원자핵으로 분열되어버렸다. 원자번호가 92인 우라늄보다 무거운 원소는 인공적으로 만든 것들뿐이어서 아주 짧은 기간 동안만 존재한다. 초우라늄 원소들에 대한 자세한 정보는 228~236쪽에 실려 있다. 우라늄보다 원자번호가 작은 원소 중에서 안정한 동위원소를 가지고 있지 않아 자연에서 발견되지 않는 원소가 두 개 있다. 하나는 테크네튬이고 다른 하나는 프로메튬이다.

베타붕괴에서는 중성자가 양성자와 전자로 변한다. 이때 전자는 원자핵으로부터 빠른 속도로 방출되는데 이를 베타입자라고 부른다. 이런 경우에는 원자핵 속의 양성자 수가 하나 늘어나기 때문에 원자번호가 1 증가한다. 아르곤-40은 안정한 동위원소이지만 아르곤-41(18p, 23n)은 안정한 동위원소가 아니다. 아르곤-41이 베타붕괴를 하면 포타슘-41(19p, 22n)이 된다. 베타붕괴에서는 원자핵 변환이 일어나지만 원자량은 변하지 않는다. 새로 만들어진 양성자의 질량이 중성자의 질량과 같기 때문이다.

알파붕괴와 베타붕괴는 임의적으로 일어나는 과정이지만 수백만 또는 수십억 개의 원자핵이 붕괴할 때는 전체의 원자핵 중 반이 붕괴하는 데 걸리는 시간이 늘 일정하다. 이를 반감기라고 한다.

알파붕괴나 베타붕괴와 같은 핵반응에서는 원자핵이 에너지를 잃는다. 따라서 높은 에너지준

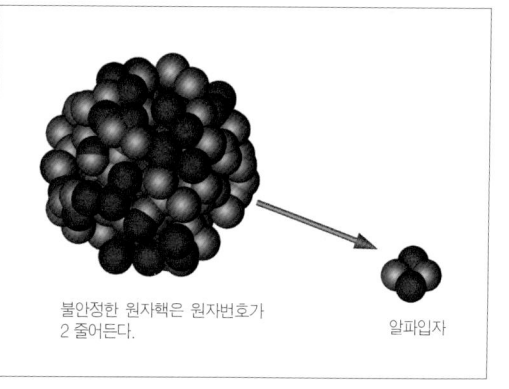

불안정한 원자핵은 원자번호가 2 줄어든다.

알파입자

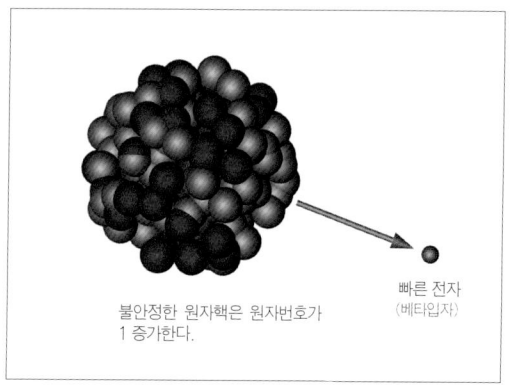

불안정한 원자핵은 원자번호가 1 증가한다.

빠른 전자 (베타입자)

알파붕괴. 불안정한 원자핵이 알파입자(2p, 2n)를 방출하면 원자번호가 2 줄어든다.

베타붕괴. 불안정한 원자핵 안에 들어 있는 중성자가 양성자와 전자로 변한다. 새로 생긴 양성자로 인해 원자번호가 1 증가한다.

위에 있던 전자가 낮은 에너지준위로 내려올 때와 마찬가지로 원자핵이 광자를 방출한다. 그러나 원자핵 반응과 관련된 에너지는 훨씬 크기 때문에 원자핵 반응 때 방출되는 광자는 가시광선이나 자외선 광자보다 큰 에너지를 가지고 있는 감마선 광자다. 원자핵 분열 때 방출되는 알파입자, 베타입자 그리고 감마선을 방사선이라고 한다.

결합

양성자와 중성자로 이루어진 원자핵과 그 주위를 돌고 있는 전자로 이루어진 원자는 고립된 상태로 존재하지 않는다. 이 책만 해도 셀 수 없을 정도로 많은 원자들로 이루어져 있다. 같은 종류의 원자를 많이 모아놓으면 원자들이 서로 결합하여 흥미로운 성질을 가진 물질을 만들기 시작한다. 대부분의 원소는 금속 원자이다. 금속 원자들이 모이면 가장 바깥쪽 전자들이 원자의 속박에서 벗어나 자유전자가 된다. 자유전자는 모든 금속 원자핵들이 공유하게 된다. 이런 전자들은 특정한 에너지만을 가지는 것이 아니라 전도띠라고 부르는 가능한 에너지 영역 내에서 연속적인 에너지를 가질 수 있다. 이런 전자들은 자유롭게 이동할 수 있어서 충돌하는 거의 모든 에너지의 광자(빛이나 다른 종류의 전자기파)를 흡수했다가 다가온 방향으로 광자를 다시 방출한다. 금속이 불투명하고 빛을 잘 반사하는 것은 이 때문이다. 그리고 전자가 자유롭게 이동할 수 있으므로 금속은 전기전도도가 좋은 도체이다. 금속 원소들은 주기율표 좌측과 가운데 부분에 있다.

반면에 비금속 원소인 황의 전자들은 자유롭게 이동할 수 없고, 다른 원소와 공유한 궤도에 잡혀 있어 두 원자 사이의 결합을 만든다. 때문에 황은 좋은 부도체이다. 일부 원소는 보통 때는 부도체이지만 열이나 전자기파 광자의 에너지를 흡수하면 전자들이 전도띠로 올라갈 수 있다. 규소는 이런 성질을 가지고 있는 반도체의 대표적인 원소다. 비금속과 반도체 원소들은 주기율표 가운데 우측에서 발견할 수 있다.

일부 원소들은 다른 종류의 원자는 물론 같은 종류의 원자들과도 쉽게 결합하지 않는다. 특히 모든 전자껍질이 전자로 가득 차 있는 주기율표에서 가장 우측의 원소들이 그렇다. 이 원소들은 상온에서는 모두 기체여서 개개 원자들이 빠른 속도로 날아다닌다. 이런 원소들을 액체나 고체로 만들려면 아주 낮은 온도로 냉각시키거나 높은 압력을 가해야 한다. 상온에서 기체인 다른 원소들은 두 개 또는 세 개로 이루어진 작은 분자를 이루고 있다. 수소(H_2), 브롬(Br_2), 염소

(Cl₂), 산소(O₂ 또는 O₃) 기체가 그런 예다. 이런 분자 안의 전자들은 분자 내의 모든 원자핵을 둘러싸고 있는 분자궤도에 잡혀 있다.

어떤 경우에는 순수한 원소들이 온도와 압력에 따라 다른 형태를 이루고 있다. 예를 들면 다이아몬드와 흑연은 모두 순수한 탄소로 이루어져 있지만 성질이 다르다. 같은 원소로 이루어졌지만 다른 성질을 가지는 이런 물질을 동소체라고 부른다.

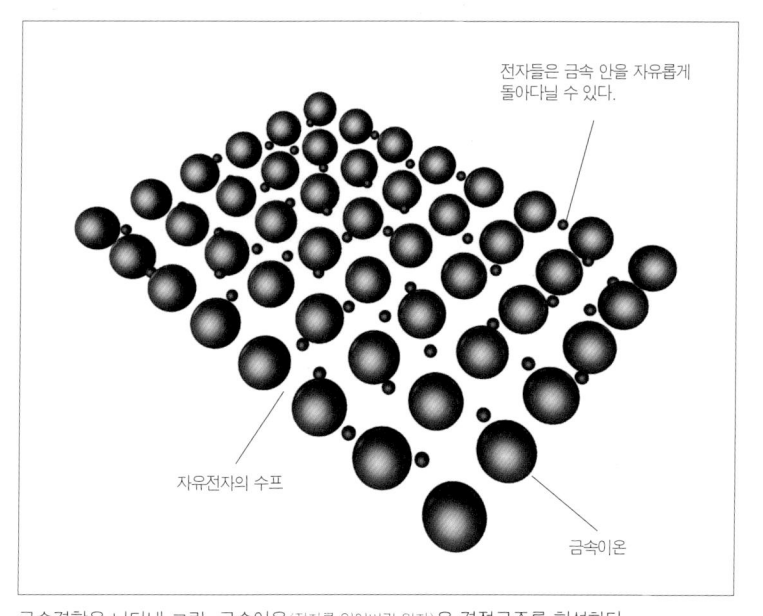

전자들은 금속 안을 자유롭게 돌아다닐 수 있다.

자유전자의 수프

금속이온

금속결합을 나타낸 그림. 금속이온(전자를 잃어버린 원자)은 결정구조를 형성한다.

화학반응과 화합물

한 원소의 원자들이 다른 원자들과 상호작용하면 많은 흥미로운 일들이 일어난다. 일부 경우에는 두 가지 원자의 상호작용이 단순한 혼합물인 경우도 있다. 적어도 하나 이상의 금속 원소를 포함하는 혼합물을 합금이라고 부른다. 그러나 대부분의 경우에는 다른 종류의 원자들 사이에 결합이 형성되는 화학반응에 의해 화합물이 만들어진다. 화학반응은 원자들이 전자를 주고받거나 공유하여 이온결합이나 공유결합을 만들어내는 반응이다. 이런 반응은 항상 가장 바깥쪽 전자껍질에 전자를 채워 안정한 구조를 만든다.

이온결합은 원자가 전자를 잃거나 얻어서 생긴 이온과 관련되어 있다. 예를 들면 가장 바깥쪽 전자껍질에 하나의 전자를 가지고 있는 나트륨은 전자 하나를 잃고 가장 바깥 전자껍질이 전자로 채워지는 구조를 만드는 것을 좋아한다. 그렇게 되면 원자 안의 양성자 수가 전자 수보다 많아져서 중성 나트륨이 양전하를 띤 나트륨 이온으로 바뀐다. 마찬가지로 가장 바깥쪽 전자껍질에 일곱 개의 전자를 가지고 있는 염소 원자는 하나의 전자를 얻어 가장 바깥쪽 전자껍질을 채우

면서 중성 염소 원자가 음전하를 띤 염소 이온이 된다.

이온들은 서로 반대 부호의 전하를 가지고 있어서 전기적인 인력에 의해 달라붙는다. 이 이온들은 염화나트륨(식용 소금)과 같은 반복되는 구조를 만

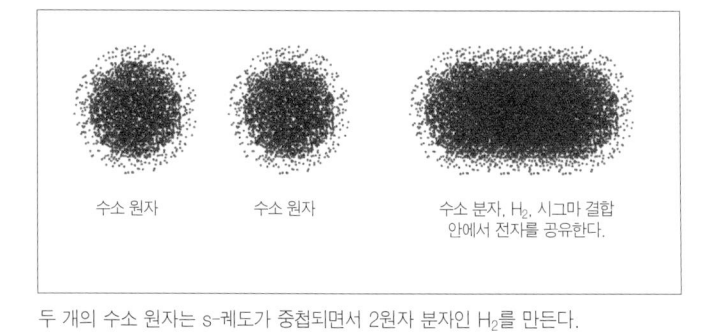

수소 원자   수소 원자   수소 분자, H$_2$, 시그마 결합 안에서 전자를 공유한다.

두 개의 수소 원자는 s-궤도가 중첩되면서 2원자 분자인 H$_2$를 만든다.

든다. 금속과 비금속 원자가 결합하여 만들어진 이온결합 화합물은 결합이 매우 강해서 녹는점이 높다.

$$\text{나트륨 원자 } 1s^2\ 2s^2\ 2p^6\ 3s^1$$
$$\text{나트륨 이온 } 1s^2\ 2s^2\ 2p^6$$
$$\text{염소 원자 } 1s^2\ 2s^2\ 2p^6\ 3s^2\ 3p^5$$
$$\text{염소 이온 } 1s^2\ 2s^2\ 2p^6\ 3s^2\ 3p^6$$

공유결합은 두 개 또는 그 이상의 비금속 원자들이 전자를 공유함으로써 이루어지는 결합이다. 원자핵 주위에는 분자궤도가 만들어진다. 예를 들어 하나의 탄소 원자와 네 개의 수소 원자로 이루어진 메테인 분자(CH_4)에서는 탄소와 수소 원자들 사이에 공유결합이 형성된다.

공유결합에 의해 만들어진 분자에서는 개개 원자 사이의 결합이 이온결합만큼 강하지 못하고 느슨하기 때문에 녹는점이 낮다. 물(H_2O), 암모니아(NH_3), 이산화탄소(CO_2)와 같은 분자들은 모두 공유결합을 하고 있다. 일부 공유결합 화합물은 아주 큰 분자다. 예를 들면 단백질은 수백 개 내지 수천 개의 원자들로 이루어져 있다.

일부 화합물의 경우에는 이온결합과 공유결합이 혼합되어 있다. 공유결합으로 이루어진 원자들은 이온화될 수 있고 이들이 다른 이온과 결합할 수도 있다. 탄산칼슘(분필, $CaCO_3$)에서는 양전하를 가지고 있는 칼슘 이온(Ca^{2+})이 탄소와 산소가 공유결합하여 이루어진 탄산 이온(CO_3^{2-})과 결합한다. 이온결합 화합물에서는 음전하를 띤 부분을 음이온, 양전하를 띠고 있는 부분을 양이온이라고 부른다. 이온결합 화합물의 이름에는 양이온의 이름이 먼저 오고 다음에

염화나트륨, NaCl의 형성

염소 원자가 전자를 받아들여 염소 이온이 된다.

나트륨 원자는 쉽게 전자를 잃는다.

전기력이 결정 안에서 나트륨과 염소 이온을 결합시킨다.

바깥쪽 전자껍질이 모두 차 있는 두 이온은 서로 반대 부호의 전하를 가지고 있다.

이온결합. 나트륨 원자가 바깥쪽 전자를 잃고 양이온이 된다. 염소 원자는 전자를 받아들이고 음이온(대칭적인 구형의)이 된다. 전기적 인력이 두 이온을 결합시켜 육면체 결정(사각형 안)을 형성한다.

음이온의 이름이 온다(영어 명칭과 달리 우리나라는 일반적으로 음이온의 이름이 앞에 오고 양이온의 이름이 뒤에 온다-옮긴이). 따라서 염화나트륨에서는 나트륨 이온이 양이온이고 염소 이온이 음이온이다.

우리는 80여 개의 원소들이 결합하여 우리 주변의 모든 물질을 만들어내는 다양한 방법의 극히 일부에 대해서만 알아보았다. 그러나 이것으로도 세 가지 입자와 조금은 이상해 보이는 양자 법칙이 어떻게 다양한 세상을 만들어가는지에 대한 아이디어를 얻는 데 충분할 것이다.

이 책의 나머지 부분에서는 원자들이 결합하여 만들어내는 다양한 물질들에 초점을 맞출 것이다. 이 책에서는 자연에 존재하거나 인공적으로 만든 118번까지의 모든 원소들을 다루고 있으며 특히 중요하거나 흥미로운 원소들에 대해서는 더 많은 지면을 할애했다.

이 책은 족으로 분류하는 주기율표의 열을 기준으로 원소들을 분류했다. 같은 족에 속하는 원소들은 가장 바깥쪽 전자껍질이 같은 전자구조를 가지고 있어 비슷한 성질을 갖는다. 예를 들면 리튬($1s^2 \, 2s^1$)과 나트륨($1s^2 \, 2s^2 \, 2p^6 \, 3s^1$)은 모두 가장 바깥쪽 전자껍질에 하나의 전자를 가지고 있다.

주기율표의 족 이름을 붙이는 방법에는 여러 가지가 있지만 이 책에서는 국제순수응용화학연합[IUPAC]에서 사용하는 방법에 따라 1부터 18까지의 숫자를 이용해 나타내기로 했다. 첫 번째 12족까지는 모두 금속 원소들이다(수소를 제외하고). 다른 족에 속하는 원소들은 비금속이거나 금속과 비금속의 중간 성질을 가지고 있는 반금속이다.

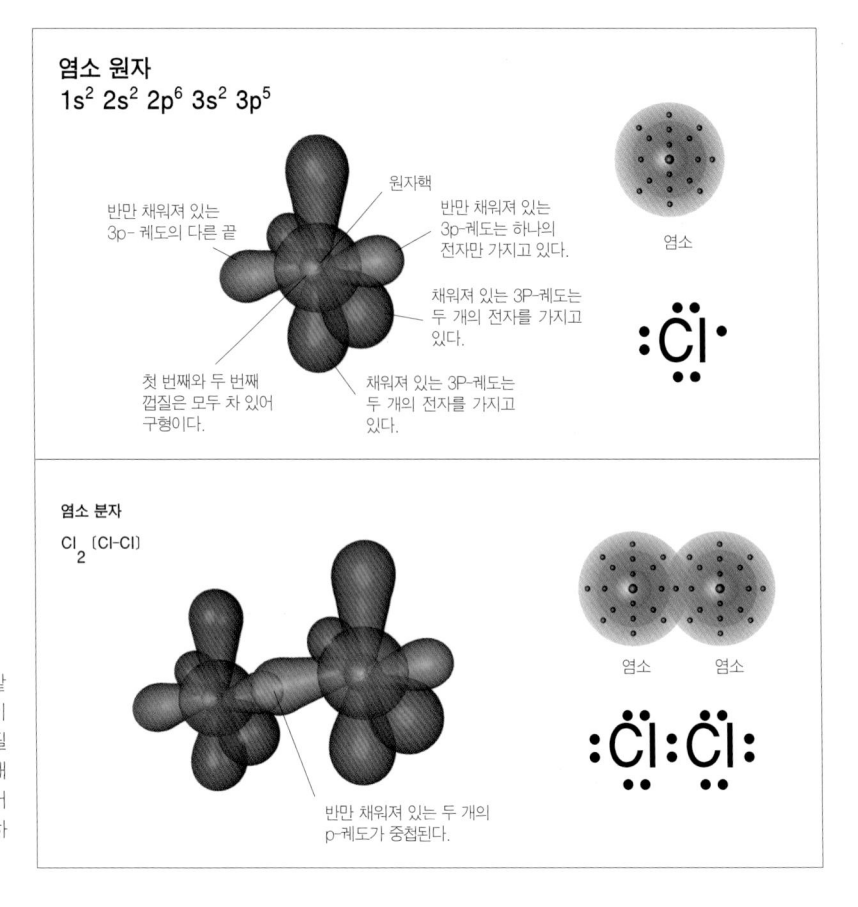

염소 원자
$1s^2 2s^2 2p^6 3s^2 3p^5$

반만 채워져 있는
3p- 궤도의 다른 끝

원자핵

반만 채워져 있는
3p-궤도는 하나의
전자만 가지고 있다.

채워져 있는 3P-궤도는
두 개의 전자를 가지고
있다.

첫 번째와 두 번째
껍질은 모두 차 있어
구형이다.

채워져 있는 3P-궤도는
두 개의 전자를 가지고
있다.

염소

염소 분자
Cl_2 (Cl-Cl)

공유결합의 예. 가장 바깥쪽 전자껍질을 모두 채우기 위해 하나의 전자가 더 필요한 두 염소 원자는 두 개의 p-궤도가 겹쳐서 만들어지는 결합 궤도에 전자 하나씩을 제공한다.

반만 채워져 있는 두 개의
p-궤도가 중첩된다.

염소   염소

알아두어야 할 사항들 – 원자 자료 설명

이 책에서 각각의 원소를 다루는 글머리에 그 원소의 원자번호를 비롯한 기본적인 물리적 성질을 나타내는 자료가 첨부되어 있다. 자주 대하게 될 원소의 성질을 보여주기 위해 자료의 예(염소)가 아래 제시되어 있다.

원자량(상대 원자 질량 또는 표준 원자량이라고도 부르는)은 원자 하나의 질량이 탄소-12 원자 하나의 질량의 12분의 1에 몇 배인지를 나타낸다. 모든 원소들은 질량이 다른 동위원소를 가지고 있기 때문에 원자량은 정수가 아닌 경우가 대부분이다.

전자들이 흐릿한 궤도 위에 존재하기 때문에 1m의 1조분의 1을 나타내는 피코미터 단위로 제시된 원자반지름은 정확한 값이 아니다. 산화 상태는 이온결합을 할 때 원자가 얻는 전하를

원자번호	17
원자반지름	100pm
산화 상태	**−1**, +1, +2, +3, +4, **+5**, +6, **+7**
원자량	35.45
녹는점	−102℃
끓는점	−34℃
밀도	3.20g/L
전자구조	[Ne] $3s^2 \, 3p^5$

탄산칼슘의 결정구조. 각각의 탄소 원자(검은색)는 세 개의 산소 원자(붉은색)와 공유 결합하여 음전하를 띠는 탄산 이온을 만든다. 이 탄산 이온은 양전하를 가진 칼슘 이온과 이온결합한다.

나타낸다. 염화나트륨의 경우, 나트륨은 양전하를 얻고 염소는 음전하를 얻기 때문에 나트륨의 산화 상태는 +1이고 염소는 −1이다. 공유결합 화합물에서의 산화 상태는 원자가 몇 개의 전자를 공유하는지에 따라 결정된다. 많은 원소들이 하나 이상의 산화 상태를 가질 수 있다. 화합물의 이름을 정할 때 모호하지 않도록 하기 위해 금속이온의 산화 상태는 괄호에 로마 숫자로 나타내는데 이를 산화수라고 한다. 따라서 CuO는 산화구리(II)이고, Cu_2O는 산화구리(I)이다. 녹는점과 끓는점은 표준 기압에서 측정한 섭씨온도를 나타냈다. 과학자들은 일반적으로 절대온도를 사용한다. 절대온도는 가장 낮은 온도인 $-273.15\degree C$(절대 0도)에서 시작한다. 절대온도는 일상생활에서는 쓰이지 않기 때문에 이 책의 원자 자료에서는 사용하지 않았다. 원소의 밀도는 원소의 질량을 부피로 나눈 값이다. 이 책에서는 밀도를 나타내는 단위로 고체와 액체의 경우에는 g/cm^3을 사용했고, 기체의 경우에는 g/L를 사용했다. 밀도는 온도에 따라 달라진다. 고체와 액체의 밀도는 상온에서 측정한 값이고 기체의 밀도는 0℃에서 측정한 값이다.

전자구조는 전자껍질과 궤도에 전자가 들어가 있는 상태를 나타낸다. 이 책의 원자 자료에는 가장 바깥쪽 전자껍질만 나타나 있다. 전자가 채워져 있는 안쪽 껍질은 주기율표의 18족 원소들 중 관련된 원소의 전자구조와 같다. 염소의 전자구조를 모두 나타내면 $1s^2 \, 2s^2 \, 2p^6 \, 3s^2 \, 3p^5$이다. 그러나 안쪽 두 전자껍질의 전자구조는 불활성기체인 네온(Ne)의 전자구조와 같다. 따라서 염소의 전자구조는 [Ne] $3s^2 \, 3p^5$로 나타냈다.

원소의 역사

고대인들도 현재 우리가 화학원소라고 알고 있는 여러 가지 물질을 잘 알고 있었다. 금, 은, 황과 같은 원소들은 비교적 순수한 상태로 자연에 존재한다. 그리고 철, 구리, 수은과 같은 원소들은 광물에서 쉽게 추출할 수 있다. 그러나 18세기 말이 되어서야 과학자들은 화학원소가 무엇이며 화합물과 어떻게 다른지를 알아냈다. 그리고 1920년대가 되어서야 자연에 존재하는 모든 원소를 발견해 분리해냈다.

물질세계의 놀라운 다양성을 이해하려 했던 고대 철학자들은 숱한 어려움을 겪었다. 많은 초기 문명의 철학자들은 만물이 흙, 공기, 불, 물이 다른 비율로 혼합하여 만들어졌다고 추론했다. 이것이 그들이 이해한 원소였다. 그리고 [그들의 생각이 옳았다면 이 책은 짧아졌을 것이다!] 그들은 물질의 변환(오늘날 우리가 알고 있는 화학반응)을 물질에 포함되어 있는 원소들의 비율이 변하는 것으로 이해했다.

만물이 물, 불, 흙, 공기의 4원소로 이루어졌다는 생각은 연금술의 기초가 되었다. 연금술의 목표는 납과 같은 '기초 금속'을 금으로 변환시키는 것이었다. 연금술은 신비스러운 만큼 실용적이기도 했다. 오늘날 화학자들이 사용하는 많은 기본적인 기술은 연금술사들이 개발한 것이다. 연금술의 이론은 사실이 아닌 것으로 판명되었지만 고대 중국, 칼리프 시대의 아랍 그리고 중세 유럽의 연금술사들은 많은 중요한 화학 물질과 이들 사이의 반응에 대한 지식을 습득했다. 유리 제작자들뿐만 아니라 금속공학자들도 경험과 기술 축적에 공헌했다.

근대 유럽 초기에 수은, 황, 염을 기반으로 하는 새로운 형태의 연금술이 등장했다. 그러나 이들은 물질의 물리적 성질보다는 '원리'에 초점을 맞췄다. 17세기 유럽에서 크게 주목받은 과학적 방법으로 연금술 이론의 결함이 밝혀진 것은 필연적인 결과였다. 화학자들은 공기가 여러 가지 기체의 혼합물이라는 것을 보여줌으로써 하나의 원소가 아니라는 것과 물이 화합물이라는 것을 알아냈다.

아일랜드 출신의 영국 과학자 로버트 보일^{Robert Boyle}이 1661년에 출판한 《회의적 화학자》는 과학자들에게 널리 받아들여지는 연금술에 의문을 품으며 세상이 무엇으로 이루어졌는지 알아

독일의 요하임 베커가 만든 오푸스쿨라 치미카 표(1682). 이 표는 알려진 물질을 다양한 종류로 분류해 놓았다. 영국의 보일과 마찬가지로 베커는 과학적 사고를 가지고 있던 연금술사였다.

내기 위해 엄격한 방법을 사용하여 과학적으로 접근하라고 권고했다. 보일은 화학자들이 혼합물이나 화합물 안에 포함된 구성 물질을 결정하는 데 사용하는 체계적 접근 방법인 화학분석을 발전시켰다. 새로운 과학자들이 보일의 충고를 받아들이면서, 18세기에 새로운 이론과 엄격한 실험 그리고 열린 자세를 통해 화학에서의 새로운 발걸음이 시작되었다.

과학자들에게 큰 영향을 준 그의 책에서 로버트 보일은 당시 많은 주목을 받았고 근대 화학 발전에 결정적인 역할을 한 아이디어에 대해 설명했다. 그것은 물질이 셀 수 없을 정도로 많은 입자들로 이루어졌다는 것이었다. 고대에도 이런 생각을 했던 철학자들이 있었지만 보일은 최초로 입자를 원소, 화합물 그리고 화학반응과 연결시켰다. 그는 심지어 원소는 "기초적이며 단순하고 전혀 다른 것과 섞이지 않았으며" 화합물의 '구성 물질'이라고 정의하기도 했다.

프랑스 화학자 앙투안 라부아지에는 '근대 화학의 아버지'로 불린다.

Noms nouveaux.	Noms anciens correspondans.
Lumière.........	Lumière.
Calorique........	Chaleur.
	Principe de la chaleur.
	Fluide igné.
	Feu.
	Matière du feu & de la chaleur.
Oxygène.........	Air déphlogistiqué.
	Air empiréal.
	Air vital.
	Base de l'air vital.
Azote...........	Gaz phlogistiqué.
	Mofete.
	Base de la mofete.
Hydrogène......	Gaz inflammable.
	Base du gaz inflammable.
Soufre..........	Soufre.
Phosphore.......	Phosphore.
Carbone.........	Charbon pur.
Radical muriatique.	Inconnu.
Radical fluorique .	Inconnu.
Radical boracique.,	Inconnu.
Antimoine.......	Antimoine.
Argent..........	Argent.
Arsenic.........	Arsenic.
Bismuth.........	Bismuth.
Cobolt..........	Cobolt.
Cuivre..........	Cuivre.
Etain...........	Etain.
Fer.............	Fer.
Manganèse.......	Manganèse.
Mercure.........	Mercure.
Molybdène.......	Molybdènc.
Nickel..........	Nickel.
Or..............	Or.
Platine.........	Platine.
Plomb..........	Plomb.
Tungstène.......	Tungstene.
Zinc...........	Zinc.
Chaux..........	Terre calcaire, chaux.
Magnésie	Magnésie, base du sel d'Epsom.
Baryte.........	Barote, terre pesante.
Alumine........	Argile, terre de l'alun, base de l'alun.
Silice..........	Terre siliceuse, terre vitrifiable.

라부아지에의 화학원소 표. 그가 붙인 새로운 이름은 좌측에 그리고 예전 이름은 우측에 있다. 처음 두 원소는 〈빛과 열의 원소인 뤼미에르(lumière)와 칼로리크〉이다. 이 표에는 현재 화합물이라는 것이 밝혀진 백악(Chaux)도 포함되어 있다.

프랑스 화학자 앙투안 라부아지에^{Antoine Lavoisier}는 원소의 개념에 주목했다. 1789년에 출판된 《화학 원론^{Traité élémentaire de chimie, Elementary Treatise on Chemistry}》에서 라부아지에는 원소는 단순하게 더 이상 분해되지 않는 것으로 정의되어야 한다고 제안했다.

화학원소에 대한 라부아지에의 통찰력은 조심스러운 정량적 실험의 결과였다. 그는 여러 화학 실험에서 반응물질과 생성물질의 무게를 정확히 측정하여 화학반응에서 질량의 변화가 없다는 것을 증명했다. 또 밀폐된 용기 안에서 일어난 반응을 조사하면서 반응 시에 흡수되거나 방출되는 기체도 계산에 포함시켰다. 한 물질이 다른 물질과 반응하여 제3의 물질을 만들 때, 두 물질은 단순히 결합할 뿐이어서 반응의 생성물은 원래의 단순한 물질들로 분해할 수 있다. 라부아지에의 가장 중요한 업적은 연소를 산소와의 결합으로 설명한 것이다. 그는 수소가 공기 중에

영국의 화학자 존 돌턴

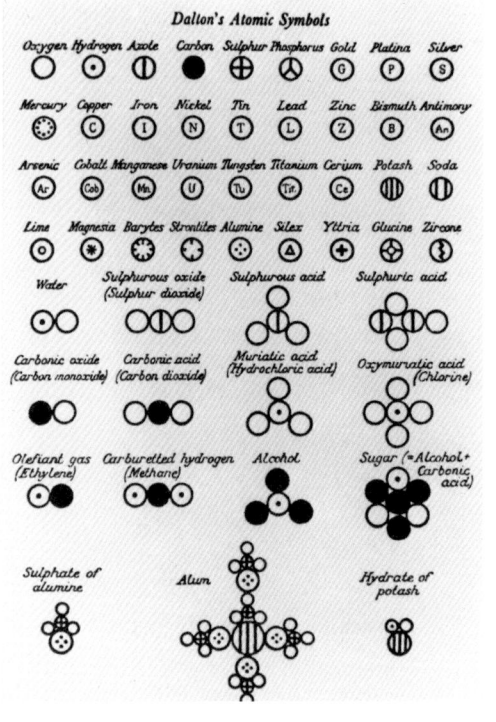

돌턴이 출판한 《화학의 신체계》(1808)에 실린 그림. 이 그림은 원소와 화합물이 어떤 관계가 있는지를 설명해준다.

서 연소할 때 산소와 결합하여 물이 된다는 것을 알아냈으며, 물을 두 가지 구성 원소로 분해할 수도 있었다.

1808년에 영국의 화학자 존 돌턴^{John Dalton}은 원소와 화합물에 대한 라부아지에의 이해와 물질이 입자로 구성되어 있다고 한 보일의 주장을 결합시켰다. 《화학의 신체계》에서 돌턴은 특정한 물질의 모든 원자는 동일하고 다른 원소의 원자와는 다르다고 제안했다. 가장 중요하고 측정 가능한 원자들 사이의 차이는 질량이었다. 수소 원자는 가장 가볍고, 산소는 좀 더 무거우며, 황은 더 무겁고, 철은 황보다도 무겁다. 원자들은 구성 물질이 항상 일정한 질량비로만 결합하여 화합물을 만드는 것을 설명할 수 있게 한다. 예를 들면 황화철 안에 들어 있는 철의 질량은 샘플 크기에 관계없이 항상 화합물 전체 질량의 63%이다.

화학에 대한 과학적 접근이 활발해진 18세기에 많은 새로운 원소들이 발견되었다. 그리고 원소에 대한 라부아지에의 정의와, 연소에서 산소의 역할에 대한 그의 통찰력은 19세기에 새로운 원소 발견 속도를 더욱 높였다. '흙(산화물)'에서 산소를 제거함으로써 많은 새로운 금속이 분리되었다. 1799년의 화학전지 발명은 화학자들에게 화학분석을 위한 새로운 방법을 제공했다. 전류는 다른 방법으론 가능하지 않았던 물질을 구성 원소로 분해했다. 19

세기의 첫 30년 동안에 '전기분해'를 통해 많은 새로운 원소들이 발견되었다. 1860년대는 독일 과학자 로베르트 분젠Robert Bunsen과 구스타프 키르히호프Gustav Kirchhoff가 분석화학에 중요한 새로운 분석 방법인 분광법을 추가했다. 분젠과 키르히호프는 자신들이 발명한 분광기를 이용하여 특정한 원소의 증기를 가열할 때 나오는 빛의 스펙트럼을 조사했다. 그들은 알려진 모든 원소의 발광 스펙트럼을 조사했는데, 다양한 물질의 스펙트럼 안에 포함된 새로운 스펙트럼은 이전에는 알려지지 않았던 새로운 원소의 발견으로 이어졌다.

19세기 화학자들은 늘어나는 원소들을 물리화학적 성질과 화학반응을 바탕으로 몇 개의 그룹으로 구분할 수 있을 것이라는 생각을 하기 시작했다. 나트륨과 칼륨 그리고 리튬은 모두 물과 반응하여 알칼리 용액을 만드는 금속이고, 염소와 브롬 그리고 요오드는 모두 금속과 반응하여 소금과 같은 화합물을 만든다. 영국의 화학자 존 뉴랜즈John Newlands는 원자를 무게 순으로 배열한 표에서 같은 그룹에 속한 원소들은 여덟 개 떨어져 있다는 것을 알아냈다. 뉴랜즈의 체계는 첫 20여 개의 원소에만 적용되기 때문에 다른 화학자들은 그의 제안을 무시했다. 그러나 러시아의 화학자 드미트리 멘델레예프Dmitri Mendeleev는 알려진 모든 원소들을 무게와 화학반응을 바탕으로 분류하고 뉴랜즈가 발견했던 것과 비슷한 '주기성'을 발견했다. 1869년에 멘델레예프는 최초의 주기율표를 만들어 늘어나는 원소들이 가지고 있는 규칙성을 밝혀냈다.

멘델레예프의 가장 큰 공헌 중 하나는 그의 주기율표에 후에 새로운 원소가 발견되면 채워질 빈칸을 남겨놓은 것이었다. 주기율표에서의 위치를 이용하여 멘델레예프는 발견되지 않은 원소의 무게와 화학적 성질을 예측할 수 있었다. 그리고 몇 년 안에 여러 개의 빠져 있던 원소들이 발견되었다.

1890년대에 있었던 전자와 방사능 그리고 X-선의 발견은 20세기 전반의 놀라운 원자물리학 시대를 여는

드미트리 멘델레예프.

열쇠가 되었다. 음전하를 띤 가벼운 전자의 존재는 처음으로 원자가 내부 구조를 가지고 있다는 것을 보여주었다. 전자의 행동은 원자가 어떻게 이온을 형성하는지, 원자들 사이의 결합이 어떻게 이루어지는지, 그리고 왜 어떤 원자는 다른 원자들보다 더 반응성이 큰지를 설명할 수 있도록 했다. 방사선을 원자에 충돌시키는 실험을 통해 뉴질랜드 출신 물리학자 어니스트 러더퍼드Ernest Rutherford는 1911년에 원자 중심에 자리 잡고 있는 작고 밀도가 크며 양전하를 가지고 있는 원자핵을 발견하고 음전하를 띠고 있는 전자는 원자핵을 돌고 있다고 주장했다.

네덜란드의 물리학자 안토니우스 반덴브루크Antonius van den Broek는 원자핵이 원자핵을 돌고 있는 전자들의 수에 해당하는 양전하를 가지고 있다는 사실을 알아내고 원자번호의 개념을 제안했다. 1917년에 러

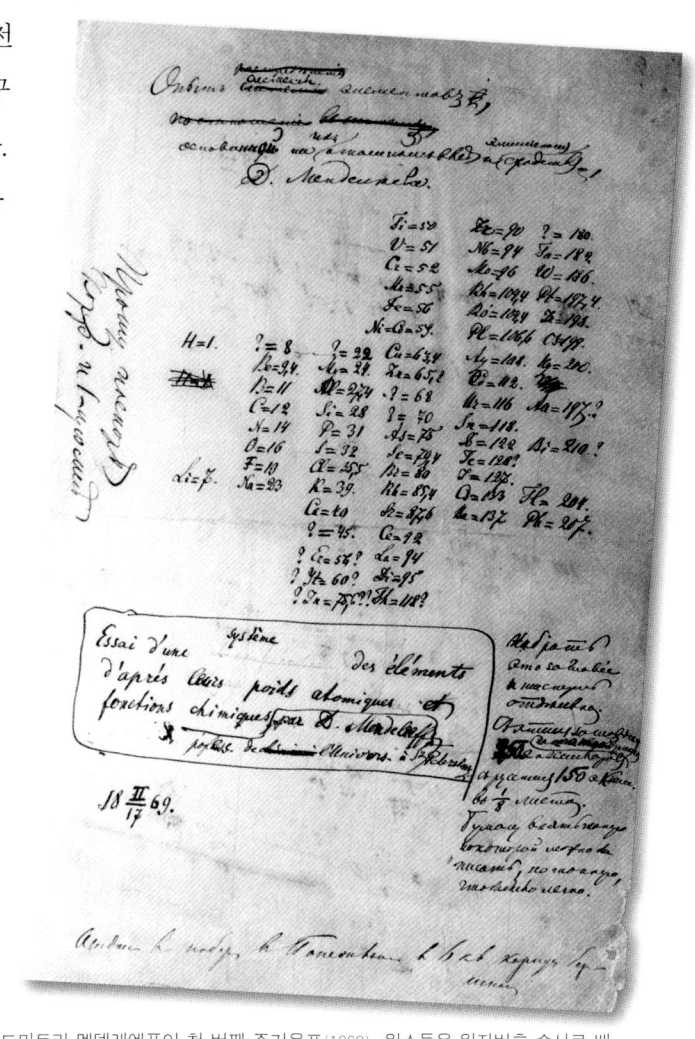

드미트리 멘델레예프의 첫 번째 주기율표(1869). 원소들을 원자번호 순서로 배열하고 족으로 분류했다. 현대 주기율표와는 달리 같은 족의 원소들을 같은 행에 위치하도록 했다. 의문부호는 멘델레예프가 예측했던 당시에는 알려지지 않았던 원소들을 나타낸다.

더퍼드는 원자핵이 그가 양성자라고 이름 붙인 입자로 이루어져 있다는 것을 알아냈다.

1913년에는 덴마크의 물리학자 닐스 보어Niels Bohr가 양자물리학의 새로운 이론을 이용하여 전자들이 특정한 궤도 위에서만 원자핵을 돌 수 있다는 것을 알아냈다. 그는 또한 다양한 궤도 사이의 에너지 차이가 분젠과 키르히호프가 조사했던 스펙트럼의 에너지와 같다는 것을 발견했다.

가장 큰 에너지 전환은 가시광선이나 자외선이 아닌 X-선을 발생시킨다. 1914년에 영국의 물리학자 헨리 모즐리^{Henry Moseley}는 원자핵 안에 들어 있는 양전하와 원자가 내는 X-선 스펙트럼 사이의 관계를 알아냄으로써 주기율표를 원자의 무게 순서가 아니라 원자번호 순으로 배열하여 정밀하게 다듬을 수 있도록 했다. 이로 인해 두 개의 발견되지 않은 원소를 예측할 수 있었다.

1932년에 있었던 중성자의 발견은 원자핵 안에 양성자의 수는 같지만 중성자의 수는 다른 동위원소를 포함하여 원자에 대한 기초적인 이해를 완성하도록 했다(12쪽 참조). 원자핵물리학의 이론과 실험은 별 내부에서 이루어지는 핵융합반응과 초신성 폭발 때 양성자와 중성자가 어떻게 융합하여 무거운 원소들이 만들어지는지를 이해할 수 있도록 했다. 원자핵물리학은 또한 자연에 존재하지 않는 우라늄보다 큰 초우라늄 원소들을 만들어낼 수 있도록 했다(228~236쪽 참조).

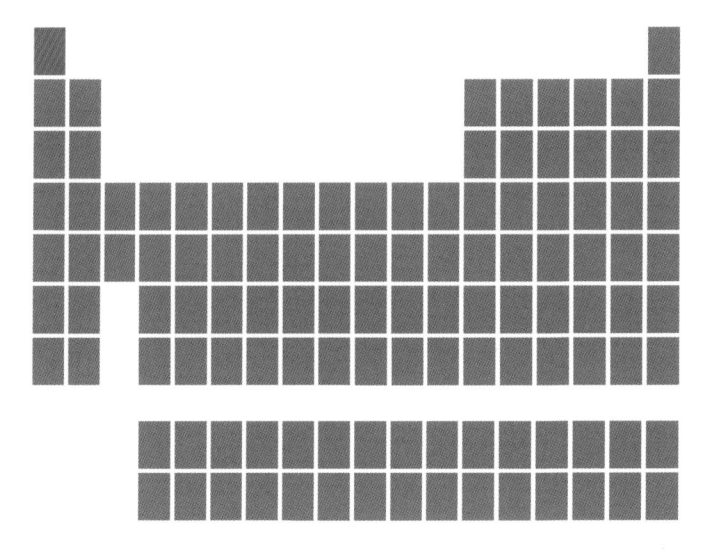

수소

수소는 모든 원소 중에서 우주에 가장 풍부하게 존재하는 원소다. 질량으로 보면 우주에 존재하는 모든 물질의(암흑물질을 제외한) 75%, 원자의 수로 보면 약 90%가 수소이다(우주 질량의 대부분을 차지하는 '암흑물질'은 아직 신비한 물질로 남아 있다). 지구 상에서는 대부분의 수소 원자가 물 분자에 포함되어 있다. 수소는 생명 과정에 관계하는 다양한 분자들의 핵심 구성 요소이기도 하다. 또한 미래에 화석연료를 대체할 새로운 에너지원이 될 것이다.

수소는 공식적으로는 1족에 속하는 원소이다. 그러나 1족 원소들과 다른 점이 많아 일반적으로 따로 분리해 다룬다. 수소 원자가 가지고 있는 하나의 전자는 원자핵 주변의 s-궤도를 반만 채운다(21쪽 참조). 그것은 1족 원자들의 가장 바깥쪽 전자들이 s-궤도를 반만 채우고 있는 것과 마찬가지다. 따라서 수소 원자도 다른 1족 원소들과 마찬가지로 전자를 쉽게 잃고 양이온(H^+)이 된다. 그러나 수소 원자는 쉽게 다른 전자를 받아들여 전자껍질을 채우기도 한다. 이런 경우에는 17족 원소들처럼 음이온(H^-)이 된다.

1족 원소들과 수소의 또 다른 차이점은 수소는 상온에서 기체(H_2)이지만 다른 1족 원소들은 모두 고체 금속이라는 것이다. 그러나 기체 행성인 목성의 내부와 같이 압력이 아주 높은 경우에는 수소도 금속과 같이 행동한다. 별이 탄생하는 기체와 먼지로 이루어진 거대한 구름은 대부분 수소로 이루어졌다. 주변의 별이 내는 복사선을 받으면 수소는 붉은 핑크색으로 빛난다. 이것은 수많은 수소 원자들의 전자들이 높은 에너지준위로 올라갔다가 다시 원래의 준위로 떨어지면서 광자를 방출하기 때문이다. 붉은빛은 수소 원자의 세 번째 에너지준위($n=3$)에서 두 번째 에너지준위($n=2$)로 떨어질 때 내는 빛이다(10쪽 참조). 천문학자들은 우주의 모든 곳에 있는 기체 구름에서 오는 '수소 알파선'을 관측하고 있다.

백조자리에 있는 기체와 먼지로 이루어진 두 개의 거대한 성간운. 이 성간운이 내는 붉은빛은 수소 원자의 전자들이 에너지준위 사이를 건너뛸 때 내는 수소 알파선이다.

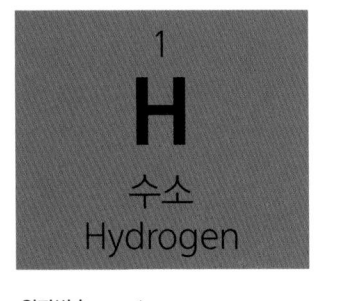

1

H

수소
Hydrogen

원자번호	1
원자반지름	30 pm
산화 상태	−1, +1
평균 원자량	1008 g/mol^{-1}
녹는점	−259.14℃
끓는점	−252.87℃
밀도	0.09 g/L
전자구조	1s^1

영국의 과학자 헨리 캐번디시$^{Henry\ Cavendish}$는 1766년에 수소를 만들고 조사하였기 때문에 수소의 발견자로 인정받고 있다. 캐번디시가 만든 기체는 폭발성이 있었다. 캐번디시는 이 기체가 그 당시 과학자들이 '플로지스톤'이라고 부른 가상의 물질 안에 풍부하게 들어 있을 것이라고 생각했다. 그러나 그는 플로지스톤에 많이 포함되어 있는 기체가 타면 왜 물이 만들어지는지를 설명하지 못했다. 1792년에 앙투안 라부아지에는 수소와 산소가 결합하여 물을 만드는 것을 설명한 뒤 '물의 발생자'라는 그리스어를 따라 이 기체를 수소^{hydrogene}라고 불렀다.

수소는 일반적인 온도와 압력에서 기체이다. 수소 기체(H_2)는 두 개의 수소 원자가 결합하여 만들어진 수소 분자들로 이루어져 있다. 수소 기체는 적은 양이기는 하지만 공기 중에서도 발견된다. 대기 중에 포함된 수소의 양은 전체 대기의 100만분의 1 정도이다. 수소 원자는 매우 가벼워 우주로 쉽게 달아나기 때문이다.

지구 상에서는 대부분의 수소 원자가 산소와 결합하여 물 분자(H_2O)를 이루고 있다.

영국 조드렐 뱅크에 있는 전파망원경. 이 전파망원경은 성간 공간에 흩어져 있는 중성 수소 원자가 내는 파장이 21cm인 마이크로파를 감지할 수 있다.

따라서 작은 원자량에도 불구하고 바다 질량의 10% 정도가 수소이다. 물은 대부분의 물질을 어느 정도 용해시킬 수 있는 강력한 용매이다. 그 이유는 물 분자가 쉽게 수소이온(H^+)과 수산이온(OH^-)으로 분리될 수 있고, 이 이온들이 전기적 인력으로 다른 이온과 결합하기 때문이다.

산성용액은 순수한 물보다 더 많은 수소이온(H^+)을 포함하고 있다. 용액의 산성도를 나타내

아연 금속과 염산이 반응하여 만들어낸 수소 기체 거품.

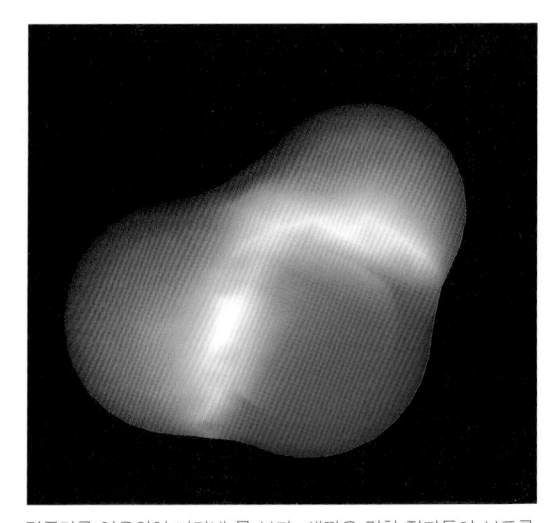

컴퓨터를 이용하여 나타낸 물 분자. 색깔은 결합 전자들의 분포를 나타낸다. 수소 원자 부근에서는 전자의 밀도가 낮아 이 부분은 약하게 양전하(붉은색)를 띠게 된다.

는 pH는 용액 안의 수소이온(H⁺) 농도를 나타낸다.

산은 대부분의 금속 원소와 격렬하게 반응한다. 금속 원자는 산에 녹아 수소이온을 대체해 수소 기체를 방출시킨다. 많은 과학자들이 수소가 원소라는 것을 알기 전부터 이런 방법으로 수소 기체를 발생시켰다.

수소 원자는 물 분자뿐만 아니라 단백질, 탄수화물, 지방을 포함해 모든 유기 분자에도 포함되어 있다. 분자에 포함된 수소는 수소결합이라는 특별한 형태의 결합을 통해 구조의 안정성에 크게 기여하기 때문에 커다란 분자가 수소를 포함하는 것은 매우 중요하다. 데옥시리보핵산(DNA)의 이중나선 구조도 두 사슬을 결합시키기에 충분할 만큼 강하지만 성장과 재생산을 위한 DNA 복제 때 두 사슬이 쉽게 풀릴 수 있기에 충분할 정도로 약한 수소결합으로 인해 가능하다.

수소결합은 물에서도 발견된다. 물 분자들 사이의 수소결합으로 인해 물 분자들은 더 강하게 결합한다. 수소결합이 없다면 물의 어는점과 끓는점은 훨씬 낮을 것이다.

석유, 석탄, 천연가스와 같은 화석연료는 주로 탄소와 수소 원자를 포함하고 있는 탄화수소로 이루어졌다. 화석연료가 연소하면 산소 원자가 탄화수소에 포함되어 있는 탄

1937년 5월 6일 미국 뉴저지의 레이크허스트 해군 비행장에서 있었던 수소를 채운 비행선 LZ 129 힌덴부르크의 폭발.

소나 수소와 결합하여 이산화탄소(CO_2)와 물(H_2O)을 만든다. 천연가스는 산업체에서 사용하는 수소의 대부분을 공급하고 있다. 수증기 변성이라고 부르는 과정에서는 과열된 수증기가 메테인(CH_4)과 같은 탄화수소에서 수소를 분리해낸다.

산업체에서 생산하는 수소의 3분의 2는 암모니아(NH_3) 제조에 쓰이고, 암모니아의 90%는 비료 생산에 사용된다. 나머지 수소의 대부분은 커다란 탄화수소 분자를 산업용으로 사용할 수 있는 작은 분자로, '분쇄'하는 것을 돕거나 원하지 않는 황 원자를 포함하고 있는 탄화수소 분자를 제거하는 데 사용된다.

20세기의 첫 수십 년 동안에는 비행선에 사용하기 위해 많은 양의 수소가 생산되었다. 수소 기체는 공기보다 훨씬 가볍고, 헬륨보다 쉽고 싸게 생산할 수 있지만 수소의 높은 가연성은 많은 대형 참사를 일으켰다. 그중 가장 유명한 사건이 1937년에 있

컴퓨터를 이용하여 나타낸 물 분자. 색깔은 결합 전자들의 분포를 나타낸다. 수소 원자 부근에서는 전자의 밀도가 낮아 이 부분은 약하게 양전하(붉은색)를 띠게 된다.

마가린은 수소화된 채소 기름을 포함하고 있다. 건강상의 이유로 오늘날의 모든 마가린은 수소화된 채소 기름 대신 버터 우유를 섞은 채소 기름을 사용하여 만든다.

였던 독일 대서양 횡단 비행선 LZ-129 힌덴부르크의 폭발이었다. 미국 뉴저지 착륙 직전에 비행선의 풍선을 채운 100만 리터의 수소에 불이 붙으면서 일어난 이 사고로 36명이 목숨을 잃었다.

20세기 초에는 값싼 채소 기름을 수소화시켜 식품 산업에 사용되는 지방을 제조하는 데 수소가 대량으로 사용되었다. 이렇게 만들어진 '트랜스 지방'은 상온에서 고체로 존재해 액체 기름보다 더 오래 선반에 진열할 수 있었다. 그러나 1950년대에 시작된 연구는 트랜스 지방이 암 발생과 심장 질환의 위험을 높인다는 것을 발견해 이후 수소화된 지방의 사용이 엄격하게 규제되면서 사용이 줄어들고 있다.

수소에는 세 가지 동위원소가 있다. 가장 흔한 것은 원자핵에 하나의 양성자를 가지고 있는 보통의 수소이다. 또 다른 안정한 동위원소는 하나의 양성자와 하나의 중성자로 이루어진 원자핵을 가지고 있는 중수소(D)이다. 중수소로 이루어진 물을 중수(D_2O)라고 부르는데 중수는 보통의 물보다 10% 더 밀도가 높다. 세 번째 동위원소는 하나의 양성자와 두 개의 중성자를 가지고 있는 삼중수소이다. 삼중수소는 베타붕괴(16쪽 참조)를 하는 방사성 동위원소로 반감기는 12.3년이다.

중수소와 삼중수소는 미래 에너지원으로 여겨지는 핵융합반응 실험과 관련이 있다. 대부분의 핵융합반응에서는 중수소 원자핵(1p, 1n)과 삼중수소 원자핵(1p, 2n)이 고온에서 융합하여 헬륨-4 원자핵(2p, 2n)을 만들고 중성자(n)를 내놓는다. 이 반응은 많은 양의 에너지를 방출하는데, 현재까지 이루어진 모든 실험에서는 반응이 시작하도록 하는 데 사용한 에너지가 반응으로 생산된 에너지보다 크다. 그러나 핵공학 기술의 발전으로 20~30년 안에 핵융합 원자로가 경제성을 가지게 되어 화석연료와 전통적인 (핵분열을 이용하는) 원자력발전의 의존도를 줄일 수 있을 것으로 예상되고 있다.

중수소와 삼중수소가 관련된 핵융합반응은 수소폭탄에서도 사용되었다. 수소폭탄 내부에서는 핵분열을 이용하는 원자폭탄이 폭발하면서 핵융합이 일어날 수 있는 높은 온도와 압력을 만들어낸다.

이산화탄소 배출량을 감소시킬 필요성과 한정된 화석연료의 매장량 때문에 화석연료의 사용은 오래가지 못할 전망인 만큼 핵융합반응이 에너지원으로 사용되기 전에도 수소는 일상생활에서 화석연료를 대체할 수 있다. 수소를 연소시키면 물만 배출되고 쉽게 생산할 수 있어 수소는 공해를 염려하지 않아도 새로운 에너지원이 될 것이다. 물론 수소를 생산할 때는 에너지가 필요하다. 이때 재생 가능한 에너지로 생산한 전기로 전기분해를 통해 물에서 수소를 분리해낼 수 있다. 이렇게 생산한 수소는 에너지밀도가 높고 저장하거나 운반하는 것이 쉽다. 대부분의 수소 자동차는 전기분해의 반대 반응인 수소와 산소가 결합하면서 전기를 생산하는 수소 연료전지로 작동한다. 연료전지가 작동할 때는 물만 배출되고, 느리게 작동하며, 열 대신 전기를 생산한다.

수소를 연료로 사용하는 자동차가 시범 연료 충전소에서 수소를 충전하고 있다. 자동차 내부에는 연료전지가 수소와 산소의 반응을 이용하여 전기를 발생시키고 있다.

1951년에 태평양의 마셜 제도에서 미국이 실행한 일련의 핵실험 일부인 조지의 폭발 실험. 조지는 핵융합을 이용한 최초의 폭탄이었다.

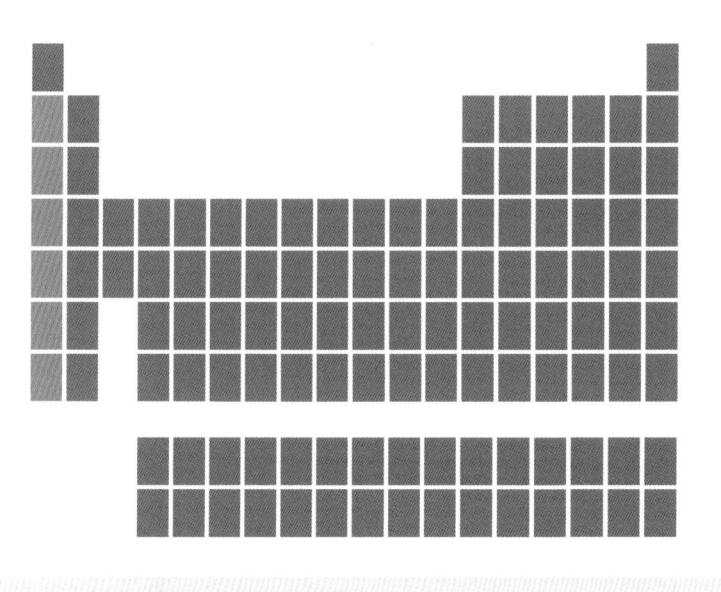

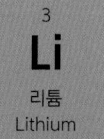

3
Li
리튬
Lithium

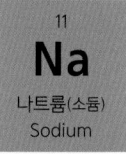

11
Na
나트륨(소듐)
Sodium

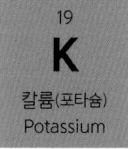

19
K
칼륨(포타슘)
Potassium

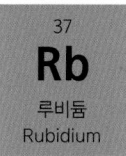

37
Rb
루비듐
Rubidium

55
Cs
세슘
Caesium

87
Fr
프랑슘
Francium

알칼리금속

수소의 특이한 성질이나 주기율표의 다른 족 원소들에서 발견되는 다양한 성질과는 달리 알칼리금속은 모두 비슷한 성질을 가지고 있다. 알칼리금속은 상온에서 모두 고체지만 연하며, 광택이 나는 표면을 가지고 있다. 그리고 모두 반응성이 강해 기름 속이나 불활성기체 안에 보관해야 한다.

아주 희귀한 방사성 원소인 프랑슘을 제외하면 이 빛나는 금속들은 공기 중에서 산소와 빠르게 반응하기 때문에 표면이 쉽게 광택을 잃는다. 그러나 칼로 자르면 다시 광택이 나타난다. 세슘은 1족 원소들 중에서 가장 화학적 반응성이 커서 공기 중에서 자발적으로 발화한다.

알칼리금속의 원자들은 모두 가장 바깥 전자껍질에 하나의 전자를 가지고 있다(s^1). 알칼리금속의 반응성이 큰 것은 이 때문이다. 알칼리금속의 원자들은 전자 하나만 잃으면 안정한 전자껍질 구조를 만들 수 있다(13쪽 참조). 전자를 잃으면 원자는 양이온이 된다. 따라서 알칼리금속은 쉽게 이온 화합물을 만든다. 특히 가장 바깥 전자껍질에 하나의 전자만 더 있으면 완전한 전자구조를 만들 수 있어 알칼리금속의 좋은 상대가 될 수 있는 17족 원소들과 쉽게 결합한다. 가장 좋은 예가 염화나트륨(식용 소금)이다.

1족의 모든 원소들은 물(H_2O)과 격렬하게 반응한다. 이 반응에서 1족 원소들은 수소이온(H^+)을 대체하여 수소 기체를 발생시키고 용액 안에 여분의 수산이온(OH^-)을 남긴다. 수산이온이 수소이온보다 많은 용액이 알칼리다. 1족 원소들을 알칼리금속이라고 부르는 것은 이 금속을 물에 녹이면 강한 알칼리 용액이 만들어지기 때문이다.

3
Li
리튬
Lithium

원자번호	3
원자반지름	145pm
산화 상태	+1
원자량	6.94
녹는점	180℃
끓는점	1345℃
밀도	0.53g/cm^3
전자구조	[He] 2s^1

리튬은 가장 밀도가 낮은 고체 원소로 반응성이 강한 금속 중 하나다. 리튬은 1817년 스웨덴의 25세 화학자 요한 아르프베드손$^{Johan\ Arfwedson}$이 발견했다. 그는 원래 패탈라이트라고 부르는 반투명한 광물에서 최근에 발견된 칼륨 화합물을 찾고 있었다. 아르프베드손은 새로운 원소의 이름을 '돌'을 뜻하는 그리스어 리토스^{lithos}에서 따와 리튬이라고 불렀다. 그리고 자신의 이름을 따서 아르페드손나이트라는 광물의 이름도 지었다. 그러나 이 광물에는 리튬이 포함되어 있지 않았다. 영국의 화학자 험프리 데이비$^{Humphry\ Davy}$는 1818년에 처음으로 전기분해를 통해 순수한 리튬 원소를 추출해냈다.

리튬. 칼로 자를 수 있을 정도로 연한 광택이 나는 금속. 리튬 금속 표면은 공기 중의 산소와 서서히 반응하여 산화리튬과 수산화리튬으로 된 광택이 없는 회색으로 변한다.

순수한 리튬 원소는 염화리튬(LiCl) 화합물을 전기분해하여 추출한다. 오늘날 사용되는 다른 대부분의 리튬 화합물과 마찬가지로 염화리튬은 리튬이 함유된 암석에서 얻는 탄산리튬(Li_2CO_3)을 이용하여 생산한다. 리튬 화합물은 다양한 용도로 쓰이지만 대부분 카메라나 노트북 컴퓨터의 재충전이 가능한 리튬전지에 사용된다. 또 전기 자동차에도 리튬전지가 쓰이

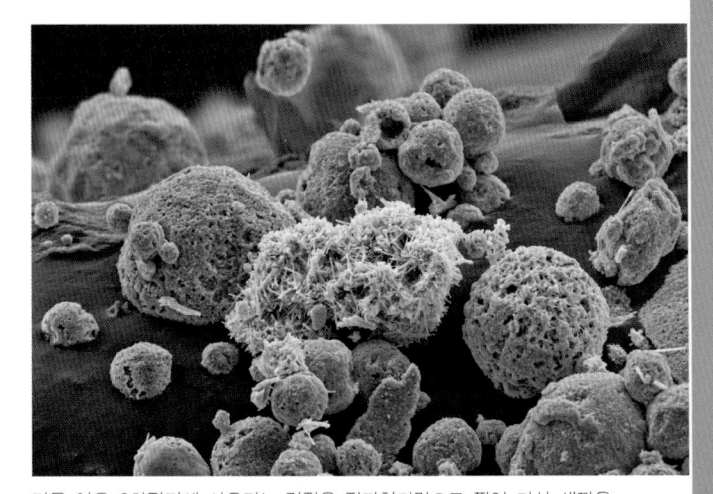

리튬 이온 2차전지에 사용되는 결정을 전자현미경으로 찍어 가상 색깔을 입힌 사진. 방전되는 동안에는 리튬 이온(Li$^+$)이 결정으로 들어가고(삽입되고), 충전되는 동안에는 나간다.

고 있어 전기 자동차 사용이 일반화되면 리튬의 수요가 크게 증가할 것으로
보인다. 리튬 화합물은 유리 성분의 녹는점을 낮추거나 유리나 세라믹 요리
기구의 열저항을 증가시키기 위해 유리와 세라믹 산업에서 널리 사용되고
있다. 탄산리튬은 여러 가지 정신 질환 치료에 사용되는 의약품의 주성분이
며, 알루미늄을 추출하는 데도 이용된다. 탄산리튬에서 탄소를 제거하여 만
드는 수산화리튬은 우주선이나 잠수함 내의 공기 중에서 이산화탄소를 흡수
하여 제거하는 '공기세척기'로 사용된다.

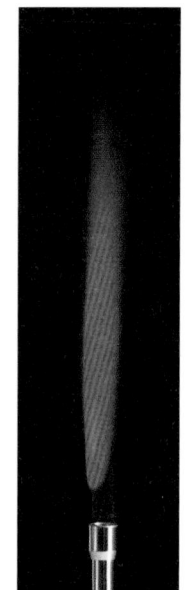

리튬 화합물의 불꽃반응에서 만들어진 붉은빛. 이 빛은 열에
의해 들뜬 전자가 다시 낮은 에너지준위로 돌아가면서 내놓은
것이다.

Group 1

11
Na
나트륨(소듐)
Sodium

원자번호	11
원자반지름	180 pm
산화 상태	+1
원자량	22.99
녹는점	98℃
끓는점	883℃
밀도	0.97 g/cm³
전자구조	[Ne] 3s¹

험프리 데이비가 1807년 녹은 수산화나트륨(NaOH)에 전류를 흘려 처음으
로 나트륨을 발견했다. 나트륨의 영어 이름인 소듐은 한때 유리 만드는 데
재를 사용했던 수송나무glasswort의 로마 이름을 따서 소다늄이라고 부른 데
서 유래했다. 수송나무는 소금을 좋아하는 호염성 식물로 재에는 아직도 유
리 제조의 주성분으로 사용되는 탄산나트륨 또는 소다석회가 포함되어 있
다. 소다석회 유리는 유리병이나 창문을 만드는 데 사용된다. 유리 10kg을
제조하는 데는 약 2kg의 탄산칼슘이 사용된다. 나
트륨의 원소기호 Na는 탄산나트륨의 로마 이
름인 나트론natron에서 유래했다. 고대 이
집트에서는 탄산나트륨 분말을 나
트론이라 부르고 미라를 만들
때 건조제로 사용했다.

리튬과 비슷한 은색의 연한 금속
인 나트륨은 물과 격렬하게 반응하
여 수소 기체를 발생시킨다.

나트륨은 지각에 여섯 번째로 많은 원소이다. 바닷물 $1m^3$에는 10kg 이상의 나트륨 이온이 녹아 있다. 원소 상태의 나트륨은 산업적으로 녹은 염화나트륨(NaCl)을 전기분해하여 생산하는데, 매년 약 10만 톤의 순수한 나트륨이 생산된다.

액체 나트륨은 일부 핵발전소에서 냉각제로 사용된다. 순수한 나트륨은 나트륨램프 제조에도 사용된다. 가장 일반적인 낮은 압력의 나트륨램프는 가로등에 주로 사용된다. 램프의 전구 내부에는 소량의 고체 나트륨이 들어 있다. 램프가 켜지면 나트륨이 증발하여 생생한 오렌지색 빛을 낸다. 이 빛은 나트륨 원자 내의 전자가 높은 에너지준위에서 낮은 에너지준위로 떨어지면서 내는 빛이다(10쪽 참조).

산업용으로 사용되는 나트륨 화합물은 염화나트륨(NaCl)을 이용하여 생산한다. 매년 전 세계적으로 2억 톤 이상의

나트륨 화합물의 불꽃반응에서 발생한 오렌지 빛. 이 빛은 열에 의해 높은 에너지준위로 들뜬 전자가 다시 낮은 에너지준위로 돌아가면서 낸다.

가로등으로 사용되는 낮은 압력의 나트륨램프. 램프의 음극에서 발생한 전자가 낮은 압력의 나트륨 증기를 통과하면서 나트륨 원자와 충돌해 나트륨 원자를 들뜨게 한다.

식염(염화나트륨)의 결정들. 각각의 소금 결정에 들어 있는 수십억에 수십억을 곱한 만큼의 염소 이온과 같은 수의 나트륨 이온이 이온결합을 통해 정육면체 결정구조를 만들었다.

염화나트륨이 생산되며 대부분의 염화나트륨은 지하에 있는 암염에서 얻는다. 암염은 자연 상태로 분쇄하여 겨울에 도로에 뿌리는 용도로 사용된다. 염화나트륨은 지하 소금 광산에 따뜻한 물을 주입한 후 물을 퍼 올려 증발시켜 추출하며 음식물의 보존, 조미료(식염) 등으로 널리 사용되고 있다.

몰타의 고조(Gozo)에 있는 염전. 이 염전에서는 수천 년 동안 바닷물을 증발시켜 소금을 추출했다.

나트륨은 신경세포가 정상적으로 기능하는 데 꼭 필요한 원소이며 우리 몸의 수분 조절을 돕는 가장 중요한 전해질이다. 소금(염화나트륨)이 너무 많으면 우리 몸이 너무 많은 액체를 포함하게 되어 혈압이 올라가지만 소금 과다 섭취의 장기 효과는 명확하지 않다. 대부분의 국가에서는 법률로 음식물 제조 과정에 들어간 소금의 양이나 '나트륨의 양'을 표시하도록 규제하고 있다. 1g의 소금에는 0.4g(400mg)의 나트륨이 들어 있다.

탄산수소나트륨($NaHCO_3$)은 식품 산업에서 사용하는 또 다른 나트륨 화합물이다. 탄산수소나트륨은 열이나 산에 분해되어 이산화탄소를 발생시키기 때문에 식품을 부풀리는 데 사용된다. 탄산수소나트륨은 산업체에서 널리 사용되는 강알칼리로 종이 제조나 알루미늄의 추출에서 중요한 작용을 한다. 전 세계적으로 매년 6000만 톤 이상의 탄산수소나트륨이 생산되고 있으며 비누의 주원료로도 사용된다. 세탁용 비누로 사용되는 탄산나트륨은 센물을 단물로 바꿀 때나 물때를 벗길 때도 사용한다.

19
K
칼륨(포타슘)
Potassium

원자번호	19
원자반지름	220 pm
산화 상태	+1
원자량	39.10
녹는점	63℃
끓는점	760℃
밀도	0.86g/cm³
전자구조	[Ar] 4s¹

칼륨은 영국의 화학자 험프리 데이비가 처음 분리해 칼륨은 데이비가 발견한 최초의 원소였다. 1807년에 데이비는 녹은 가성 칼리(수산화칼륨, KOH)에 전류를 흐르게 했을 때 은회색 칼륨 입자가 "쉿 소리와 함께 아름다운 라벤더 불꽃을 내면서 탔다"고 말했다.

광택이 있고 연한 금속인 칼륨의 샘플. 가장자리에 보이는 것은 칼륨이 물이나 공기 중의 산소와 반응하여 만들어진 산화칼륨이나 수산화칼륨으로 이루어진 변색된 층이다.

데이비는 칼륨을 발견할 때 사용한 화합물의 이름을 따서 이 원소를 포타슘이라고 불렀다. 이 화합물의 이름은 고사리 같은 식물을 태웠을 때 남는 재의 이름에서 유래했다. 이 재는 비누로 사용되었다. 수산화나트륨과 함께 수산화칼륨은 아직도 비누 제조에 사용되고 있다. 칼륨으로 만든 비누는 물에 잘 녹는다. 따라서 액체비누는 보통 수산화칼륨으로 만들고 고체 비누는 수산화나트륨으로 만든다. 칼륨의 원소기호 K는 알칼리를 뜻하는 라틴어 칼륨의 첫 글자를 딴 것이다.

칼륨은 지각에 일곱 번째로 풍부한 원소이다. 산업체에서는 칼륨을 함유한 광물 염화칼륨(KCl)을 순수한 나트륨 증기로 가열하여 순수한 칼륨을 생산한다. 나트륨이 칼륨을 대체하여 염화나트륨을 만들고 순수한 칼륨

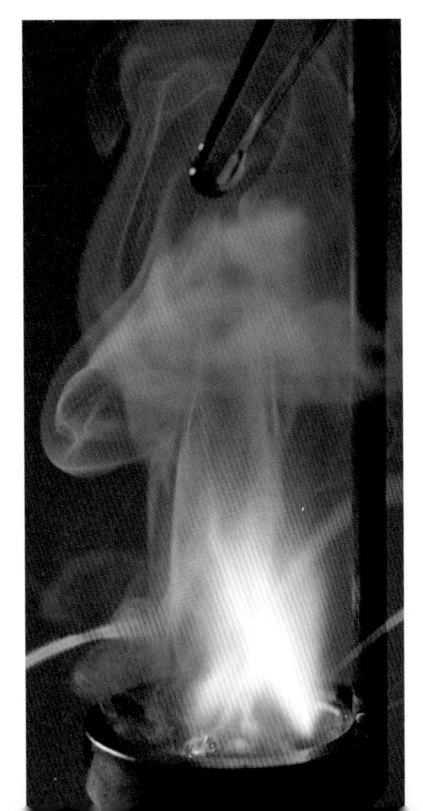

칼륨 금속을 물에 넣으면 격렬하게 반응한다. 이 반응은 열을 발생시키고 이 열이 칼륨의 고유한 빛인 라일락 색깔의 빛을 발생시킨다.

포도 잎이 칼륨 부족 증상을 보이고 있다. 이것은 물에 잘 녹는 칼륨이 쉽게 빠져나가기 쉬운 토양에서 자주 나타나는 현상이다. 식물은 핵심적인 생명 활동 과정 대부분에서 칼륨을 필요로 한다.

을 증기 형태로 방출한다. 매년 약 200톤 정도의 칼륨이 생산된다. 나트륨과 마찬가지로 산업체에서는 칼륨 원소가 아니라 칼륨 화합물을 이용한다. 칼륨은 반응성이 커서 수송이 어렵고 비싸기 때문이다.

가장 중요한 칼륨 화합물 세 가지는 염화칼륨(KCl), 질산칼륨(KNO_3) 그리고 수산화칼륨(KOH)이다. 생산된 염화칼륨과 질산칼륨의 90% 이상은 비료 생산에 사용된다. 대부분의 비료는 식물의 생장에 필수적인 질소, 인, 칼륨의 세 가지 원소를 혼합하여 만든다. 새의 배설물(구아노)이나 초석에서 얻어지는 질산칼륨은 전통적으로 화약 제조에 사용되었다. 비누 제조뿐만 아니라 화학공업에서 널리 사용되는 수산화칼륨은 재충전 가능한 니켈카드뮴(NiCad) 전지와 수산화니켈금속(NiMH) 전지를 포함한 알칼라인 전지에도 사용된다.

칼륨은 사람을 포함한 동물의 신경 신호 전달에서 핵심 역할을 하며 나트륨과 마찬가지로 중요한 전해질이다. 성인의 몸에는 평균 140g 정도의 칼륨이 있는데 대부분 적혈구 안에 칼륨 이온(K^+)으로 용해되어 있다.

모든 과일과 채소는 칼륨이 풍부해 채식주의자들이 육식을 즐기는 사람들보다 칼륨을 더 많이 섭취한다. 중간 크기의 바나나에는 100만 곱하기 100만 곱하기 100만 곱하기 5000개의 칼륨 원자에 해당하는 약 400mg의 칼륨이 있다.

아보카도 하나는 대략 600mg의 칼륨을 포함하고 있다. 이는 칼륨의 하루 권장 섭취량의 15%에 해당한다.

약 1만 개의 칼륨 원자 중 한 개는 불안정해서 베타붕괴를 하는 반 감기가 약 10억 년인 칼륨-40 동위원소이다(15~16쪽 참조). 보통 크기의 바나나에서는 매초 대략 15개 정도의 칼륨-40이 붕괴하여 강한 에너지를 가지는 베타선을 방출한다. 우리 몸 안에서도 매초 수천 개의 칼륨-40이 붕괴하는데 이때 나오는 베타선이 DNA를 손상시킬 수 있다. 다행스러운 점은 세포가 DNA 수선 키트를 가지고 있어 이런 종류의 손상 대부분을 수선할 수 있다.

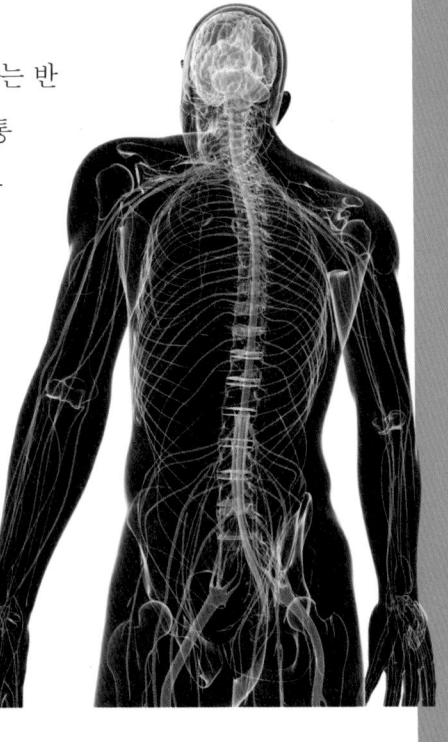

인간 신경계의 주요 전달 통로를 보여주는 그림. 칼륨은 신경 신호의 생성과 전달에 필수적이다. 각각의 신경세포는 세포막에 칼륨 이온의 통과를 위한 특별한 통로를 가지고 있다.

Group 1

37	
Rb	
루비듐	
Rubidium	

원자번호	37
원자반지름	235 pm
산화 상태	+1
원자량	85.47
녹는점	39℃
끓는점	688℃
밀도	1.63 g/cm³
전자구조	[Kr] 5s¹

독일 화학자 로베르트 분젠Robert Bunsen과 구스타프 키르히호프Gustav Kirchhoff 가 1861년에 루비듐 원소를 발견했다. 그들이 다른 1족 원소인 세슘을 발견하고 1년도 안 된 시점이었다. 두 경우 모두 불꽃반응을 통해 생성된 선스펙트럼에서 이전에 볼 수 없었던 스펙트럼을 발견하면서 새로운 원소의 존재를 알게 되었다. 두 과학자는 분젠이 발명한 실험용 가스버너를 이용하여 알려진 원소들의 스펙트럼 목록을 만들었다. 분젠은 두 붉은 선스펙트럼으로 인해 이 원소의 이름을 루비듐이라고 지었다. 순수한 루비듐 원소는 1928년이 되어서야 분리되었다.

대부분 리튬 추출의 부산물로 매년 약 3톤의 루비듐이 생산되고 있다. 루비듐은 39.3℃에서 녹는다. 따라서 더운 여름날에는 녹을 수 있다. 루비듐은 지각

원소 상태의 루비듐은 광택이 나는 금속이며 녹는점은 39℃로 양초의 녹는점보다는 낮고 초콜릿의 녹는점보다는 약간 높다.

에 열여섯 번째로 많이 존재하는 원소지만 용도가 그리 많지 않고 생명체에게도 꼭 필요한 원소가 아니다. 그러나 인간의 몸은 칼륨과의 유사성으로 인해 루비듐을 흡수한다. 방사성 동위원소인 루비듐-87은 의약품으로 사용된다. 루비듐은 혈구에 잘 흡수되며 자기공명영상장치 (MRI)로 쉽게 검출할 수 있어 혈류가 낮은 곳을 찾아내는 데 사용된다.

또 일부 태양전지에도 사용되며 쉽게 이온이 되기 때문에 미래 먼 우주를 탐험하는 우주선에 쓰일 이온엔진에 사용될 가능성이 있다.

루비듐을 분젠 불꽃에 넣고 있으면 불꽃이 붉은 보라색으로 변한다

Group 1

55
Cs
세슘
Caesium

원자번호	55
원자반지름	245 pm
산화 상태	+1
원자량	132.91
녹는점	28℃
끓는점	671℃
밀도	1.87 g/cm³
전자구조	[Xe] 6s¹

1족의 다른 원소들과 달리 순수한 세슘은 옅은 금색을 띤다. 세슘은 분젠과 키르히호프가 발견한 두 원소 중 첫 번째 원소다. 세슘은 1861년에 샘물에서 추출한 화합물에서 발견되었다. 세슘이라는 이름은 '하늘 청색'이라는 뜻을 가진 라틴어 세시우스^{caesius}에서 따왔다. 녹는점이 28.4℃인 세슘은 상온에서 액체가 될 수 있다.

원소 상태의 세슘은 녹는점이 28℃로 광택이 있는 금속이다. 세슘은 수은을 제외하고는 (그리고 아주 희귀한 프랑슘을 제외하고는) 가장 낮은 녹는점을 가진 금속이다.

세슘의 가장 중요한 용도는 원자시계에 사용되는 것이다. 놀라울 정도로 정확하게 작동하는 원자시계의 심장에는 마이크로파에 의해 들뜬상태로 바뀌는 세슘 원자가 들어 있다. 특정한 진동수의 마이크로파로 세슘 원자를 들뜨게 하면 세슘 원자가 정확하게 똑같은 진동수의 복사선을 방출한다. 그러면 공간이 공명

되었다고 말한다. 마이크로파의 진동수는 세슘이 방출하는 마이크로파 광자의 에너지에 해당하는 진동수이다. 이 진동수는 세슘 원자의 에너지준위에 의해 (궁극적으로는 자연의 법칙에 의해) 결정된다. 따라서 세슘 원자가 내는 마이크로파를 이용하면 정확하게 시간을 측정할 수 있다. 공식적인 세계 시간은 전 세계에 흩어져 있는 실험실에서 70개 이상의 원자시계가 측정한 시간을 평균한 값이다. 이 원자시계들 중 두 원자시계가 1억년에 1초 이상 차이가 나지 않을 때 가장 정확하게 시간을 정할 수 있다. 원자시계에 사용되기 때문에 1초의 길이를 정의할 때도 세슘을 이용한다. 1967년에 국제도량형위원회(CIPM)는 "1초는 세슘-133의 바닥 에너지준위의 두 미세구조 사이의 전환에 의해 방출되는 복사선 주기의 9192631770배이다"라고 결정했다.

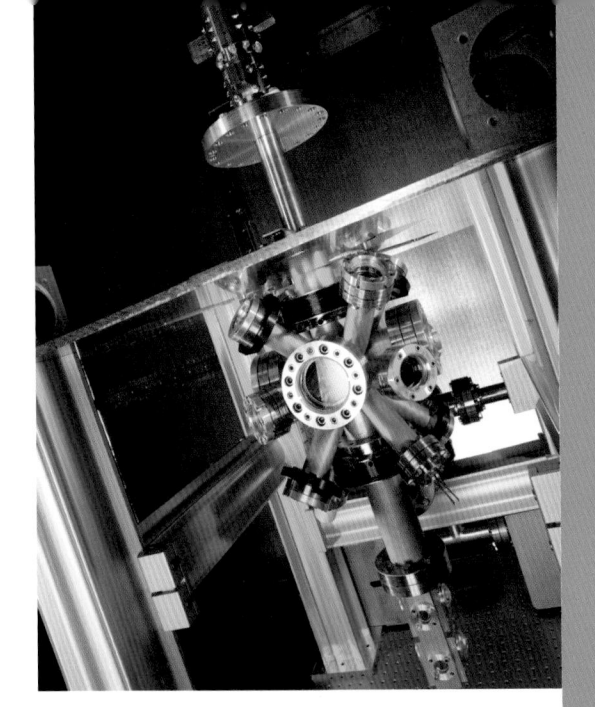

영국 국립물리학연구소(NPL)에 있는 세슘 원자시계의 진공 체임버. 세계의 공식 시간은 NPL에 있는 원자시계를 포함하여 여러 개의 원자시계가 측정한 시간을 바탕으로 결정된다.

Group 1

87	☢
Fr	
프랑슘	
Francium	

원자번호	87
원자반지름	260 pm
산화 상태	+1
원자량	223
녹는점	23℃
끓는점	680℃
밀도	1.90 g/cm³
전자구조	[Rn] 7s¹

프랑슘은 1939년에 프랑스의 물리학자 마르게리트 페레$^{Marguerite\ Perey}$가 발견한 알칼리금속의 마지막 원소이다. 프랑슘은 페레의 고국인 프랑스의 이름을 따서 명명되었다. 34종의 동위원소가 알려져 있지만 가장 안정한 프랑슘-223의 반감기도 22분밖에 안 된다. 그럼에도 불구하고 프랑슘은 자연에서 발견된다. 그러나 전 세계에서 동시에 발견할 수 있는 프랑슘은 몇 그램을 넘지 않는다. 프랑슘은 다른 방사성 동위원소, 특히 악티늄의 분열 생성물이다(141쪽 참조). 지금까지 만들어낸 가장 큰 샘플은 산소 원자를 금 원자에 충돌시켜 만든 것으로 약 30만 개의 원자로 이루어진 것이었다.

알칼리금속 · 1족

4
Be
베릴륨
Beryllium

12
Mg
마그네슘
Magnesium

20
Ca
칼슘
Calcium

38
Sr
스트론튬
Strontium

56
Ba
바륨
Barium

88 ☢
Ra
라듐
Radium

알칼리토금속

2족 원소들은 반응성이 약한 1족 원소들이라 할 수 있다. 반응성이 강한 1족의 사촌들과 마찬가지로 2족 원소들도 물이나 산과 반응하여 수소 기체를 발생시킨다. 그러나 1족 원소들이 차가운 물과 폭발적으로 반응하고 공기와 자발적으로 반응하는 것과는 달리 2족 원소들은 아주 뜨거운 경우에만 물과 반응한다. 반응성이 낮은 것은 전자구조 때문이다. 1족 원소들이 가장 바깥쪽 전자껍질에 한 개의 전자를 가지고 있는 것과 달리 2족 원소들은 두 개의 전자를 가지고 있다.

주기율표에서 바로 좌측에 있는 1족 원소들에 비해 2족 원소들은 하나의 양성자와 하나의 전자를 더 가지고 있다. 그 결과 전자들이 원자핵과 좀 더 강하게 결합되어 있어 분리하는 데 더 많은 에너지가 필요하다. 그러나 일단 가장 바깥쪽 전자껍질에 있는 두 개의 전자를 제거하면 원자는 안정한 가장 바깥쪽 전자껍질을 가지게 되고, 두 배의 양전하를 띠면서 음이온과 결합하여 매우 안정한 화합물을 만들 수 있게 된다(18쪽 참조). 때문에 이 원소들은 자연에서 순수한 원소 상태로 발견되지 않는다.

2족 원소들은 1족 원소들보다 밀도가 더 높으며, 전기전도도도 더 높다. 중세에는 산화칼슘이나 산화마그네슘과 같이 가열했을 때 분해되지 않는 물질을 나타낼 때 '지구(토)'라는 단어를 사용했다. 족 이름에 알칼리라는 말이 들어간 것은 2족 원소의 산화물이 모두 물에 녹아 알칼리 용액을 만들기 때문이다. 그러나 2족 원소 중 가장 가벼운 베릴륨은 앞에서 설명한 모든 성질을 보이지 않아 다른 원소들과 뚜렷이 다르다.

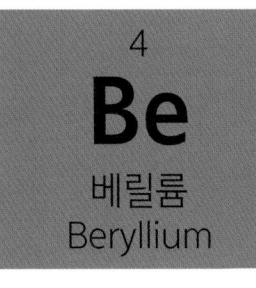

4

Be

베릴륨
Beryllium

원자번호	4
원자반지름	105 pm
산화 상태	+1, +2
원자량	9.01
녹는점	1287℃
끓는점	2469℃
밀도	1.85 g/cm³
전자구조	[He] 2s²

베릴륨은 보석인 녹주석beryl의 이름에서 유래했다. 프랑스의 화학자 니콜라루이 보클랭Nicholas Louis Vauquelin은 1798년에 베릴에 포함되어 있는 베릴륨을 발견했다. 그러나 순수한 베릴륨의 시료를 만든 것은 30년 뒤의 일이었다. 보석과 다른 많은 광석에 포함되어 있지만 베릴륨은 매우 희귀한 원소다. 지각 물질의 약 10억분의 2가 베릴륨이며 우주 전체에서는 약 10억분의 1이 베릴륨이다. 베릴륨을 추출하기 위해서는 매우 복잡한 과정을 거쳐야 한다. 마지막 과정에서는 불화베릴륨(BeF₂)을 다른 2족 원소인 마그네슘으로 가열한다. 매년 수백 톤의 금속 베릴륨이 생산된다.

베릴륨 금속

생산된 베릴륨의 약 3분의 2는 '베릴륨구리 합금'을 만드는 데 사용된다. 베릴륨구리 합금에는 3%의 베릴륨이 포함되어 있다. 이 합금은 탄성과 내마모성이 아주 좋아 스프링을 만드는 데 사용된다. 또한 부딪쳤을 때 불꽃이 일어나지 않기 때문에 가연성 기체와 같이 위험한 환경에서 사용하는 도구를 만들 때도 사용된다. 금속으로서는 예외적으로 X-선을 잘 통과시키기 때문에 베릴륨 화합물은 X-선관의 윈도나 X-선 감지기에 사용된다. 반면에 베릴륨 그중

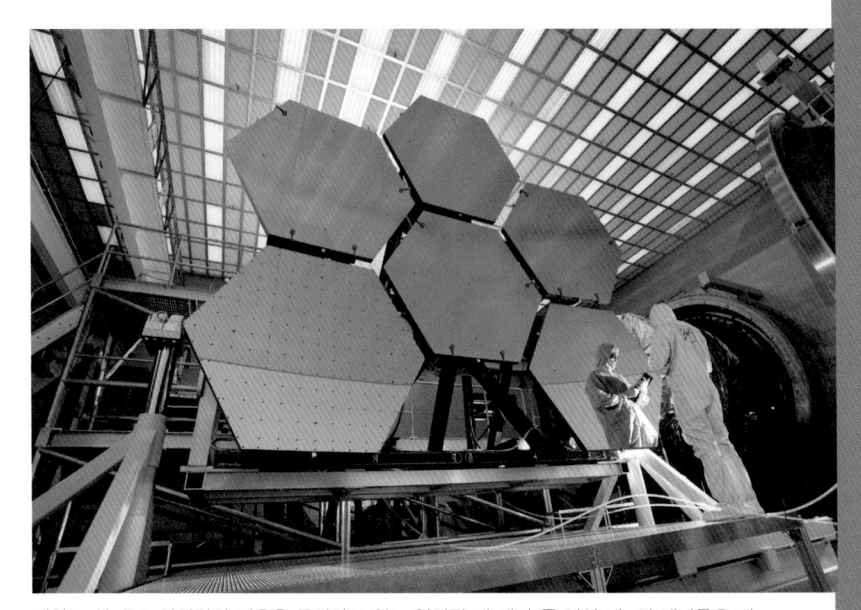

제임스 웹 우주 망원경의 거울을 구성하고 있는 열여덟 개 패널 중 여섯 개. 이 패널들은 베릴륨으로 만들었으며 표면에 금박을 입혔다.

에서도 표면 처리가 잘된 베릴륨은 적외선을 특히 잘 반사하기 때문에 지구 궤도를 돌고 있는 적외선 망원경의 거울에 사용된다.

베릴륨은 여느 알칼리토금속과는 달리 이온을 만들지 않는다. 따라서 베릴륨 화합물은 모두 이온결합 화합물이 아닌 공유결합 화합물이다(18쪽 참조).

보석인 베릴은 주로 베릴륨, 알루미늄, 규소 그리고 산소로 이루어졌다. 순수한 베릴륨은 색깔이 없지만 다른 원소가 소량 포함되면 다양한 색깔을 낸다.

Group 2

12
Mg
마그네슘
Magnesium

원자번호	12
원자반지름	150 pm
산화 상태	+1, +2
원자량	24.31
녹는점	650℃
끓는점	1091℃
밀도	1.74 g/cm³
전자구조	[Ne] 3s²

마그네슘은 지각에 여덟 번째로 많이 존재하는 원소이다. 보통의 암석을 구성하는 광물인 감람석과 휘석에 포함되어 있으며 1km³의 바닷물에는 100만 톤 이상 포함되어 있다. 사람의 몸에는 평균 25g의 마그네슘이 포함되어 있으며 300가지 이상의 중요한 생화학적 반응이 마그네슘 이온을 필요로 한다. 녹색 클로로필 염료의 중심에 마그네슘 원자가 들어 있기 때문에 녹색 채소에는 마그네슘이 많이 포함되어 있다. 그중에서도 콩, 잣, 곡류와 감자는 마그네슘을 많이 함유한 식품이다.

마그네슘 금속

마그네슘은 격렬하게 연소하면서 밝은 흰빛을 내는 회색의 얇은 리본으로 널리 알려져 있다. 전기 플래시가 발명되기 전에는 사진사들이 전기 스파크를 통해 발화시켜 빛을 내는 마그네슘 분말이 들어 있는 1회용 플래시를 사용했다. 오늘날에도 쇼에서 순간적으로 빛나는 밝은 빛을 만들어낼 때 마그네슘 분말을 사용한다. 마그네슘 분말은 불꽃놀이에 이용되는 폭죽의 전체 밝기를 밝게 하고 다른 물질을 점화시키는 데도 쓰인다.

스코틀랜드의 화학자 조지프 블랙Joseph Black이 화상을 치료하는 중화제로 사용되던 (현재도 사

분젠 버너의 불꽃으로 마그네슘 리본에 불을 붙이면 공기 중에서 격렬하게 연소하며 밝은 흰빛을 낸다.

참나무 잎의 녹색 클로로필 염료를 강조하기 위해 뒤에서 빛을 비춰 확대한 사진. 클로로필 분자 중심부에는 마그네슘 이온이 들어 있다.

용되고 있는) 마그네시아 알바(탄산마그네슘$MgCO_3$)를 가지고 실험하다가 1755년에 처음으로 마그네슘이 원소라는 것을 알아냈다. '흰색 마그네시아'라는 뜻의 마그네시아 알바는 그리스의 마그네시아 지방에서 발견된 광석이었다. 영국의 화학자 험프리 데이비가 1808년에 처음으로 수은과 혼합물을 이룬 마그네슘 원소 샘플을 만들었고, 20년 후 프랑스 화학자 앙투안 뷔시[Antoine Bussy]가 처음으로 마그네슘 금속 샘플을 만들었다. 19세기 중반에는 마그네슘이 산업용으로 쓰일 정도로 다량 추출되었다.

오늘날에는 중국이 세계 마그네슘 생산량의 90%를 생산하고 있다. 마그네슘 금속을 생산할 때는 주로 마그네슘 광석에서 추출한 염화마그네슘($MgCl_2$)을 전기분해하는 방법을 사용한다. 마그네슘은 강하지만 가볍고, 분말 상태에서는 격렬하게 연소하지만 금속 상태에서는 놀라울 정도로 불에 잘 견딘다. 때문에 마그네슘의 용도는 다양하다. 2000~2010년에는 세계 마그네슘 생산량이 세 배로 증가했다. 이는 자동차와 항공기에서 가벼운 부품의 수요가 늘어난 것과 마그네슘 생산 비용이 낮아진 때문이었다. 생산된 마그네슘의 약 10%는 강철 생산 과정에서 철광석의 황을 제거하는 용도로 사용된다.

우리에게 익숙한 마그네슘 화합물 중 하나가 화장실에서 사용하는 활석 분말이다. 활석 분말은 가장 연한 광물인 활석($H_2Mg3(SiO_3)_4$)으로 만든다. 엡솜염(황화마그네슘 수화물$MgSO_4.7H_2O$)은 목욕할 때 사용하는 염의 주요 성분이다. 정원사는 토양의 마그네슘 부족을 해결하기 위해 엡솜염을 사용한다. 엡솜염은 설사제로도 사용된다. 마그네시아액(수산화마그네슘$Mg(OH)_2$)은 설사제와 제산제로 사용되는 또 다른 화합물이다.

Group 2

20
Ca
칼슘
Calcium

원자번호	20
원자반지름	180 pm
산화 상태	+1, +2
원자량	40.08
녹는점	842℃
끓는점	1484℃
밀도	1.554 g/cm³
전자구조	[Ar] $4s^2$

2족의 모든 원소들(그리고 1족 원소들)과 마찬가지로 칼슘은 지각에 다섯 번째로 많이 존재하는 원소이면서도 반응성이 강해 자연에서는 순수한 상태로 발견되지 않는다. 매년 수천 톤의 순수한 칼슘이 생산되고 있다.

광택이 없는 은회색 칼슘 금속 조각.

칼슘은 1808년에 험프리 데이비가 석회(CaO)와 산화수은(II)(HgO)의 혼합물에서 분리해냈다. 데이비는 석회를 뜻하는 라틴어 '칼스^{calx}'에서 따 이 원소를 칼슘이라고 불렀다. 석회는 칼슘 화합물을 많이 함유한 암석을 일반적으로 가리키는 말이다.

암석에 포함되어 있는 중요한 칼슘 화합물에는 탄산칼슘($CaCO_3$), 탄산마그네슘칼슘($CaMg(CO_3)_2$) 그리고 불화칼슘(CaF)이 있다. 이 중에서 탄산칼슘은 가장 흔하고 가장 흥미로운 화합물이다.

다른 결정구조를 가진 여러 가지 형태의 탄산칼슘이 있는데 가장 중요하고 가장 흔한 것이 석회석과 대리석의 주성분인 방해석이다.

석회석은 플랑크톤과 같은 바다 미생물의 잔해가 퇴적되어 만들어진 퇴적암이다. 이 미생물들은 바닷물에 녹아 있는 이산화탄소를 흡수하여 자신을 보호하는 단단한 외부 껍질을 만드는 데 사용되는 방해석을 만든다. 대리석은 석회암이 높은 온도와 압력에 의해 변성작용을 거쳐 만들어진 변성암이다.

고대부터 사람들은 탄산칼슘을 함유한 암석을 석회가마 안에서 가열하여 이산화탄소를 배출시키

인도 아그라에 있는 타지마할은 무갈 제국의 황제 샤자한이 그의 왕비 뭄타즈 마할을 추모하여 건축한 것이다. 아름다운 이 건축물의 재료는 대리석(탄산칼슘)이다.

고 산화칼슘(CaO, 석회라고 부르는)만 남게 했다. 여기에 물을 더하면 소석회라고도 부르는 수산화칼슘($Ca(OH)_2$)이 되는데 옛날 사람들은 이것을 시멘트로 사용했다. 수산화칼슘이 공기 중의 이산화탄소를 흡수하면 다시 탄산칼슘이 되면서 단단해진다. 이 반응은 오늘날에도 시멘트를 이용한 작업의 핵심 과정이다. 그러나 현대 시멘트는 규화칼슘을 포함하고 있는 더 복잡한 형태이다.

가상 색깔을 입힌 이온결합을 하고 있는 인회칼슘 결정의 전자현미경 사진(배율 약 250×). 뼈나 이는 주로 이 광물로 이루어졌다.

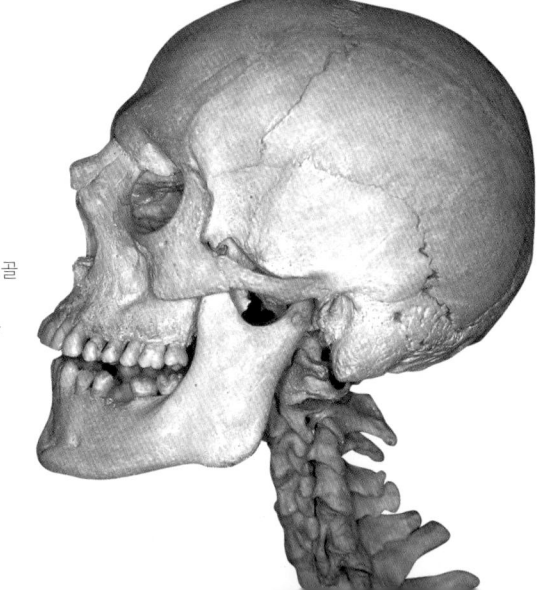

인간의 두개골 CT 사진. 성인 두개골 1kg 안에는 약 100g의 칼슘이 들어 있다.

매년 산업용으로 100만 톤 이상의 탄산칼슘이 암석에서 추출되고 있다. 탄산칼슘은 건설 분야 외에도 핸드크림 파우더, 치약, 화장품, 제산제 등 다양한 용도로 쓰인다. 또 식품의 생산, 종이와 페인트의 흰색 염료, 유리 제조, 철광석의 제련에도 사용된다.

칼슘은 거의 모든 생명체의 필수 원소이다. 사람 몸 안에는 칼슘이 다른 어떤 금속 원소보다 많이 들어 있다. 성인 몸에는 평균 1.2kg의 칼슘이 있으며, 사람 몸에 들어 있는 칼슘의 99%는 인화칼슘을 이루고 있는데 이는 뼈와 이의 주요 구성 성분이다. 나머지 칼슘은 혈액의 pH 조절, 호르몬 분비, 건강한 신경과 근육의 기능, 세포분열과 같은 생명현상에 관여한다.

유제품은 칼슘을 많이 함유한 식품으로 널리 알려져 있다. 우유 한 잔에는 3분의 1g의 칼슘이 들어 있다. 녹색 채소에도 많은 칼슘이 있지만 채소에 들어 있는 칼슘의 대부분은 옥살산과 결합하여 우리 몸이 흡수할 수 없는 옥살칼슘이라 부르는 화합물을 형성한다. 시금치는 특히 칼슘이 많은데 이 역시 옥살산과 결합되어 있다. 장에서 칼슘을 흡수하는 데는 비타민 D가 필요하다. 따라서 뼈의 성장과 유지에도 비타민 D가 필요하다. 칼슘이나 비타민 D의 결핍은 구루병을 일으킨다. 칼슘 화합물은 보조 식품이나 칼슘을 보충한 식품을 통해 섭취할 수 있다. 칼슘을 많이 포함하고 있는 식품에는 비타민 D도 첨가되어 있다.

Group 2

38
Sr
스트론튬
Strontium

원자번호	38
원자반지름	200 pm
산화 상태	+1, +2
원자량	87.62
녹는점	777℃
끓는점	1382℃
밀도	2.644 g/cm³
전자구조	[Kr] 5s²

1790년에 아일랜드의 화학자 어데어 크로퍼드$^{Adair\ Crawford}$가 스코틀랜드의 스트론티안에서 발견된 암석에서 이전에는 알지 못했던 광물을 발견했다. 이 광물의 화학조성을 조사한 그는 이 광물이 새로운 원소를 포함하고 있다고 결론지었다. 1808년에 험프리 데이비가 전기분해를 통해 이 원소를 분리해내고 스트론튬이라고 이름 붙였다.

은회색의 스트론튬 금속

최근까지도 스트론튬의 가장 중요한 용도는 텔레비전이었다. 음극선관(CRTs)을 만드는 유리에는 관 안에서 발생하는 X-선을 차단하기 위해 산화스트론튬(SrO)이 첨가되었다. 하지만 LCD와 같은 새로운 텔레비전 사용이 늘어나면서 음극선관의 생산이 중단되었다. 스트론튬 화합물은 불꽃놀이에서 밝은 붉은빛을 내는 데 사용된다. 그리고 인과 마찬가지로 어둠 속에서 빛나는 장난감을 만들 때도 사용된다.

스트론튬은 생명 작용에는 관여하지 않지만 지구 상의 모든 생명체의 뼈와 이에 소량 포함되어 있다. 스트론튬의 화학

불꽃놀이. 스트론튬 화합물은 불꽃놀이에서 붉은빛을 낸다.

적 성질이 칼슘의 화학적 성질과 비슷하기 때문에 뼈나 이에서 쉽게 칼슘을 대체할 수 있다. 골다공증 환자의 골밀도를 높이고 뼈를 강화하기 위해 의사들은 스트론튬이 포함된 약물을 처방하기도 한다.

스트론튬에는 30개 이상의 동위원소가 알려져 있는데 이 중 네 개는 안정하여 자연에 존재하고, 나머지는 불안정한 방사성 동위원소이다. 방사성 동위원소인 스트론튬-90은 원자로나 원자폭탄의 핵분열 과정에서 만들어진다. 전 세계 사람들의 몸 안에 들어 있는 스트론튬-90의 대부분은 지상 핵실험의 낙진에서 온 것이다. 스트론튬-90이 베타붕괴하면서 방출하는 베타선은 골수암이나 백혈병을 일으킬 수 있다. 스트론튬-90의 노출 정도가 커지면 이런 질병이 발병할 가능성도 증가하지만 대부분의 사람들에게는 이 인공적인 동위원소로 인한 질병 위험은 무시할 정도다. 그러나 최초로 핵실험을 했던 1945년부터 국제조약에 의해 대부분의 나라에서 지상 핵실험을 중단한 1963년 사이에 태어난 사람들은 더 많은 스트론튬-90을 가지고 있다. 마지막 지상 핵실험은 1980년에 있었다. 그리고 1986년에 일어났던 체르노빌 원자력발전소 사고로 일부 지역 사람들의 스트론튬-90 포함량이 늘어났었다.

56
Ba
바륨
Barium

원자번호	56
원자반지름	215 pm
산화 상태	+2
원자량	137.30
녹는점	727℃
끓는점	1897℃
밀도	3.51 g/cm³
전자구조	[Xe] 6s²

원자번호가 56인 바륨은 밀도가 높은 회색 금속이다. 바륨의 이름은 '무겁다'는 의미의 그리스어 바리스barys에서 유래했다. 1족과 2족의 많은 원소들과 마찬가지로 바륨도 험프리 데이비가 1808년에 처음 분리했다. 이보다 30년 전에 독일의 화학자 빌헬름 셸레Wilhelm Scheele가 바라이트(황산바륨, BaSO₄)에 이전에 알려지지 않은 원소가 포함되어 있다는 것을 알아냈다. 바라이트에 빛을 비춘 후 어둠 속으로 가져가면 어둠 속에서도 빛을 내기 때문에 당시 화학자들에게는 이 광물이 널리 알려져 있었다.

바륨 금속. 공기 중의 산소와 반응하는 것을 방지하기 위해 불활성기체를 채운 유리병 안에 보관하고 있다.

오늘날에는 매년 약 600만 톤의 바라이트가 생산된다. 바륨 금속은 바라이트에서 추출한 염화바륨(BaCl₂)을 전기분해하여 생산한다. 바륨 금속 자체는 그다지 쓸모가 없으며 유일한 용도는 진공 장치에서 공기를 흡수하는 데 사용된다.

바륨의 가장 중요한 화합물은 황화바륨이다. 황화바륨은 페인트나 플라스틱에 사용되고, 불꽃놀이에서는 사과 녹색 빛을 내기 위해서, 유정에서 드릴 주변에 흐르는 냉각액의 밀도를 높이는 데 사용된다. 염화바륨은 소화 장애가 있는 환자가 X-선 검사를 하기 전에 삼키는 '바륨 식사'에도 사용된다. 바륨은 X-선을 통과시키지 않기 때문에 환자의 소화기관이 X-선 사진에 선명하게 나타난다. 따라서 의사들이 위장관의 질병을 쉽게 진단할 수 있다.

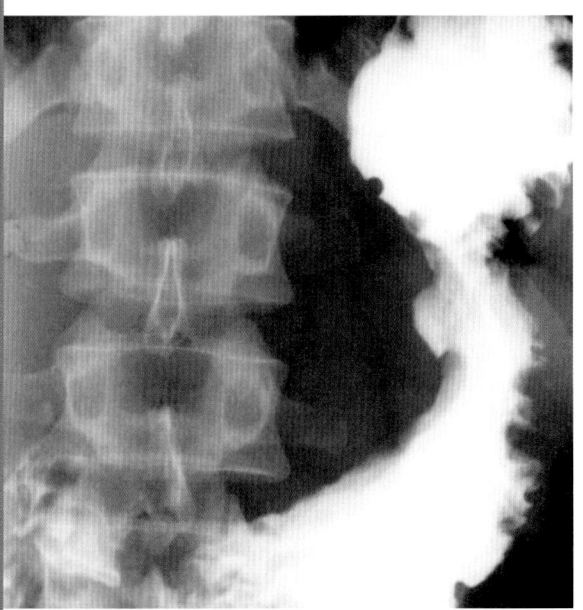

사람 복부의 X-선 사진. 커다랗게 보이는 회색 부분이 위이다. 위에는 황화바륨으로 된 '바륨 식사'가 포함되어 있다. 바륨 이온은 X-선을 통과시키지 않는다.

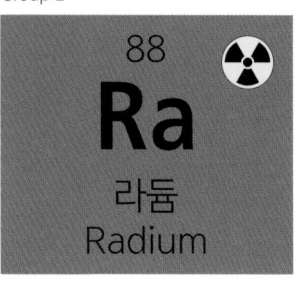

88
Ra
라듐
Radium

원자번호	88
원자반지름	215 pm
산화 상태	+2
원자량	226
녹는점	700℃
끓는점	1737℃
밀도	5.5 g/cm³
전자구조	[Rn] 7s²

라듐의 모든 동위원소는 불안정하여 방사성이 강하다. 라듐 원소의 이름은 광선을 뜻하는 라틴어 라디우스radius에서 유래했다. 라듐은 매우 불안정하여 자연에 존재하는 적은 양의 라듐은 모두 다른 방사성 동위 원소의 분열 생성물이다.

라듐이 처음 발견된 광물인 피치블렌드 (우라니나이트). 라듐은 우라늄의 분열 생성물이어서 모든 우라늄 광석에 소량 포함되어 있다.

라듐은 1898년에 폴란드 출신 화학자 겸 물리학자 마리 퀴리Marie Curie와 그녀의 남편인 프랑스 물리학자 피에르 퀴리Pierre Curie가 함께 발견했다. 우라늄에서 나오는 눈에 보이지 않는 신비한 복사선을 조사하던 퀴리 부부는 우라늄 광석에서 우라늄에서보다 훨씬 강한 방사선이 나오는 것을 발견했다. 마리 퀴리와 프랑스 화학자 앙드레 드비에른André Debierne은 1910년에 최초로 순수한 라듐을 추출했다.

라듐에서 나오는 베타선(15쪽 참조)은 다른 물질을 빛나게 할 수 있다. 이런 현상을 방사선 발광이라고 부른다. 방사선 발광은 1930년대 말까지 유행했던 적은 양의 라듐을 황화아연이나 인화아연에 섞어 만든 발광 시계 다이얼에 사용되었다. 라듐의 독성이 알려진 후 방사성 물질은 발광 페인트로 대체되었다.

방사선의 위험이 알려지기 전인 1910년대와 1920년대에는 라듐 수, 라듐 비누 그리고 심지어는 아기를 따뜻하게 해주는 라듐 모직에 이르기까지 많은 라듐 제품이 판매되었다.

오늘날 라듐의 유일한 용도는 물리 실험실의 실험용이다.

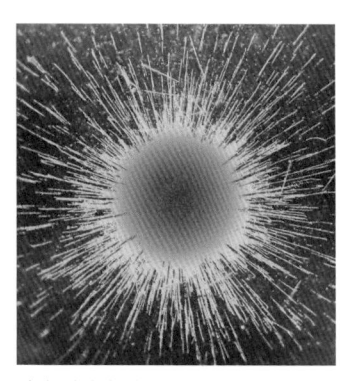

사진 건판의 감광유제에 나타난 라듐으로부터 나온 알파입자의 가상 색깔을 입힌 궤적.

라돈 기체를 포함하고 있는 유리관 (1920년대). 라돈은 한때 건강에 좋다고 알려졌던 방사성이 있는 '라돈 수'의 생산에 사용되었다. 유리병 안에는 소량의 라듐이 들어 있고, 라돈은 라듐의 붕괴 생성물이다.

간주곡: d-블록과 전이금속

주기율표를 살펴보면 3족과 12족 사이가 멀리 떨어진 것을 알 수 있다. 특히 이 부분에는 첫 번째 세 주기에는 원소가 없다. 따라서 가운데 부분은 좌측에 있는 블록(s-블록)이나 우측에 있는 블록(p-블록)보다 높이가 낮다. 이렇게 다른 부분과 잘 들어맞지 않는 부분을 d-블록이라고 부른다. d-블록에는 흥미로운 성질을 가진 여러 가지 화합물을 만들어 다양한 용도로 사용되는 금속 원소들이 들어가 있으며 철, 금, 은, 구리, 수은과 같이 널리 알려져 있고 가장 많이 사용되는 금속 원소들이 포함되어 있다.

56~125쪽까지 계속되는 이 책의 다음 장에서는 d-블록의 원소들을 족의 순서대로 다룰 것이다. 원자번호가 104번에서 112번까지의 원소는 d-블록에 속해 있지만 자연에 존재하는 원소가 아니어서 228~236쪽의 초우라늄 원소들과 함께 다룬다. 주기율표를 자세히 살펴보면 3족의 두 자리가 비어 있는 것을 발견할 수 있을 것이다. 이 자리는 126쪽과 127쪽에서 다룰 f-블록에 속한 원소들이 들어갈 자리다.

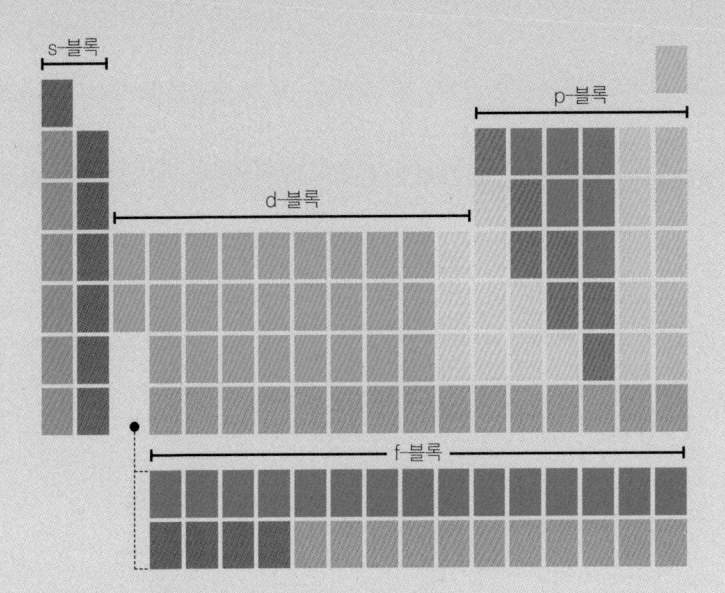

d-블록의 이해

주기율표 첫 번째 주기에는 수소와 헬륨의 두 원소만 들어가 있다. n=1인 에너지준위에는 하나의 s-궤도만 있기 때문이다(각각의 궤도에는 전자가 2개까지 들어갈 수 있다. 13쪽 참조). 두 번째 주기와 세 번째 주기에는 하나의 s-궤도

1족과 2족의 원소들은 가장 바깥쪽 전자껍질의 s-궤도에 하나 혹은 두 개의 전자를 가지고 있다. 주기율표 좌측에 단지 두 개의 열만 있는 것은 그 때문이다. d-블록에 속한 원소들은 가장 바깥쪽 전자들이 d-궤도에 있다. 다섯 개의 d-궤도가 있고, 각 궤도에는 하나 또는 두 개의 전자가 들어갈 수 있으므로 d-블록에는 10개 족이 있게 된다. p-블록에는 가장 바깥쪽 전자가 p-궤도에 있는 원소들이다. 세 개의 p-궤도가 있으므로 p-블록에는 여섯 개의 족이 있다.

와 세 개의 p-궤도가 있어 전자가 여덟 개까지 들어갈 수 있다. 두 번째와 세 번째 주기에 여덟 개의 원소가 들어가 있는 것은 이 때문이다.

그러나 네 번째 주기에는 s-궤도와 p-궤도 외에 다른 형태의 궤도인 d-궤도가 들어갈 수 있다. 하나의 에너지준위에는 다섯 개의 d-궤도가 가능하기 때문에 열 개의 전자가 들어갈 수 있다. 주기율표의 네 번째 주기와 다섯 번째 주기에 각각 18가지의 원소가 들어가 있는 것은 이 때문이다. 여섯 번째 주기에 f-궤도가 나타나는 것은 이보다 더 복잡하다(14쪽 참조).

d-궤도에 들어가 있는 전자는 아래 주기의 전자와 같은 에너지를 가진다. 따라서 4주기에는 4s-궤도와 4p-궤도, 그리고 에너지준위가 n=3인 3d-궤도가 들어간다. 이것은 마룻바닥에서부터 선반을 쌓아 올릴 때 빈자리를 남겨두었다가 다음

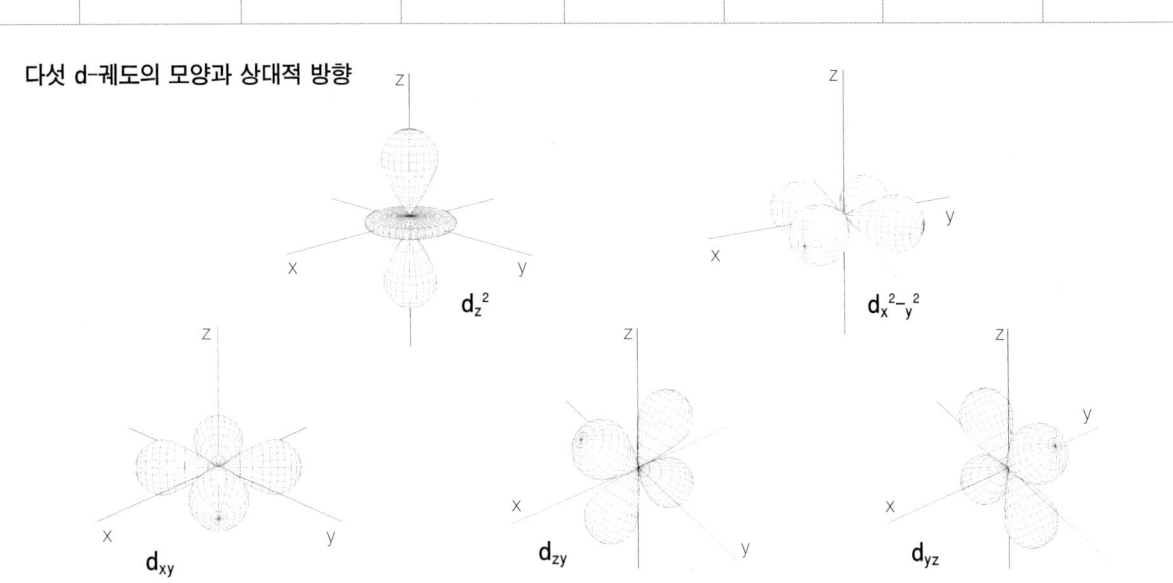

다섯 d-궤도의 모양과 상대적 방향

$d_z{}^2$

$d_x{}^2{}_-{}_y{}^2$

d_{xy}

d_{zy}

d_{yz}

칼슘 Calcium	$1s^2$ $2s^2$ $2p^6$ $3s^2$ $3p^6$ $4s^2$
바나듐 Vanadium	$1s^2$ $2s^2$ $2p^6$ $3s^2$ $3p^6$ $4s^2$ $3d^3$

선반을 중간쯤 채운 뒤 다시 내려와 마저 채우는 것과 같다. d-블록에 속한 원소들의 전자구조를 나타낼 때는 낮은 에너지준위의 d-궤도를 마지막에 오도록 하여 이런 점을 반영한다. 우측에 제시된 s-블록 원소인 칼슘의 전자구조와 d-블록 원소인 바나듐의 전자구조를 비교해보자.

전이금속

d-블록은 s-블록과 p-블록 사이의 교량이나 전이처럼 작용하기 때문에 d-블록에 속한 원소들을 '전이금속'이라고 부른다. IUPAC는 전이금속을 "채워지지 않은 d-궤도를 가지고 있는 원소, 또는 채워지지 않은 d-궤도를 가지고 있으면서 양이온이 될 수 있는 원소"로 정의했다. 전이금속에 대한 이 같은 엄격한 정의는 d-블록에 속한 일부 원소를 전이금속에서 제외시킨다. 그러나 실제로는 정의에 맞지 않는 몇 개의 원소는 '진정한' 전이금속과 매우 비슷하고 d-블록에 속해 있어 일반적으로 전이금속에 포함시킨다. 이름에서 알 수 있듯이 전이금속은 모든 금속 원소가 가지고 있는 일반적인 성질을 다 가지고 있다. 광택을 가지고 있고 은회색이며(금과 구리는 예외다), 좋은 전기와 열의 전도체이다. 전이금속은 모두 전성이 좋고 가공성이 좋아 망치로 치거나 잡아당겨 원하는 여러 가지 형태로 만들 수 있다. 상온에서 액체인 수은도 고체 상태에서는 잘 늘어나는 성질을 가지고 있다.

전이금속은 일반적으로 1족이나 2족 원소들보다는 반응성이 낮아 금과 같은 원소는 자연에서 순수한 상태로 발견되기도 한다. 대부분의 전이금속은 밝은 푸른색의 황화구리와 같이 밝은 색을 띠는 다양한 화합물을 만든다. 루비의 붉은색은 크롬 이온 때문이고, 녹슨 철이 붉은 갈색으로 보이는 것은 산화철 때문이다. 많은 전이금속은 반응에 참여하지 않지만 반응을 촉진시키는 촉매로 사용된다. 산업체와 복잡한 생물학적 반응에서는 일반적으로 전이금속 촉매가 사용된다.

전이금속은 서로 잘 섞이기 때문에 다양한 합금을 만든다(합금은 적어도 하나 이상의 금속을 포함하고 있는 혼합물이다). 강철은 철(Fe)과 다른 원소와의 합금이다. 예를 들면 스테인리스 스틸은 철에 다른 전이금속인 크롬을 첨가한 것이다. 이 장에서는 특수 용도에 잘 맞는 합금들을 다룰 것이다.

21
Sc
스칸듐
Scandium

원자번호	21
원자반지름	160 pm
산화 상태	+1, +2, **+3**
원자량	44.96
녹는점	1541℃
끓는점	2836℃
밀도	2.99 g/cm³
전자구조	[Ar] 3d¹ 4s²

주기율표의 3족에는 스칸듐과 이트륨의 두 원소만 포함되어 있다. 아래쪽에 남아 있는 두 개의 빈칸은 각각 f-블록에 속하는 16개 원소들이 들어갈 자리로 총 32개 원소가 해당된다. 더 자세한 내용은 126~145쪽을 참조하기 바란다.

란탄계열은 아니지만 희토류원소인 순수한 스칸듐 금속 표본.

러시아 화학자 드미트리 멘델레예프Dmitri Mendeleev는 1869년에 최초의 주기율표를 출판하면서(28쪽 참조) 아직 발견되지 않은 원소들이 들어갈 자리라고 예측된 여러 개의 빈칸을 남겨두었다.

1879년 스웨덴의 화학자 라르스 프레드리크 닐손Lars Fredrik Nilson이 스칸듐의 산화물을 발견한 후 스칸듐이 이 빈자리 중 하나에 들어가게 되었다. 스칸디나비아에서만 발견되는 암석에서 발견했으므로 닐손은 이 새로운 원소에 스칸듐이라는 이름을 붙였다. 순수한 상태의 스칸듐을 분리해낸 것은 1937년의 일이었다.

스칸듐은 특별히 희귀하지는 않지만 함량이 높은 상태로 발견되는 경우는 거의 없다. 지각에는 납과 비슷한 양이 존재하고 주석보다는 많이 존재한다. 스칸듐은 800여 가지 광물 안에 소량씩 포함되어 있으며 매년 수 톤씩 생산되고 있다. 대부분 강하고 가벼운 알루미늄 합금을 만드는 데 사용된다. 잠수함에서 발사되는 소련 미사일은 앞부분이 스칸듐 알루미늄 합금으로 된 원뿔 모양을 하고 있어 북극해의 두꺼운 얼음을 뚫을 수 있을 정도로 강하지만 무게는 가볍다.

39

Y

이트륨
Yttrium

원자번호	39
원자반지름	180 pm
산화 상태	+1, +2, **+3**
원자량	88.91
녹는점	1523℃
끓는점	3337℃
밀도	4.47 g/cm³
전자구조	[Kr] 4d¹ 5s²

이트륨은 성질이나 용도가 희토류원소들과 비슷하고 같은 광물에서 발견되기 때문에 종종 희토류원소로 간주된다(128쪽 참조). 실제로 이트륨은 핀란드 화학자 요한 가돌린Johan Gadolin이 발견한 첫 번째 희토류원소이다. 1787년에 가돌린은 스웨덴의 이테르비 마을 채석장에서 새로 발견된 광물의 표본을 받았다. 그 암석 표본 안에서 1794년에 새로운 원소의 산화물을 발견했다. 그리고 1828년 독일 화학자 프리드리히 뵐러Friedrich Wöhler가 처음으로 원소 상태로 분리해냈다.

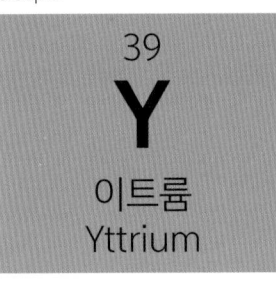

스칸듐과 마찬가지로 란탄계열은 아니지만 희토류원소인 이트륨 표본.

이트륨 화합물은 다양한 용도로 사용된다. 이트륨 알루미늄 가넷(YAG) 레이저는 의료용이나 치과용, 탐사용, 절단용, 디지털 통신을 포함하여 다양한 분야에서 사용되고 있다. 산화이트륨(Y_2O_3, 이트라)을 산화지르코늄(ZrO_2, 지르코니아)에 첨가하면 산소 센서, 제트엔진의 내열 부품, 산업용 연마제 및 베어링 등 여러 용도로 사용되는 매우 안정한 불활성 세라믹인 이트라–안정화 지르코니아가 만들어진다.

22
Ti
티타늄(타이타늄)
Titanium

원자번호	22
원자반지름	140 pm
산화 상태	+1, +2, +3, **+4**
원자량	47.87
녹는점	1665℃
끓는점	3287℃
밀도	4.54 g/cm³
전자구조	[Ar] 3d² 4s²

주기율표의 4족에는 티타늄, 지르코늄 그리고 하프늄의 세 원소가 포함되어 있다. 여기에는 자연에서 발견되지 않는 우라늄보다 원자번호가 큰 방사성 원소인 러더퍼듐도 포함되어 있다. 따라서 러더퍼듐은 초우라늄 원소(228쪽)에서 다룰 것이다.

순수한 티타늄 금속 구슬

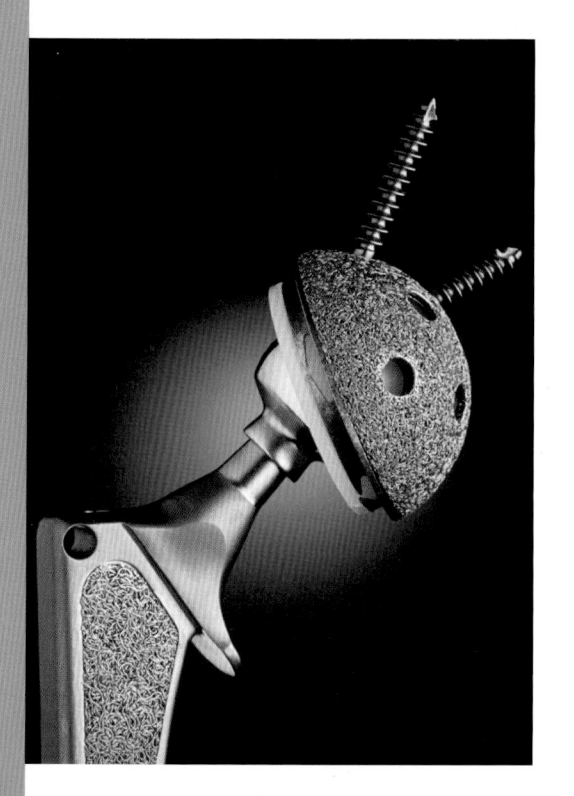

1791년 영국의 아마추어 광물학자 윌리엄 그레고르$^{William\ Gregor}$ 목사는 냇가에서 검은 모래를 발견하고, 이 모래를 분석하여 산화철과 다른 알려지지 않은 금속의 산화물이 포함되어 있다는 것을 알아냈다. 4년 후 독일 화학자 마르틴 클라프로트$^{Martin\ Klaproth}$는 독립적으로 루타일이라고 부르는 광물에서 같은 금속 산화물을 발견하고 그리스 신화에 등장하는 타이탄 신의 이름을 따서 '티타늄'이라 부르기로 결정했다.

거의 순수한 상태의 티타늄 금속을 추출한 것은

가볍고 강한 티타늄으로 만든 인공 힙 조인트. 힙 조인트는 대퇴골(넓적다리뼈)에 삽입하는 축(아래 좌측), 골반에 부착하는 소켓(보이지 않음), 그리고 조인트를 구성하는 볼(우측)로 이루어져 있다.

1910년이었고, 티타늄이 대량으로 사용되기 시작한 것은 1950년대부터였다.

티타늄은 지각에 아홉 번째로 많이 함유된 원소이고, 금속 중에서는 네 번째로 많으며 화성암이나 화성암으로 이루어진 모래에 많다. 가장 흔하고 가장 널리 사용되는 티타늄 광물은 티타늄 원자가 산소 원자와 철 원자에 결합되어 만들어진 일멘나이트(산화티타늄(IV)철(II) 산화물, $FeTiO_3$)이다. 티타늄은 발명자인 룩셈부르크 화학자 윌리엄 크롤$^{William\ Kroll}$의 이름을 따서 크롤 과정이라고 부르는 공학적 과정을 통해 일멘나이트로부터 추출한다. 이 과정에서는 코크스와 염소 기체로 일멘나이트를 가열하여 염화티타늄(IV)

티타늄으로 주조하여 만든 제트엔진의 고성능 '블리스크'(칼날 같은 디스크).

($TiCl_4$)를 생산한 다음 마그네슘 금속과 반응시켜 염소를 제거하고 순수한 티타늄을 얻는다.

티타늄은 반응성이 강한 금속이어서 공기 중의 산소와 반응하여 산화티타늄의 얇은 막을 형성한다. 표면을 둘러싸고 있는 이 산화막으로 인해 티타늄은 더 이상 산소와 반응하지 않고 내식성이 강해진다. 티타늄은 내식성과 강도 그리고 연성을 가지고 있어 인공 힙 조인트, 인공 심장, 심장박동 조절기와 같은 의학적 용도로 사용하기에 이상적이다. 높은 온도에서는 산화 막 아래 있는 티타늄의 반응성이 나타난다. 불꽃놀이에 사용되는 티타늄 조각이나 분말은 일단 점화되면 격렬하게 연소되면서 밝은 흰빛을 낸다.

티타늄 금속은 질량 대 강도의 비가 가장 큰 금속이다. 티타늄 금속은 강철만큼 강하지만 밀도는 강철의 반이다. 생산된 티타늄 금속의 반 정도는 비행기 동체나 터빈의 날개 그리고 파이프 같은 항공기 부품을 만드는 고성능 합금용으로 항공 산업에 이용된다. 예를 들면 보잉 787 항공기는 무게의 약 15%가 티타늄이다. 또한 티타늄은 인공위성과 국제 우주정거장의 주요 소

티타늄 봉. 티타늄을 공급하는 가장 일반적이고 편리한 방법이다.

스페인의 구겐하임 박물관 빌바오. 이 건물은 0.5mm 두께의 티타늄 판 3만 개 이상으로 덮여 있다.

재이다. 티타늄과 티타늄 합금은 골프 클럽, 보석, 테니스 라켓, 시곗줄, 자동차 휠과 같은 소비재의 재료로도 사용된다. 스페인 구겐하임 박물관의 빛나는 방수 코팅 재료도 티타늄을 많이 함유한 합금이다. 특수 티타늄 합금(니켈과)은 모양을 '기억한다'. 이 형상기억 합금은 의료용이나 산업용 또는 안경테로 다양하게 사용되고 있다.

매년 채광되는 티타늄 광물의 5%만 티타늄 금속 생산에 사용되고 있다. 나머지 95%는 티타늄 화합물 중에서 가장 중요한 티타니아라고 부르는 산화티타늄(IV)(TiO_2) 생산에 쓰인다. 이 밝고 흰 분말은 다양한 용도로 사용되며 우리 주변에서 흔히 발견되는 물질 안에 포함되어 있다. 산화티타늄은 페인트, 화장품, 치약, 알약, 소스나 치즈와 같은 식품에 염료로 들어 있다. 또한 어두운 회색의 플라스틱을 밝은 색으로 만드는 데도 사용된다. 자외선을 흡수하기 때문에 선크림의 중요한 성분이다.

산화티타늄이 자외선을 흡수할 때 방출되는 수산이온(OH^-)은 기름, 세균 그리고 다른 유기 입자들을 파괴할 수 있는 반응성이 큰 분자인 유리기로 작용하기 때문에 자체 창문 세척제, 병원 벽의 코팅, 세균을 죽여 감염을 방지하는 바닥 타일과 같이 자체 세척 표면을 제작하는 데 사용된다.

40
Zr
지르코늄
Zirconium

원자번호	40
원자반지름	155 pm
산화 상태	+1, +2, +3, **+4**
원자량	91.22
녹는점	1854℃
끓는점	4406℃
밀도	6.51 g/cm^3
전자구조	[Kr] 4d^2 5s^2

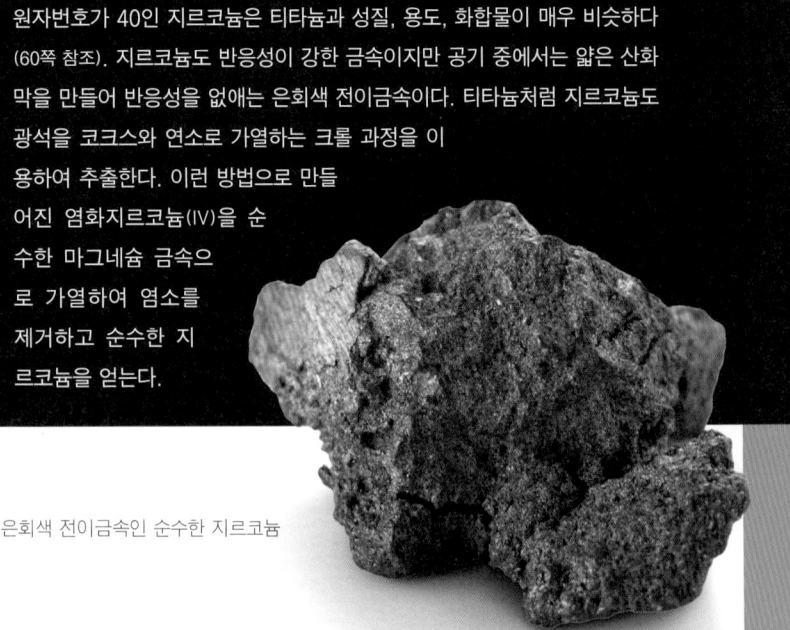

원자번호가 40인 지르코늄은 티타늄과 성질, 용도, 화합물이 매우 비슷하다 (60쪽 참조). 지르코늄도 반응성이 강한 금속이지만 공기 중에서는 얇은 산화막을 만들어 반응성을 없애는 은회색 전이금속이다. 티타늄처럼 지르코늄도 광석을 코크스와 연소로 가열하는 크롤 과정을 이용하여 추출한다. 이런 방법으로 만들어진 염화지르코늄(IV)을 순수한 마그네슘 금속으로 가열하여 염소를 제거하고 순수한 지르코늄을 얻는다.

은회색 전이금속인 순수한 지르코늄

다이아몬드의 대체품으로 사용되는 합성 보석인 큐빅 지르코니아 샘플. 큐빅 지르코니아는 자연적으로 만들어진 산화지르코늄을 녹인 다음 서서히 식혀서 만든다. 큐빅 지르코니아의 색깔은 소량 함유된 다른 원소로 인한 것이다.

티타늄을 발견한 마르틴 클라프로트가 지르코늄 또한 발견했다. 1789년에 클라프로트는 지르콘 광석을 조사하여 알려지지 않은 금속 산화물을 얻어냈다. 지르콘에서 얻었으므로 그는 이 산화물을 '지르코니아'라 부르고, 금속 원소를 지르코늄이라고 했다. 클라프로트의 경쟁자였던 스웨덴 화학자 옌스 야코브 베르셀리우스$^{Jöns\ Jacob\ Berzelius}$는 1824년에 거의 순수한 지르코늄을 생산하는 데 성공했다.

지르코늄 광석은 대부분 규화지르코늄($ZrSiO_4$)로 이루어져 있다. 이것은 수백 년 전부터 알려져 있던 광석으로, 성서 시대의 이스라엘에서는 보석으로 사용되기도 했다. '지르콘'이라는 이름은 아랍어 자르쿤^{zarqun}에서 유래했고, 이 아랍어는 다시 고대 인도-이란 언어인 아베스탄어에서 '금'을

뜻하는 자르^{zar}에서 유래했다. 지르콘은 포함하고 있는 원소에 따라 다양한 색깔을 띠는데 가장 일반적인 것이 연한 황갈색이다.

순수한 지르코늄은 매우 연하고 전성이나 연성이 좋다. 다른 원소를 조금만 첨가해도 무척 단단해지지만 연성은 그대로 유지된다. 다른 원소가 첨가된 지르코늄은 녹는점 근처의 높은 온도에서도 매우 단단하기 때문에 지르코늄 합금은 원자로 부품처럼 고온과 고압에 노출되는 제품 생산에 사용된다. 지르코늄은 핵분열 시 방출되는 중성자를 흡수하지 않는 특수한 성질을 가지고 있어서 원자로의 핵연료봉 주변을 감싸는 용도로 사용된다.

지르코니아(산화지르코늄(IV), ZrO_2)는 티타니아(산화티타늄(IV), TiO_2)와 마찬가지로 흰색 화합물이다. 티타니아만큼 널리 사용되지는 않지만 지르코니아도 티타니아와 비슷한 용도로 사용된다. 강도가 높고 빛을 투과시키지 않기 때문에 지르코니아는 연마제나 세라믹을 불투명하게 만드는 용도로 사용된다. 원자들이 육방 격자를 형성하는 한 형태의 지르코니아는 지로콘이라고 잘못 불리기도 하는 '큐빅 지르코니아'로 다이아몬드와 강도나 겉모양이 비슷해 다이아몬드의 값싼 대체 보석으로 사용된다.

Group 4

72
Hf
하프늄
Hafnium

원자번호	72
원자반지름	155 pm
산화 상태	+2, +3, **+4**
원자량	178.49
녹는점	2233℃
끓는점	4600℃
밀도	13.3 g/cm^3
전자구조	[Xe] $4f^{14}\ 5d^2\ 6s^2$

원자번호가 72인 하프늄은 다른 4족 원소인 티타늄이나 지르코늄과 성질, 합금, 용도가 비슷한 은회색 전이금속이다(60쪽과 63쪽 참조). 하프늄은 두 가지 독특한 용도를 가지고 있다. 첫 번째는 지르코늄과 마찬가지로 하프늄도 원자로에서 사용된다. 그러나 지르코늄과 달리 하프늄은 핵분열 시 방출되는 중성자를 흡수하기 때문에 원자로 중심에 넣어 중성자를 흡수하게 하여 핵분열반응을 느리게 만드는 제어봉으로 사용된다. 하프늄의 두 번째 용도는 2007년에 발견된 것으로 산화하프늄(IV)이 새 세대 마이크로프로세서 칩에 사용되는 것이다. 산화하프늄을 첨가하면 칩에 들어가는 트랜지스터의 크기를 줄일 수 있다. 따라서 하나의 칩에 더 많은 트랜지스터를 넣을 수 있어 에너지 효율이 좋아진다. 산화하프늄은 트랜지스터의 두 전극을 분리하는 '게이트'를 형성한다. 전에는 이산화규소로 게이트를 만들었지만 트랜지스터 크기를 더 줄이면 접촉점에서 전류가 새어 나가는 문제가 있었다.

은백색 전이금속인
순수한 하프늄 금속

하프늄의 가장 흥미로운 점이라면 그것이 발견 되는 과정일 것이다. '72번 원소'의 존재는 하프늄 이 발견되기 이전에 이미 예측되어 있었다. 1913 년 영국 물리학자 헨리 모즐리^{Henry Moseley}는 특정 한 원자의 원자핵이 가지고 있는 양전하의 양을 알 아내는 데 사용되는 새로운 방법을 개발했다. 모즐 리는 덴마크 물리학자 닐스 보어가 그해 초에 제안 한 이론을 시험하는 데 이 방법을 사용했다.

보어는 원자핵에 포함된 양전하에 의해 결정되 는 특정한 궤도에서만 전자가 원자핵을 돌 수 있다 고 제안했다. 보어에 의하면 전자가 낮은 에너지준 위로 떨어질 때는 가시광선, 자외선 그리고 X-선 과 같은 전자기파 복사선 광자로 에너지를 방출한 다(10쪽 참조). 모즐리는 10여 개의 원소가 방출하 는 X-선을 조사하여 보어의 예측이 옳다는 것을 증명했다. 또한 원자번호가 하나 증가할 때마다 원 자핵의 전하가 정확히 같은 양 증가한다는 것을 발 견했다. 이것은 원자번호에 대한 새로운 개념을 제 시했고 1917년의 양성자 발견을 이끌어냈다. 덕분 에 모즐리는 원소 목록에서 빠진 부분을 알아낼 수 있었다. 이렇게 빠져 있던 원소 중 하나가 72번 원 소였다.

하프늄은 헝가리의 화학자 게오르크 데 헤베시 ^{George de Hevesy}와 네덜란드 물리학자 디르크 코스

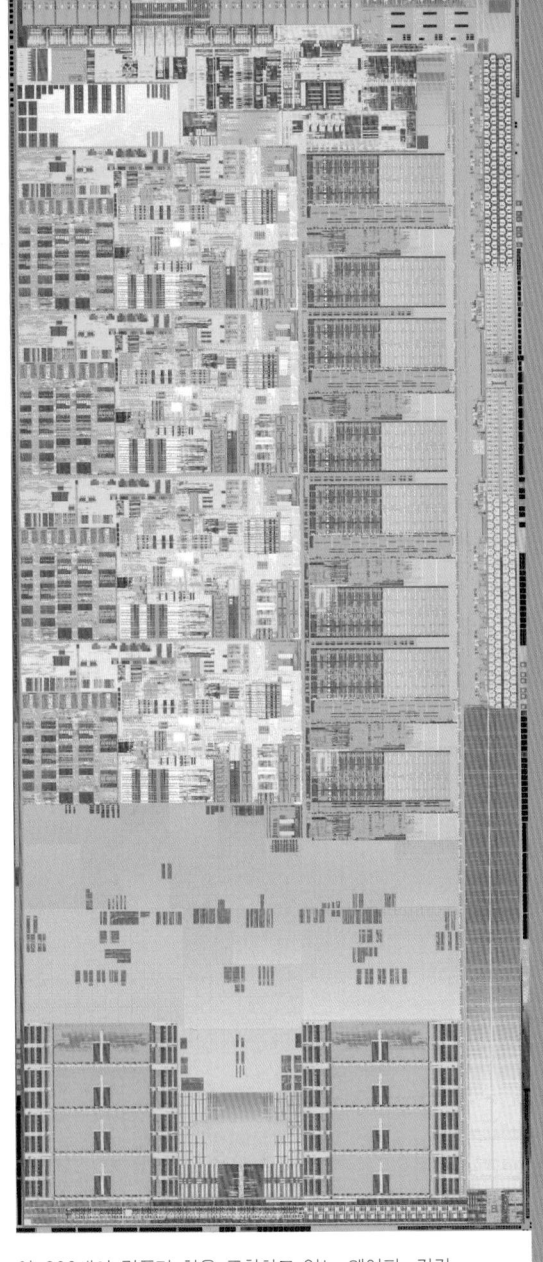

약 300개의 컴퓨터 칩을 포함하고 있는 웨이퍼. 각각 의 칩에는 22nm(220억분의 1미터) 크기의 트랜지스터가 140만 개 들어 있다. 모든 트랜지스터의 중심부에는 산 화하프늄으로 만든 '게이트'라고 부르는 스위치가 있다.

테르^{Dirk Coster}에 의해 1923년에 발견되었다. 하프늄의 이름은 닐스 보어가 태어나고 이 원소를 발견한 곳인 코펜하겐의 라틴어 이름 하프니아^{Hafnia}에서 유래했다.

23
V
바나듐
Vanadium

원자번호	23
원자반지름	135pm
산화 상태	−1, +1, +2, +3, +4, **+5**
원자량	50.94
녹는점	1910℃
끓는점	3407℃
밀도	6.10 g/cm³
전자구조	[Ar] 3d³ 4s²

5족 원소 중에서 가장 가벼운 바나듐은 이보다 무거운 나이오븀이나 탄탈럼과 비슷한 성질을 많이 가지고 있다. 이 세 개의 전이금속은 모두 단단하고 반응성이 약하며 내마모성과 내식성이 좋다. 60가지 이상의 다른 광물이 바나듐을 포함하고 있다. 바나듐은 지각에 22번째로 많이 포함되어 있는데 구리보다 더 많다.

순수한 바나듐 육면체

바나듐은 1801년에 발견되었으나 잊혀졌다가 다시 발견되었으며 현재의 이름이 정해지기 전까지 여러 이름으로 불렸다. 스페인의 광물학자 안드레스 마누엘 델 리오 Andrés Manuel del Río가 오늘날 바나디나이트라고 알려진 적갈색 납을 조사하다가 새로운 원소의 존재를 알아냈다. 바나디나이트는 현란한 붉은색으로 인해 오늘날에도 광물 수집가들이 선호하는 광물이다. 델리오는 다양한 색깔의 화합물로 인해 처음에는 '여러 색깔'이라는 뜻의 판크로뮴이라고 불렀다. 그러나 1803년에 광물로 만든 흰색 분말을 가열하거나 산과 반응시키면 붉은색으로 변했

바나디나이트(염화바나듐납Pb5(VO4)3Cl) 광물 결정. 바나디나이트는 질량으로 11%의 바나듐을 갖고 있는 바나듐의 주요 광석이다.

바나듐 수용액의 화려한 색깔. 좌에서 우로 녹아 있는 바나듐 원자는 다섯 개, 네 개, 세 개, 두 개의 전자가 부족하다. 다시 말해 산화 상태가 +5, +4, +3, +2이다.

기 때문에 '붉은색'을 뜻하는 그리스어 에리트로노(또는 에리스로늄)라고 다시 명명했다. 델 리오는 1805년 흰색 분말 샘플을 유명한 탐험가이며 과학자였던 알렉산더 폰 훔볼트Alexander von Humboldt 에게 보냈고, 계속해서 프랑스 화학자 히폴리트 데스코틸Hippolyte-Victor Collet-Descotils에게도 보냈다. 프랑스 화학자는 이 원소를 몇 년 전에 발견된 크롬으로

잘못 알고는 훔볼트에게 이 샘플에 '새로운' 원소가 없다고 알려줬다. 훔볼트는 델 리오에게 그 사실을 통보했고 델 리오는 자신의 발견을 공식적으로 취소했다.

1820년대에 스웨덴의 화학자 닐스 제프스트룀Niels Sefström은 크롬이나 우라늄과 비슷한 성질을 가지고 있는 원소를 발견했다. 제프스트룀은 이 원소를 노르웨이의 신 오딘의 이름을 따서 오디늄이라고 불렀다. 저명한 스웨덴의 화학자 엔스 야코브 베르셀리우스는 제프스트룀의 연구를 넘겨받고 이 원소를 에리안이라고 불렀다. 독일 화학자 프리드리히 뷜러는 제프스트룀이 이 원소에 바나듐이라는 명칭을 붙이기 전까지 제프스트룀이라고 불렀다. 이 원소를 바나듐이라고 부른 이유 중 하나는 'V'로 시작되는 원소가 없었기 때문이다. 바나듐이라는 이름은 '반디어족 여인'이라는 뜻을 가진 바나디스Vanadis에서 유래했다. 바나디스는 노르웨이의 여신 프레이야를 뜻하기도 했다. 바나듐은 19세기 화학자들에게는 순수한 형태로 분리해내는 것이 너무 어려웠다. 1867년에 영국 화학자 헨리 엔필드 로스코가 처음으로 순수한 바나듐을 분리하는 데 성공했다.

발견되는 과정에서의 혼란에도 불구하고 바나듐은 전형적인 전이금속으로 화려한 색깔의 화합물을 형성하고, 단단하고 유용한 합금을 만든다. 많은 전이금속과 마찬가지로 바나듐도 여러 가지 이온을 만든다. 바나듐 화합물이 물에 녹아 다양한 색깔의 용액을 만드는 것은 이 때문이다. V^{2+} 이온은 자주색 용액을 만들고, V^{3+} 이온은 녹색 용액을 만들며, VO^{2+} 이온은 푸른색, VO_4^{2-} 이온은 노란색 용액을 만든다.

중세 대장장이들은 다마스쿠스 강철이라고 불리는 강철을 단조하여 단단하기로 이름난 검을

만들었다. 이 강철이 그렇게 단단했던 것은 사용된 광석에 함유된 탄소나노튜브(106쪽 참조)와 소량의 바나듐 때문이었음이 현대의 연구에 의해 밝혀졌다. 오늘날에는 바나듐이 인장 강도가 크면서도 부식을 방지할 수 있는 강철을 제조하는 데 쓰인다. 인장 강도가 높은 재질은 큰 힘으로 잡아당겨도 잘 늘어나거나 파괴되지 않는다. 바나듐강은 볼 베어링이나 스프링을 비롯해 다양한 용도에 사용된다. 가장 흔한 바나듐 합금은 내모마성이 큰 도구를 제작하는 데 쓰이는 크롬 바나듐 합금이다. 수요가 늘어나는 바나듐 제품은 풍력발전처럼 출력이 변하는 재생에너지원으로부터도 많은 전기를 저장할 수 있는 바나듐 레독스 전지이다.

매년 약 7000톤의 순수한 바나듐 금속이 생산되고 있으며 산화바나듐(V_2O_5)이 바나듐의 가장 중요한 화합물이다. 산화바나듐은 바나듐 광석이나 석유 산업에서 사용하고 버리는 폐기물에서 추출되어 순수한 바나듐 금속의 생산과 바나듐강의 출발점인 페로바나듐 생산에 사용된다. 또 황산 생산의 촉매로도 사용된다.

바나듐은 인간에게도 필수적인 원소이지만 정확히 무슨 작용을 하는지는 알려지지 않았다. 특정한 물질대사의 촉매 역할을 하는 것으로 추정되며 아주 적은 양만 필요하고, 다행스럽게 남는 양은 배출된다. 바나듐은 갑각류, 버섯, 간에 포함되어 있다.

바나듐이 많은 가재. 가재에 있는 바나듐의 양은 이들이 살았던 바닷물의 바나듐 농도에 따라 달라진다.

강하고 내식성이 큰 바나듐강 합금으로 만든 드릴.

41
Nb
나이오븀
Niobium

원자번호	41
원자반지름	145 pm
산화 상태	−1, +2, +3, +4, **+5**
원자량	92.91
녹는점	2477℃
끓는점	4744℃
밀도	8.58 g/cm³
전자구조	[Kr] 4d⁴ 5s¹

5족 원소들 중에서 자연적으로 존재하는 마지막 두 원소인 나이오븀과 탄탈럼은 매우 비슷하며 거의 대부분 동시에 발견된다. 따라서 이 두 금속의 발견 이야기가 서로 연관되어 있는 것도 놀라울 것이 없다. 나이오븀은 1801년 매사추세츠에 있는 광산에서 보내온 광물에서 영국 화학자 찰스 해체트Charles Hatchett가 발견했다. 이 광물은 산화철과 알려지지 않은 물질을 포함하고 있었다. 화학분석을 실시한 해체트는 알려지지 않은 물질이 '산소와 강하게 결합되어 있는' 이전에 발견되지 않은 금속 원소의 산화물이라고 결론지었다. 미국 과학자들과 이 광물에 대해 의논한 후 해체트는 새로 형성된 미국의 주 컬럼비아의 이름을 따서 '콜롬바이트'라고 부르기로 결정하고 이 원소는 '콜롬븀'이라고 불렀다.

1년 후 스웨덴의 화학자 안데르스 에세베리Anders Ekeberg가 탄탈럼을 발견하고 이름을 붙였다. 그러나 1809년 영국 화학자 윌리엄 하이드 울러스턴William hyde Wollaston이 탄탈럼과 콜롬븀이 같은 금속이라고 주장했다. 1844년에 독일 화학자 하인리히 로제Heinrich Rose가 콜롬바이트가 두 가지 다른 원소를 포함하고 있다는 것을 증명할 때까지는 이러한 혼동이 해결되지 않았다. 해체트가 죽기 3년 전인 1844년에 로제는 탄탈럼이 아닌 원소에 탄탈루스의 딸인 그리스 여신 니오베의 이름을 따서 나이오븀이라는 이름을 붙였다. 로제의 결정적인 실험과 명명에도 불구하고 국제순수응용화학연합이 1950년에 41번 원소는 나이오븀이라고만 불러야 한다고 선언할 때까지 화학자들은 콜롬븀과 나이오븀

콩고민주공화국에서의 콜탄 광석의 채광. 콜탄은 나이오븀(콜롬븀이라고도 알려진)과 탄탈럼이 풍부하다. 두 원소는 현대 전기 산업에서 널리 사용되고 있다.

1972년에 달 궤도를 돌고 있는 아폴로 17호의 사령선. 로켓엔진의 노즐(사진 위쪽에 보이는)은 가볍지만 열저항이 아주 큰 나이오븀 합금으로 만들었다.

나이오븀 합금 도선이 독일 전자 싱크로트론(DESY) 입자가속기의 전자석에 사용되고 있다. 이 도선은 아주 낮은 온도에서 전기저항이 0인 초전도체가 된다.

이라는 이름을 혼용했다. 실제로 일부 금속학자들과 엔지니어들은 (특히 미국의) 아직도 두 가지 이름과 Cb라는 원소기호를 섞어서 사용하고 있다.

거의 순수한 상태의 첫 나이오븀 샘플은 1864년에 만들어졌다. 원소 상태에서 나이오븀은 연한 은회색 전이금속이다. 나이오븀의 결정구조는 연성이 특히 좋아 작업하기에 편하다. 많은 전이금속과 마찬가지로 나이오븀도 강철의 제조 과정에서 소량 첨가된다. 이것이 나이오븀의 가장 중요한 용도이다. 소량의 (1% 이하의) 나이오븀을 함유한 강철은 강하고 내마모성이 좋아 구조물에 사용된다. 더 많은 (5% 정도의) 나이오븀을 함유한 강철은 화학공업의 도가니나 제트엔진, 로켓엔진의 노즐, 단열재와 같은 특별한 용도로 사용되는 열에 강한 '슈퍼 합금'이다. 아폴로 달 탐사선의 주 노즐은 89%가 나이오븀이었다.

낮은 온도에서 나이오븀은 전기저항이 0인 초전도체가 된다. 나이오븀-주석 합금이나 나이오븀-티타늄 합금과 같은 나이오븀 합금도 같은 성질을 가지고 있다. 이런 합금으로 만든 도선은 의료용 스캐너와 CERN의 대형 하드론 충돌가속기(LHC)를 비롯한 입자가속기의 핵심 부품인 초전도자석에 사용된다.

73
Ta
탄탈럼
Tantalum

원자번호	73
원자반지름	145pm
산화 상태	−1, +2, +3, +4, **+5**
원자량	180.95
녹는점	3020℃
끓는점	5450℃
밀도	16.67g/cm³
전자구조	[Xe] 4f¹⁴ 5d³ 6s²

73번 원소의 이름은 고대 그리스 신화에 등장하는 탄탈로스에서 유래했다. 탄탈로스는 아들을 희생시킨 벌로 내세에선 마실 수 없는 물로 둘러싸인 호수에 서 있어야 했다(탄탈로스의 이름은 감질나게 한다는 뜻의 영어 단어 tanatalize의 어원이 되었다). 스웨덴의 화학자 안데르스 에세베리는 1802년에 이 원소를 발견하고 탄탈럼이라고 이름 지었다. 대부분의 금속 화합물과 달리 탄탈럼의 산화물은 강한 산이 많은 경우에도 산과 반응하지 않는다. 이러한 성질로 인해 탄탈럼은 뼈를 고정하는 데 사용하는 나사, 인공 관절, 두개골 덮개와 같은 의료용으로 널리 사용된다. 높은 강도와 낮은 반응성은 제약 산업과 식품 산업에 사용되는 파이프와 용기 재료로 이상적이다. 1903년에 처음 만들어진 순수한 원소 상태의 탄탈럼은 나이오븀과 마찬가지로 연하고 연성이 좋다. 은회색이지만 푸른 기가 된다. 모든 원소 중에서 탄탈럼은 다섯 번째로 녹는점이 높고, 끓는점은 세 번째로 높다.

'표면에 부착된' 작은 축전기. 압축된 탄탈럼 분말이 하나의 전극으로 작용하고 자연적으로 생긴 탄탈럼 산화 막이 절연체 역할을 한다.

탄탈럼 금속은 표면에 형성되는 얇은 산화탄탈럼(V)(Ta₂O₅) 막으로 인해 반응성이 매우 낮다. 이것은 알루미늄, 티타늄, 지르코늄의 반응성이 낮은 것과 같은 이유이다. 탄탈럼은 좋은 전도체이지만 산화를 막은 좋은 절연체이기도 하다. 이것은 탄탈럼이 축전기 생산에 사용되는 가장 중요한 성질이다. 축전기의 내부는 두 개의 금속이 절연체로 분리되어 있는데 절연체는 얇을수록 좋다. 전기장이 유전체라고 부르는 절연체를 통과하기 때문에 전류가 흐르지 않고도 한쪽 금속판에 흐르는 전류가 다른 쪽 금속판에 흐르는 전류에 영향을 줄 수 있다. 축전기는 거의 모든 전자회로에 포함되어 있다. 탄

탄탈럼 '핀 머리' 축전기는 휴대전화나 컴퓨터에 사용되고 있다. 지난 수십 년 동안 있었던 컴퓨터 산업의 빠른 성장은 탄탈럼의 수요를 크게 증가시켰다.

탄탈럼과 나이오븀의 밀접한 관계(69쪽 참조)는 두 원소가 일반적으로 함께 발견된다는 것과 분리하기 어렵다는 것을 의미한다. 탄탈럼의 주요 광석인 탄탈라이트는 나이오븀 광석인 콜룸바이트와 함께 발견되는데 이 광석의 조합을 '콜탄'이라고 부른다.

탄탈럼 금속 디스크

탄탈럼의 수요 증가와 이에 따른 콜탄의 수요 증가는 국제 문제가 되고 있다. 2003년 UN 보고서에 의하면 콩고인민공화국에서의 불법적인 콜탄 밀수가 군사적 대치와 부패가 계속되는 원인이 되고 있다. 이로 인해 가전제품을 생산하는 전자 회사들이 이익을 보고 있다.

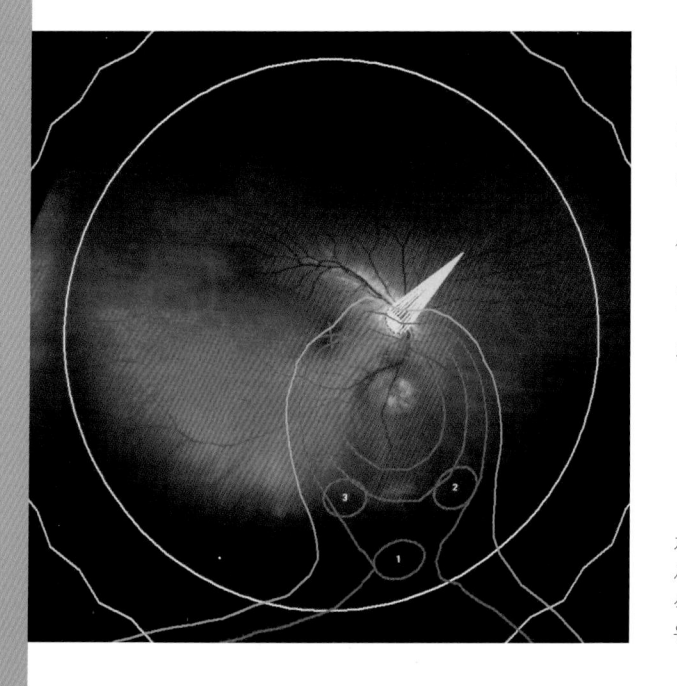

자료를 나타내는 표가 겹친 인간 눈동자의 사진. 붉은 선으로 표시된 종양이 양성자 빔을 이용하여 처리될 예정이다. 작은 핑크색 원으로 나타난 내식성이 좋은 가는 탄탈럼 도선은 빔 방향의 유도를 돕고 만들어지는 전하가 흘러나가도록 한다.

24
Cr
크롬
Chromium

원자번호	24
원자반지름	140 pm
산화 상태	−2, −1, +1, +2, **+3**, +4, +5, **+6**
원자량	52.00
녹는점	1860℃
끓는점	2672℃
밀도	7.19 g/cm³
전자구조	[Ar] 3d⁵ 4s¹

주기율표의 6족에는 널리 알려진 원소인 크롬과 텅스텐 그리고 덜 알려진 원소인 몰리브덴이 포함되어 있다. 6족에는 자연에 존재하지 않는 방사성 원소인 시보금도 포함되어 있지만 우라늄보다 원자번호가 큰 시보금은 초우라늄 원소 (228쪽)에서 다룰 것이다.

광택이 좋은 순수한 크롬 덩어리.

롬염 칼륨의 용액을 질화납(Ⅱ)에 첨가했을 때 석출된 크롬염납(Ⅱ). 석출물의 노란색은 크롬산 이온(CrO_4)²⁻의 고유한 색깔이다.

지각에 21번째로 많이 존재하는 크롬은 1797년 베릴륨을 발견한 니콜라 루이 보클랭Nicolas Louis Vauquelin이 발견했다. 보클랭은 1760년대에 시베리아 광산에서 발견된 붉은 납이라고 부르던 밝은 오렌지색 광석을 조사하고 있었다. 그는 이 광물에 대해 여러 가지 화학적 조사를 진행하여 다양한 밝은 색깔의 화합물을 만들어냈을 뿐만 아니라 이전에 알려지지 않은 원소를 포함하고 있다는 것도 알아차렸다. 보클랭은 이 원소를 '색깔'을 나타내는 그리스어 크로마chroma를 따라 크롬이라 부르고, 1년 뒤 광택이 있는 금속 상태의 크롬을 분리해냈다.

보클랭이 조사했던 붉은 납의 오렌지 색깔은 크롬 이온(CrO_4^{2-})에 의한 것이었다. 이 아름다

미국 시카고에 있는 밀레니엄 공원의 클라우드 게이트 조각 작품. 이 조각은 10% 이상의 크롬을 포함하고 있는 스테인리스 스틸로 만들었다.

다이아몬드로 둘러싸인 백금 펜던트의 커다란 에메랄드. 에메랄드는 보석인 녹주석의 한 형태이다. 순수한 녹주석은 색깔이 없으며 에메랄드의 녹색은 크롬 때문이다.

운 색깔의 광물은 예술가들이 즐겨 쓰는 염료인 크롬 황색을 만드는 데 사용되고 있다. 20세기에 크롬 황색은 상업용 페인트에 대량으로 사용되었지만 크롬과 납 이온 모두 독성을 가지고 있어 현재는 더 이상 사용되지 않고 있다. 크롬산염 이온은 산화 상태가 +6인(20~21쪽 참조) 크롬(VI)을 포함하고 있다. 이것은 전자가 여섯 개 모자라는 것처럼 결합한다는 것을 의미한다. 또 다른 아름다운 색깔의 크롬(VI) 이온은 19세기 이래로 가죽을 무두질할 때 사용해온 이크롬산 이온($Cr_2O_7^{2-}$)으로 대부분 이크롬산칼륨($K_2Cr_2O_7$)의 형태로 사용된다. 독성이 없는 크롬(III)

화합물도 가죽의 무두질에 사용되면서 독성 있는 크롬(VI) 제품을 대체하고 있다.

+3 산화 상태의 크롬은 독성이 없을 뿐만 아니라 사람에게 중요한 원소이다. 크롬(III)은 인슐린의 작용을 강화하여 혈당을 조절하는 것을 돕는다. 인간의 몸

크롬을 도금한 강철 범퍼와 휠 캡 그리고 장식을 단 1965년형 캐딜락.

은 소량의 크롬만 필요로 하며 굴, 달걀노른자, 잣에 많이 포함되어 있다.

1837년에 과학자들은 니켈 이온을 포함한 용액을 이용하여 표면에 금속 니켈을 입힐 수 있다는 것을 발견했다. 1848년 프랑스 화학자 쥐노 드 뷔시Junot de Bussy가 크롬으로도 같은 것을 할 수 있음을 발견한 이후 과학자들은 거울 같은 표면에 부식 방지를 위해 크롬을 입히는 전기도금 방법을 완성하기 위해 노력했다.

크롬 이온을 포함하고 있는 용액을 이용한 상업용 크롬 도금은 1920년대에 완성되었지만 제2차 세계대전 후에야 자동차나 항공기에 널리 사용되었다. 1970년대에 과학자들은 플라스틱 표면에 전기도금하는 방법을 개발했다. 그 후 자동차 차체에 부착되는 장식품들과 다른 많은 제품들이 광택을 내면서 빛으로부터 보호할 수 있는 값싼 크롬을 도금한 플라스틱으로 제작되었다.

크롬 도금이 현대 사회에 그 존재를 서서히 드러내는 동안 크롬의 또 다른 용도인 스테인리스 스틸은 이미 세상 깊숙이 뿌리 내리고 있었다. 소량의 탄소와 10% 이상의 크롬을 첨가한 철 합금인 스테인리스 스틸은 1920년대에 처음 상업적으로 생산된 뒤 값이 싸고 대량으로 생산할 수 있으며, 내식성이 좋아 현재도 칼, 냄비, 많은 외과용 기구, 건축 자재 등 널리 사용되고 있다. 크롬은 토스터나 헤어드라이어의 열선으로 사용되는 니켈-크롬 도선을 포함하여 여러 가지 합금에도 사용되고 있다.

42
Mo
몰리브덴
Molybdenum

6족의 두 번째 원소인 몰리브덴은 원소 상태에서 단단한 회색 전이금속이다. 대부분의 전이금속과 마찬가지로 강도가 높고 고온에서 잘 견디는 다양한 합금에 사용된다.

원자번호	42
원자반지름	145 pm
산화 상태	-2, -1, +1, +2, +3, **+4**, +5, **+6**
원자량	95.94
녹는점	2620℃
끓는점	4640℃
밀도	10.22 g/cm³
전자구조	[Kr] 4d⁵ 5s¹

광택이 있는 몰리브덴 원소로 된 포일.

몰리브덴은 지각에 50번째로 많이 존재하며, 비교적 희귀한 원소에 속한다. 종종 납이나 칼슘과 관련 있는 다양한 광석에 포함되어 있지만 가장 중요한 상업적 몰리브덴 광석은 몰리브덴나이트이다. 몰리브덴나이트의 어두운 회색으로 인해 초기의 광물학자들은 납 광석이나 흑연으로 오해했다. 몰리브덴나이트의 예전 이름은 '납'을 뜻하는 고대 그리스어 '몰리브데나 molybdena'에서 유래했다.

1778년에 스웨덴 출신 독일 화학자 카를 빌헬름 셸레Carl Wilhelm Scheele는 몰리브데나에 알려지지 않은 원소가 포함되어 있다고 제안했고, 3년 후 또 다른 스웨

스튜디오를 밝히는 데 사용되는 할로겐램프. 필라멘트 코일은 텅스텐으로 만들었지만 연결 도선과 지지대는 유리구와 잘 밀착되는 몰리브덴으로 만들었다.

덴 화학자 페테르 야코브 이엘름^{Peter Jacob Hjelm}이 최초로 몰리브덴 금속을 분리해냈다.

몰리브덴은 화학공업에서 특정한 반응을 촉진시키는 촉매로 사용되고 있으며 생물학적으로도 중요한 촉매이다. 많은 효소(생물학적 촉매)는 몰리브덴 원자를 포함하고 있는데 그중 가장 중요한 효소는 특정한 세균에서 발견되는 공기 중의 질소를 '고정'하여 암모니아(NH_3)를 합성하는 질소 효소이다. 암모니아는 모든 생명체에게 꼭 필요한 단백질을 합성하는 데 사용된다. 일부 식물은 뿌리에 질소 고정 세균을 가지고 있으며 동물들은 식물에서 질소를 얻는다. 일부 사람의 효소도 몰리브덴에 의존하고 있다. 때문에 사람은 음식을 통해 소량의 몰리브덴을 섭취해야 한다. 몰리브덴이 많은 식품으로는 렌틸 콩을 비롯한 콩류, 현미, 양고기와 돼지고기 같은 일부 육류가 있다.

Group 6

74
W
텅스텐
Tungsten

원자번호	74
원자반지름	135 pm
산화 상태	−2, −1, +1, +2, +3, **+4**, +5, **+6**
원자량	183.84
녹는점	3415℃
끓는점	5552℃
밀도	19.25 g/cm³
전자구조	[Xe] 4f¹⁴ 5d⁴ 6s²

6족의 첫 두 원소와 마찬가지로 텅스텐은 은회색 전이금속이다. 금속 중에서 녹는점과 끓는점이 가장 높으며 모든 원소 중에서는 탄소 다음으로 높다. 텅스텐은 밀도가 납보다는 훨씬 높고 금과는 거의 같다. 이 성질을 이용해 사기꾼들이 텅스텐 막대를 만든 다음 표면에 금을 입혀 금괴라고 속인 사건도 있었다.

순수한 텅스텐 샘플.

'텅스텐'이라는 이름은 '무거운 돌'이라는 뜻을 가진 스웨덴어로 원래 텅스텐 광석을 가리키는 말이었다. 텅스텐은 1781년 스웨덴 출신의 독일 화학자 카를 빌헬름 셸레가 처음 원소라는 것을 알아냈고 2년 후에는 최초로 분리해냈다. 원소기호 'W'는 텅스텐의 다른 이름 볼프람^{Wolfram}

에서 유래한 것으로, 볼프란은 독일어로 '늑대의 침'이라는 뜻이다. 주석과 텅스텐 광석은 종종 함께 발견된다. 텅스텐 광물은 주석의 제련 과정에서 침과 같은 거품으로 생산된다. 이 거품이 주석의 생산량을 감소시키기 때문에 늑대가 양을 삼키듯 이 거품이 주석을 삼킨다고 생각했다. 대부분의 텅스텐은 셸라이트와 볼프라마이트 광석에서 얻는다. 중국이 전 세계 텅스텐 매장량과 생산량의 4분의 3을 차지하고 있다.

생산된 텅스텐의 반 이상이 탄소와 결합시켜 텅스텐 카바이드(WC)를 생산하는 데 사용된다. 아주 강한 텅스텐 카바이드는 1890년에 프랑스 화학자 앙리 무아상^{Henri Moissan}이 인조 다이아몬드를 합성하다가 우연히 발견했다. 텅스텐 카바이드는 드릴의 날, 원형 톱의 날, 기계류 등에 사용된다. 일부 추운 날씨에서 운행하는 자동차나 자전거의 타이어에는 얼음 위에서 미끄러지지 않도록 하기 위해 텅스텐 카바이드 징을 박는다. 텅스텐 카바이드는 보석, 특히 반지를 만드는 데도 쓰이며 1957년 이후에는 볼펜의 볼을 만드는 데도 사용되고 있다.

중요한 텅스텐 화합물이 몇 가지 더 있는데 그중 가장 널리 사용되는 화합물은 삼산화텅스텐으로 불에 타지 않는 섬유, 스위치를 올리면 어두워지는 '스마트' 창문 그리고 노란색 염료로 사용된다. 염료로 사용되는 또 다른 텅스텐 화합물에는 밝은 흰색을 내는 텅스텐아연과 텅스텐바륨이 있다. 인과 몰리브덴을 포함하고 있는 일부 텅스텐 화합물은 인쇄용 잉크, 플라스틱, 고무의 염색이나 염료로 사용된다. 텅스텐 금속과 마찬가지로 일부 텅스텐 화합물은 석유정제와 화학공업의 촉매로 사용된다. 텅스텐이 원소 상태로 이용되는 곳도 많다. 텅스텐은 높은 녹는점과 강도로 인해 로켓엔진의 노즐과 고온 기체 텅스텐 아크 용접의 전극으로 이상적인 재료이다. 텅스텐 금속은 백열전구나 X-선 발생 장치의 필라멘트를 만드는 데도 사용된다. 백열전구는 에너지 절약형 형광등으로 대체되었지만 텅스텐 필라멘트는 아직도 할로겐램프에 사용되고 있다. 또 많은 자동차에 텅스텐 가열선을 심어 서리를 제거하는 유리창이 사용되고 있다.

같은 수의 텅스텐과 탄소로 이루어진 텅스텐 카바이드로 만든 드릴의 날. 텅스텐 카바이드는 가장 단단한 물질로 녹는점이 2870℃이다.

↑ 백열전구의 X-선 사진. 전류가 흐르면 빛을 내는 텅스텐 필라멘트가 단단하게 감겨 있다. 오늘날에는 필라멘트가 없는 에너지 절약형 형광등이 대부분의 백열전구를 대체하고 있다.

⇦ 2009년 10월 28일에 플로리다 케이프 캐너버럴에 있는 케네디 우주 센터의 39B 발사대에서 NASA의 아레스 1-X 시험용 로켓이 발사되고 있다. 텅스텐은 높은 강도와 높은 녹는점으로 인해 로켓의 노즐과 원뿔 모양의 로켓 앞부분 재료로 이상적이다.

텅스텐은 고성능 합금을 만들 때 다른 원소를 섞어 사용하기도 한다. 가장 중요한 합금은 7% 이상의 텅스텐과 바나듐 그리고 몰리브덴을 포함하고 있는 '고속강'이다. 고속강은 기계 제작이나 엔진 밸브 배출구처럼 고온에서 작동하는 부품을 만드는 데 사용된다. 다른 텅스텐 합금은 고갈되어가는 우라늄과 같은 덜 효율적인 재료를 대신해 장갑을 뚫는 무기를 만드는 데 쓰인다. 보통의 총알은 아직도 납으로 만드는 것이 일반적이지만 환경 문제 때문에 엄격히 규제되면서 텅스텐 합금이 점점 더 많이 사용되고 있다. 밀도가 크면서도 값싼 또 다른 무거운 텅스텐 합금은 휴대전화를 진동시키는 작은 추를 만드는 데 쓰인다. 이 작은 추는 중심이 회전축에서 벗어나 있어 회전하면 진동이 만들어진다.

25
Mn
망간
Manganese

원자번호	25
원자반지름	140 pm
산화 상태	−3, −2, −1, +1, **+2**, +3, **+4**, +5, +6, **+7**
원자량	54.94
녹는점	1245℃
끓는점	1962℃
밀도	7.47 g/cm³
전자구조	[Ar] 3d⁵ 4s²

주기율표 7족에는 망간, 테크네튬, 레늄이 속해 있다. 여기에는 우라늄보다 원자번호가 커서 자연에 존재하지 않는 보륨도 있지만 이 책에서는 초우라늄 원소(228쪽)에서 다룰 것이다.

다른 원소와 결합하지 않은 순수한 원소 상태의 망간 덩어리.

망간은 지각에 세 번째로 많이 포함된 전이금속이고 모든 원소 중에서는 열두 번째로 많다. 다른 전이금속들과 마찬가지로 망간도 모든 생명체에게 필수적인 원소지만 많은 양을 필요로 하지는 않는다. 효소들이 제대로 기능하기 위해서는 망간 원자가 있어야 한다. 식물에서 일어

음극을 구성하고 있는 이산화망간 분말이 보이도록 잘라놓은 알칼라인 전지.

나는 광합성 작용의 일부인 물을 분해하여 산소를 방출하는 '산소 방출 복합체'도 그런 효소 중 하나다. 사람에게는 망간이 연결 조직의 형성, 혈액 응고인자의 생성, 대사 작용의 조절과 같은 다양한 과정에 관여한다. 성인의 몸에는 약 12mg의 망간이 있으며 매일 음식물을 통해 5mg을 섭취해야 한다. 달걀, 잣, 올리브오일, 콩, 가재에 많으며 너무 많은 망간을 섭취하면 건강에 해가 될 수도 있다. 장기간 매일 10mg 이상의 망간을 섭취하면 신경 장애를 유발하고 철분 흡수를 방해하는 등 여러 가지 부작용이 나타날 수 있다.

망간 원소의 존재는 1774년에 스웨덴 출신 독일 화학자 카를 빌헬름 셸레가 처음 제안했다. 이보다 4년 전에 화학을 공부하

고 있던 오스트리아의 이그나티우스 카임^{Ignatius Kaim}이 산화망간(IV)에서 소량의 부서지기 쉬운 금속을 분리해냈지만 그는 이것이 알려지지 않은 원소라는 것을 알지 못했다. 1774년에 스웨덴 화학자 요한 고틀리프 간^{Johann Gottlieb Gahn}이 망간을 생산하는 데 성공했기 때문에 일반적으로 망간을 처음 분리해낸 사람으로 인정받고 있다.

인간 뇌의 성상세포(뉴런을 지지하는)의 현미경 사진. 이 세포에 망간이 축적되면 이 원소의 신경독성으로 인해 다양한 신경 장애를 일으킬 수 있다.

산화망간(IV)(MnO_2)을 포함하고 있는 광물에 대한 실험이 망간에 대한 연구를 이끌어냈다. 로마제국이나 고대 이집트의 유리 제조업자들은 이 광물을 유리의 색깔을 없애거나 때로는 유리에 흐릿한 보라색을 내기 위해 사용했다. 16세기부터 유리 제조업자들은 그리스의 마그네시아에서 생산되는 이 검은 광물을 마그네시아 네그라라고 불렀다. 이런 사실을 알고 있던 독일 학자 필리프 부트만^{Philipp Buttmann}은 1808년에 이 원소를 '망간'이라고 명명했다. 같은 해에 영국 화학자 험프리 데이비는 마그네시아에서 발견된 광물에서 추출한 또 다른 원소인 마그네슘을 발견했다.

산화망간(IV)은 오늘날에도 유리나 세라믹의 염료로 사용되고 있다. 그러나 망간의 주요 용도는 건전지이다. 전기전도도를 좋게 하기 위해 탄소 분말과 섞은 망간 이온은 전지 내부에서 일어나는 반응에서 만들어지는 전자를 받아들인다. 이 과정에서 망간의 산화 상태는 +4에서 +3으로 바뀌어 산화망간(IV)(MnO_2)이 산화망간(III)(Mn_2O_3)으로 바뀐다. 다른 중요한 망간 화합물에는 과망간산칼륨($KMnO_4$)이라고도 알려져 있는 짙은 자주색의 망간(VII)산칼륨이 있다. 이 화합물은 방부제나 방충제 등 다양한 용도로 사용된다.

망간은 현대 강철 산업 발전에도 핵심 역할을 했다. 1810년대에 이미 소량의 망간을 첨가하면 강철의 강도와 유연성이 증가한다는 것을 알고 있었으며 1850년대에 값싼 강철의 대량 생산에 난항을 겪고 있던 영국의 사업가 헨리 베서머^{Henry Bessemer}가 망간을 이용하여 이 문제를 해결했다. 영국의 금속학자 로버트 무세트^{Robert Mushet}는 망간을 첨가함으로써 강철을 쉽게 부숴뜨려 작업을 어렵게 하는 불순물과 황과 산소를 제거할 수 있다는 것을 발견했다. 무세트의 발견은 베서머의 과정이 제대로 작동하도록 했다. 오늘날에는 생산된 망간의 90%를 강철 산업에 사용하고 있으며 현대 강철의 대부분은 망간을 포함하고 있다.

43
Tc
테크네튬
Technetium

원자번호	43
원자반지름	135 pm
산화 상태	−3, −1, +1, +2, +3, **+4**, +5, +6, **+7**
원자량	(98)
녹는점	2170℃
끓는점	4265℃
밀도	11.50 g/cm³
전자구조	[Kr] 4d⁵ 5s²

이 원소의 이름은 '인공적'이라는 뜻을 가진 그리스어 테크니토스^{teknitos}에서 유래했다. 테크네튬은 인공적으로 만들어낸 후 발견된 첫 번째 원소이다. 자연에는 소량의 테크네튬이 존재하며 테크네튬의 모든 동위원소는 불안정하다. 테크네튬의 동위원소들 중 두 동위원소의 반감기는 100만 년이 넘는다. 그러나 수십억 년 전에 별 내부나 초신성에서 만들어져 태양계에 포함되었던 테크네튬 동위원소들은 오래전에 모두 붕괴해버렸다. 지구에 존재하는 소량의 테크네튬은 우라늄 광석에 포함된 우라늄의 분열 생성물이다. 그러나 이것은 감지하기가 매우 어렵다.

드미트리 멘델레예프가 1869년에 처음 만든 주기율표에서 테크네튬이 알려지지 않은 원소 중 하나였던 것은 놀라운 일이 아니었다(27쪽 참조). 테크네튬은 자연에서 발견되지 않는 원소이기 때문이다. 그러나 멘델레예프는 망간 아래 있는 빈칸에 그가 에카망간이라고 부른 원소가 들어가야 한다고 제안하고 이 원소의 여러 가지 성질을 예측했다. 그 후 수십 년 동안 여러 번에 걸쳐 이 사라진 원소를 발견했다는 주장이 있었지만 사실이 아닌 것으로 판명되었다.

1937년에 초기 입자가속기를 이용하여 인공적으로 테크네튬 원소를 만든 후에야 이탈리아 광물학자 카를로 페리에^{Carlo Perrier}와 이탈리아 출신 미국 물리학자 에밀리오 세그레^{Emilio Segrè}가 테크네튬을 발견했다. 그들은 가속기 내부에서 하나의 양성자와 두 개의 중성자로 이루어진 중수소 원자핵을 몰리브덴 포일에 충돌시켰다. 몰리브덴은 테크네튬보다 원자핵에 하나 적은 양성자를 가지고 있다. 따라서 몰리브덴 원자핵이 양

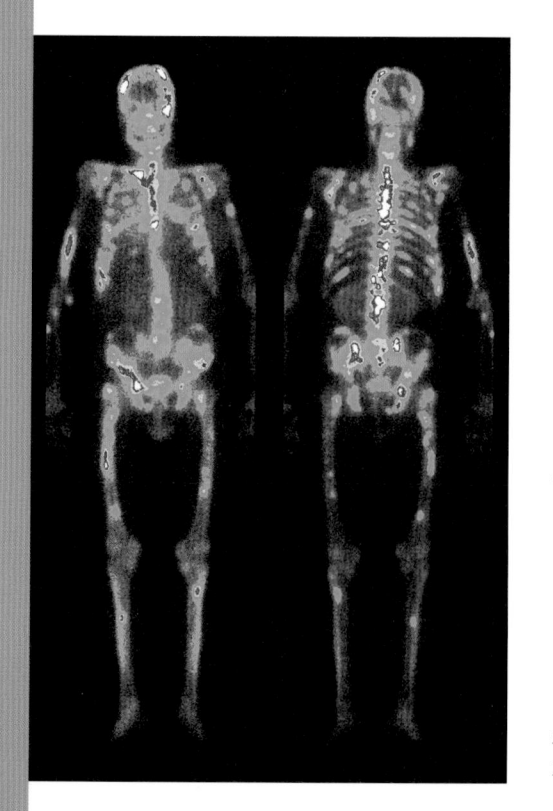

환자에게 주입한 테크네튬-99m 동위원소가 내는 감마선을 감지하여 찍은 가상 색깔을 입힌 성인 남자의 뼈 스캔 사진. '따뜻한 점'은 암 조직을 나타낸다.

성자를 흡수하면 테크네튬으로 변환된다.

매년 인공적으로 수백 킬로그램의 테크네튬이 생산되고 있으며 모두 방사성 동위원소인 테크네튬의 대부분은 원자로의 부산물이다. 원소 상태의 테크네튬은 다른 d-블록 원소들과 마찬가지로 회색 금속이다. 상대적으로 안정한 동위원소인 테크네튬-99는 반감기가 21만 1000년으로 베타붕괴를 한다(15쪽 참조). 테크네튬-99m이라고 부르는 테크네튬-99의 들뜬 준안정상태 중 하나는 환자의 혈액에 주입하는 의료용 방사성 추적자로 사용되고 있다. 들뜬 원자핵은 여섯 시간의 반감기로 자발적으로 에너지를 잃고 감마선을 방출한다. 테크네튬-99m이 방출하는 감마선을 감지하여 혈액의 흐름, 기관의 기능, 암세포의 위치를 나타내는 영상을 만든다.

1958년 미국 브룩헤이븐 국립연구소의 연구자들이 개발해 최초로 사용된 방사성의약품이라고 표시된 테크네튬-99m의 발생 장치. 그 후 테크네튬-99m을 이용하여 수억 번의 스캔이 이루어졌다.

Group 7

75

Re

레늄
Rhenium

테크네튬이 인공적으로 만든 후에 발견된 원소인 반면 레늄은 적어도 하나의 안정한 동위원소를 가지고 있어서 광물 안에 포함된 원소 중에서 마지막으로 발견된 원소이다. 순수한 상태의 레늄은 금보다 밀도가 크고, 녹는점이 매우 높다.

원자번호	75
원자반지름	135 pm
산화 상태	−3, −1, +1, +2, +3, **+4**, +5, +6, +7
원자량	186.21
녹는점	3182℃
끓는점	5592℃
밀도	21.02 g/cm³
전자구조	[Xe] 4f¹⁴ 5d⁵ 6s²

레늄 원소 샘플

테크네튬과 마찬가지로 레늄은 멘델레예프의 주기율표에 남아 있던 빈칸에 들어가는 원소이다. 망간 바로 아래 있는 원소(테크네튬)를 에카망간이라고 불렀던 것처럼 멘델레예프는 망간 아래 두 번째 빈칸을 채울 원소를 드위망간이라고 불렀다. 에카는 산스크리트어에서 '하나'를 뜻했고, 드위는 '둘'을 뜻했다. 레늄은 1925년에 독일 화학자 발터 노다크^{Walter Noddack}와 이다 타케^{Ida Tacke}(후에 노다크와 결혼한) 그리고 오토 베르크^{Otto Berg}가 백금 광석을 X-선 분광법으로 분석하여 발견했다. 이 세 과학자는 고국의 가장 큰 강인 라인 강의 라틴어 명칭 레누스^{Rhenus}를 따라 레늄이라고 불렀다. 일부 과학자들이 이 발견에 이의를 제기했지만 1928년 노다크, 타케, 베르크는 700kg의 몰리브덴 광석에서 1g 이상의 새로운 원소를 추출해내는 데 성공했다.

레늄은 자연에 존재하지만 그 양이 아주 적다. 지각에 네 번째로 적게 포함된 원소로, 아주 희귀한 원소임에도 놀라울 만큼 다양한 용도로 쓰이며 매년 50톤 정도 생산되고 있다. 대부분은 몰리브덴나이트에서 얻어진다. 몰리브덴 생산 과정에서 이 광석을 구우면 레늄이 산소와 결합하여 산화레늄(VII)(Re_2O_7)이 만들어져 기체로 방출된다. 이 기체를 액체로 흡수한 후 레늄을 추출한다.

레늄의 가장 중요한 용도는 고온에서 잘 견딜 수 있는 합금의 생산이다. 레늄을 포함하고 있는 합금 대부분은 제트엔진이나 다른 가스터빈에 사용된다. 레늄의 또 다른 중요한 용도는 석유나 천연가스를 구성하고 있는 커다란 탄화수소 분자의 분쇄 과정 촉진을 위해 사용되는 석유 산업의 촉매이다. 레늄의 두 방사성 동위원소는 간암, 전립선암, 골수암의 치료와 특정 암으로 인한 고통을 줄이는 방사선 치료에 이용되고 있다. 희귀한 원소지만 레늄은 특정한 철광석에서 발견되기 때문에 지질학자들은 레늄 방사성 동위원소를 이용하여 수십억 년 이상 된 암석의 연대를 측정하고 있다. 레늄-오스뮴 연대 측정에서는 4000만 년의 반감기로 오스뮴-187로 붕괴하는 레늄-187 방사성 동위원소를 이용한다.

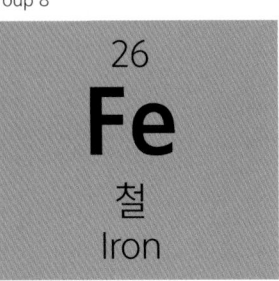

	26
	Fe
	철
	Iron

원자번호	26
원자반지름	140 pm
산화 상태	−2, −1, +1, **+2**, **+3**, +4, +5, +6, +7, +8
원자량	55.84
녹는점	1535℃
끓는점	2750℃
밀도	7.87 g/cm³
전자구조	[Ar] 3d⁶ 4s²

8족에서 가장 중요한 원소는 철이다. 그러나 8족에는 널리 알려지지 않은 원소인 루테늄과 오스뮴도 포함되어 있다. 또한 우라늄보다 원자번호가 커서 자연에 존재하지 않는 바슘도 포함되어 있다. 그러나 바슘은 초우라늄 원소(228쪽)에서 다룰 것이다.

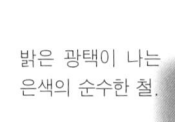

밝은 광택이 나는 은색의 순수한 철.

망원경으로 본 화성의 모습. 화성이 붉은색으로 보이는 것은 표면에 산화철을 많이 포함하고 있기 때문이다. 화성은 맨눈으로 보면 밝은 붉은색 점으로 보인다.

철은 우리에게 가장 잘 알려진 원소이다. 특히 탄소나 다른 원소와 합금하여 만든 강철은 일상생활에서 항상 접할 수 있다. 철은 고대 금속 기술자들에게 알려져 있던 일곱 가지 '고대 금속' 중 하나였다(114쪽 참조). 고대 그리스에서는 철을 화성과 연관지었다. 아마도 철이 전쟁에 사용되는 무기와 관련이 있었기 때문이었을 것이다. 화성의 이름인 마르스는 전쟁의 신이다. 화성의 붉은색이 화성 표면 전체를 덮고 있는 먼지와 암석에 포함된 산화철(III)(Fe_2O_3)로 인한 것이라는 것은 재미있는 우연의 일치이다.

철의 원소기호가 Fe인 것은 철을 나타내는 라틴어 페룸Ferrum에서 따왔기 때문이다. 순수한 원소 상태의 철은 대부분의 다른 전이금속과 마찬가지로 광택 있는 은회색 금속으로 연하고 연성과 전성이 좋다. 니켈, 코발트와 함께 철은

강력한 전자석 크레인이 철을 포함한 폐기물을 옮기고 있다.

자화되어 자석에 붙을 수 있는 세 가지 강자성체 중 하나다. 철은 가장 좋은 자성체로 많은 철광석이 자성을 띠고 있다. 자석 현상은 자연적으로 자성을 띠게 된 광물인 마그네타이트에서 발견되었다. 이 광석을 자유롭게 돌 수 있도록 놓아두면 항상 남과 북을 가리켜 길을 찾는 나침반으로 사용할 수 있었기 때문에 '길 찾는 돌'이라는 뜻으로 로드스톤이라고 불렀다.

철은 비교적 반응성이 좋은 금속이어서 산소나 물과 쉽게 결합하여 다양한 산화물과 수산화물을 만든다. 이런 반응으로 만들어진 화합물 중에 가장 잘 알려진 것은 일반적으로 녹이라고 알려진 붉은 갈색의 수산화산화철이다. 철에 다른 원소를 섞으면 녹스는 것을 방지할 수 있고 성질을 바꿀 수 있다. 철은 풍부하게 존재하고 추출하기 쉬워 가격이 싸기 때문에 합금을 만드는 데 가장 널리 사용되는 원소이다.

그러나 철이 항상 값쌌던 것은 아니다. 초기 문명에서는 금이나 은보다도 비쌌고 철기시대가 시작되기 이전의 금속 기술자들은 문자 그대로 하늘에서 떨어진 철만 이용할 수 있었다. 20개의 운석 중 하나는 주로 소량의 니켈을 포함한 철로 이루어져 있다. 그러나 기원전 3000년경부터 중동 지방에서 철광석을 제련하여 철을 얻기 시작했다. 가장 흔한 철광석은 마그네타이트(Fe_3O_4)와 해마타이트(Fe_2O_3)로 전 세계에 분포해 있다. 누가 가장 먼저 철

운석은 대부분 철과 니켈로 이루어져 있다. 소위 말하는 철 운석은 고대 금속 기술자들이 철을 구하는 주요 광물이었다.

광석을 제련하여 철을 얻었는지는 알려져 있지 않지만 기원전 1000년경에는 철의 제련이 중동과 아시아 그리고 아프리카의 여러 지방에서 일반적으로 행해졌고 다음 수백 년 동안 유럽으로 전파되었다. 그때까지는 소량만 생산했기 때문에 철은 희귀한 금속이어서 값이 비쌌다. 호메로스가 지은 서사시 〈일리아드〉에서 아킬레우스는 철 덩어리를 가장 멀리 던지는 경기를 열고 상으로 많은 양의 철을 주었다.

⇧
녹슨 철로 된 사슬. 녹은 다양한 산화철과 수산화철의 혼합물로 철보다 약하고 부서지기 쉽다.

초기 철 제련은 괴철로라고 불리는 용광로 안에서 이루어졌다. 내부에 목탄을 태우면서 풀무로 펌프질하여 불어넣은 공기로 높은 온도를 만들었다. 철광석은 주로 산화철로 이루어져 있다. 목탄을 태울 때 나오는 일산화탄소(CO)가 산화철 광석에 들어 있던 산소를 빼앗아가면 금속 철이 남게 된다. 남은 철은 광석 안에 포함되어 있

⇦
철을 포함하고 있는 액체의 스파이크 – 진한 액체 안에 들어 있는 작은 철 입자의 부유물. 이 스파이크는 자기장으로 인해 만들어진 것이다.

던 규소나 산소와 같은 다른 원소와 결합한 슬래그를 포함하고 있는 괴철이 되어 아래로 떨어진다. 괴철에는 공기방울이 만든 많은 기공도 포함되어 있다. 괴철을 가열하면서 망치로 때리면 (또는 정련하면) 비교적 순수한 철을 얻을 수 있다. 고대 중국의 금속 기술자들은 고로라고 불리는 다른 종류의 용광로를 이용하여 철을 제련했다. 15세기에 유럽에서도 철광석과 목탄에 석회석이 첨가되는 고로를 발명했다. 고로에서 석회석은 더 효과적인 불순물 제거를 돕는다. 수력을 이용하여 작동하는 풀무로 계속 공기를 불어넣어 용광로의 온도는 높게 유지했다. 그 결과 철과 슬래그가 모두 액체 상태로 유지되어 괴철보다 손쉽게 철만 분리해낼 수 있다. 고로는 한 번에

여러 달 또는 몇 년 동안 계속 작동했지만 괴철은 작은 가마에서만 작업할 수 있었다. 고로에서 목탄을 사용하면서 유럽의 숲이 크게 줄어든 것이 철 생산의 증가를 제한하는 원인이 되었다. 1709년에 영국 제철 기술자 에이브러햄 다비Abraham Darby가 구운 석탄인 코크스를 대체 연료로 사용하기 시작한 것이 산업혁명의 발판이 되었다.

고로에서 생산된 액체 상태의 철은 주형을 이용한 '주조'에 사용할 수 있었다. 그러나 고로 안의 높은 온도로 인해 철이 탄소를 흡수하여 4%까지의 탄소를 포함한 '선철'이 된다. 선철은 부서지기 쉬워 가공하기 어렵다. 따라서 선철은 탄소를 제거하기 위해 정련해야 한다. 처음에는 선철을 다시 녹여 괴철을 만들고 이것을 정련하여 연철을 만드는 힘든 작업 과정을 거쳤지만 1780년대에 영국의 발명가 헨리 코트Henry Cort가 연철법이라고 알려진 기술을 개발함으로써 보다 간편해졌다. 용광로에서 나오는 뜨거운 공기를 액체 상태의 선철 안으로 불어넣는 연철로에서는 공기 중의 산소가 선철 안의 탄소와 결합하고 순수한 철만 남겼다. 숙련된 기술자는 용융된 선철을 저어가면서 적당한 속도로 공기를 불어넣어 순수한 철을 분리해냈다.

주철과는 달리 연철은 전성이 좋다. 그러나 여러 가지 용도로 사용하기에는 너무 연하고 쉽게 녹이 슨다. 해결 방법은 연철보다는 많은 탄소를 포함하고 있지만 주철보다는 적은 양의 탄소가 포함된 강철을 만드는 것이다. 강하고 작업이 용이하며 내식성이 좋은 강철을 생산하기 위해서는 연철로를 이용하여 생산한 거의 순수한 연철에 탄소를 첨가해야 한다. 1850년대에 영국 금속공학자 헨리 베서머는 탄소가 많은 선철을 곧장 강철로 변환시키는 방법을 개발했다. 베서머의 변환기는 용해된 선철이 들어 있는 거대한 배 모양의 용기에 압축 공기를 불어넣는 것이었다.

1779년, 세계에서 처음 주철로 만든 교량인 영국 콜브룩데일의 철교. 철 생산 방법의 개선으로 금속 가격이 크게 하락했다.

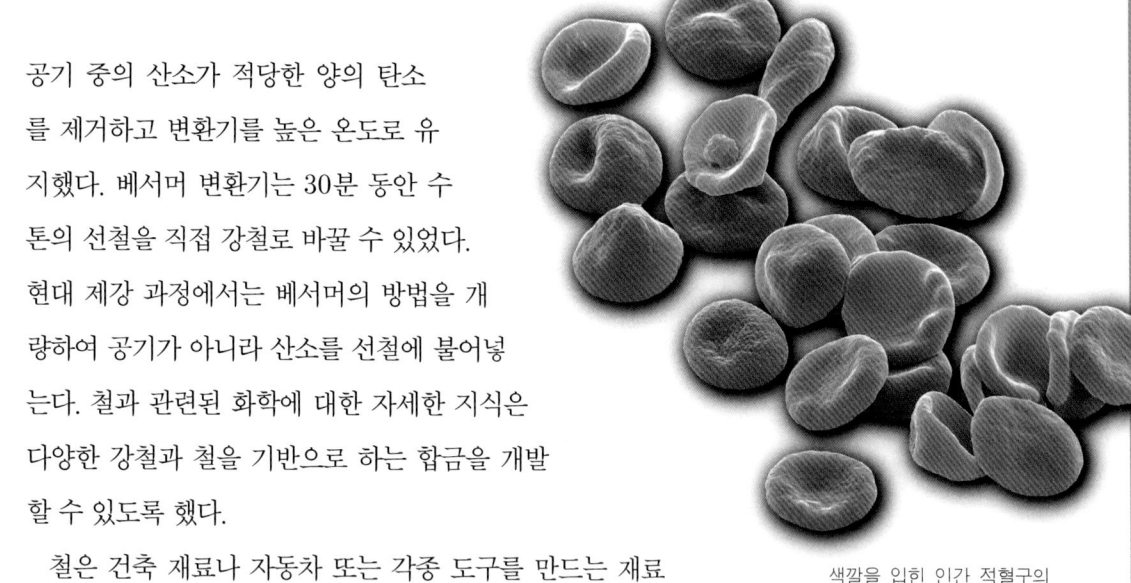

공기 중의 산소가 적당한 양의 탄소
를 제거하고 변환기를 높은 온도로 유
지했다. 베서머 변환기는 30분 동안 수
톤의 선철을 직접 강철로 바꿀 수 있었다.
현대 제강 과정에서는 베서머의 방법을 개
량하여 공기가 아니라 산소를 선철에 불어넣
는다. 철과 관련된 화학에 대한 자세한 지식은
다양한 강철과 철을 기반으로 하는 합금을 개발
할 수 있도록 했다.

색깔을 입힌 인간 적혈구의
전자현미경 사진. 붉은색은
철을 함유한 단백질 헤모글
로빈 때문이다. 헤모글로빈
은 산소를 운반하는 역할을
한다.

철은 건축 재료나 자동차 또는 각종 도구를 만드는 재료
로 중요할 뿐만 아니라 생명체에게도 필수적인 원소이다. DNA 합
성과 식물에서 이루어지는 광합성 작용을 비롯한 세포 안에서 이루어
지는 많은 생명 반응이 철에 의존하고 있다. 성인은 평균 4g의 철을 포
함하고 있다. 이 중 반은 몸 안에서 산소를 운반하는 적혈구 구성 단백
질인 헤모글로빈 안에 들어 있다. 성별과 나이에 따라 다르지만 매일 10~25mg의 철을 섭취할
것을 권고하고 있으며 철분이 부족하면 근육에 전달되는 산소의 양을 제한하여 피로하게 하고
면역 체계를 약하게 만드는 철분 부족 빈혈 증상을 일으킨다. 반면에 우리 몸은 철분을 배설하
지 못하고 그대로 축적하기 때문에 지나친 철분은 치명적인 독이 될 수도 있다.

철이 생명체에게 필수적인 원소인 것은 놀라운 일이 아니다. 지구에 가장 풍부하게 존재하는
원소이기 때문이다. 철은 모든 원소 중에서 지구가 가장 많이 가지고 있는 원소로 지구 전체 질
량의 3분의 1이나 된다. 철 다음으로 많은 원소는 산소이다. 그러나 지각에는 철이 산소, 규소,
알루미늄 다음으로 네 번째로 많이 존재하는 원소이다. 지구가 처음 형성되었을 때는 철이 지
구 전체에 골고루 분포했었다. 중력이 젊은 지구를 단단한 공 모양으로 뭉치게 했고, 이 과정에
서 엄청난 열이 발생했다. 초기 태양계에 있던 소행성과 다른 물체의 계속적인 충돌, 그리고 불
안정한 방사성 동위원소의 분열 역시 열을 발생시켰다. 그 결과 지구의 온도가 철의 녹는점보다
높아져 무거운 녹은 철은 녹은 니켈과 함께 지구 중심을 향해 내려갔다. 철이 지구 중심으로 내
려가는 운동 마찰로 인해 더 많은 열이 발생하자 더 많은 철이 녹으면서 철과 니켈이 더 빠르게

지구 중심으로 내려가게 되었다. 지질학자들은 이를 '철의 재앙'이라고 부른다. 철과 니켈이 아래로 내려간 자리는 가벼운 원소들이 채웠다. 이렇게 해서 철을 많이 포함하고 있는 핵을 맨틀과 지각이 둘러싸는 지구의 층상 구조가 만들어졌다.

　지구의 핵은 90%가 철로 이루어졌지만(나머지는 니켈이다) 지각에는 6%만이 철이다. 지구의 내핵은 고체다. 내핵은 액체인 외핵 안에서 자전하고 있다. 이 자전이 우주 공간까지 펼쳐진 자기권을 형성하는 지구자기장을 만든다. 지구자기장은 태양에서 불어오는 이온화된 입자들의 흐름인 태양풍의 방향을 바꾼다. 자기장이 없었다면 지구 상의 생명체는 이 입자들로 인해 여러모로 손상을 입을 것이다. 이 입자들이 그대로 지구로 들어오면 지구의 대기나 바닷물을 모두 우주로 날려 보낼 것이다.

프랑스 파리에 있는 324m 높이의 에펠 탑. 1889년에 지어진 이 탑은 연철을 격자 모양으로 조립하여 만들었다.

　우주에서도 철은 원소의 기원에서 특별한 자리를 차지하고 있다. 철은 모두 별의 내부에서 핵융합에 의해 만들어졌다. 일생 동안 별들은 수소를 원료로 삼아 헬륨을 생산한다. 그러나 생의 마지막 단계에서는 헬륨 원자핵을 융합하여 탄소와 산소를 만든다. 대부분의 별에서는 핵융합반응이 여기에서 멈추고 식어가면서 백색왜성이 된다. 그러나 질량이 아주 큰 별에서는 이런 과정이 철까지 이어진다. 철의 원자핵이 만들어지면 이 거대한 별은 자체적으로 붕괴하여 엄청난 열을 발생시킨다. 이 열은 모든 무거운 원소를 만들기에 충분하다. 이때 초신성 폭발이라는 거대한 폭발이 일어나 별을 이루고 있던 대부분의 물질을 우주 공간으로 날려 보낸다. 이런 물질에서 우리 태양계와 같은 새로운 행성계가 만들어졌다.

44

Ru

루테늄
Ruthenium

원자번호	44
원자반지름	130 pm
산화 상태	−2, +1, +2, **+3**, **+4**, +5, +6, +7, +8
원자량	101.07
녹는점	2335℃
끓는점	4150℃
밀도	12.36 g/cm³
전자구조	[Kr] 4d⁷ 5s¹

광택이 있는 은회색 전이금속인 루테늄은 자연에 가장 적게 존재하는 원소 중 하나이다. 그러나 같은 8족에서 바로 아래 있는 오스뮴만큼 희귀하지는 않다(62쪽 참조). 자연에서 이 두 원소는 주기율표에서 이웃에 있는 다른 네 종류의 희귀한 원소들과 종종 함께 발견된다. 이 여섯 개의 원소를 백금족 원소라고도 부른다(104쪽 참조).

순수한 루테늄 금속 덩어리.

다른 백금족 원소들이 1800년대 초에 백금과 분리되었던 것과는 달리 루테늄은 훨씬 후에 발견되었다. 러시아의 화학자 칼 클라우스Karl Klaus가 1844년에 백금 광석 샘플에서 처음으로 루테늄을 분리해냈다. 그는 이 원소의 이름을 현재 러시아 서부와 동유럽의 라틴어 이름인 루테니아Ruthenia를 따라 루테늄이라고 정했다.

모든 백금족 원소들과 마찬가지로 루테늄은 일반적으로 반응성이 거의 없다. 따라서 때로는 다른 원소들과 결합하지 않은 순수한 상태로 발견된다. 그러나 일반적으로는 다른 백금족 원소들과 섞여 있어 분리해내기 위해서는 여러 과정을 거쳐야 한다. 매년 약 20톤의 루테늄이 생산되고 있다. 백금이나 팔라듐에 루테늄을 섞어 고성능 전지 접촉에 주로 사용되는 아주 높은 내마모성을 가진 합금을 만든다. 이 합금은 자동차 엔진의 점화장치나 만년필의 펜촉을 만드는 데도 사용된다. 루테늄은 때로 백금 보석의 합금 원소로도 사용된다. 루테늄과 관련된 초고온용 초합금은 제트엔진에 사용된다. 루테늄과 일부 루테늄 화합물은 제약 회사에서 사용하는 촉매로 사용되기도 한다.

전기 산업에서도 루테늄의 수요는 증가하고 있다. 산화루테늄(IV)(RuO_2)으로 이루어진 얇은 세라믹 막은 전자회로 보드의 작은 칩 저항으로 사용된다. 일부 쓰기 가능한 하드디스크 표면에는 저장할 수 있는 자료의 밀도를 높이기 위해 아주 얇은 루테늄 막을 입힌다. 붉은색 루테늄은

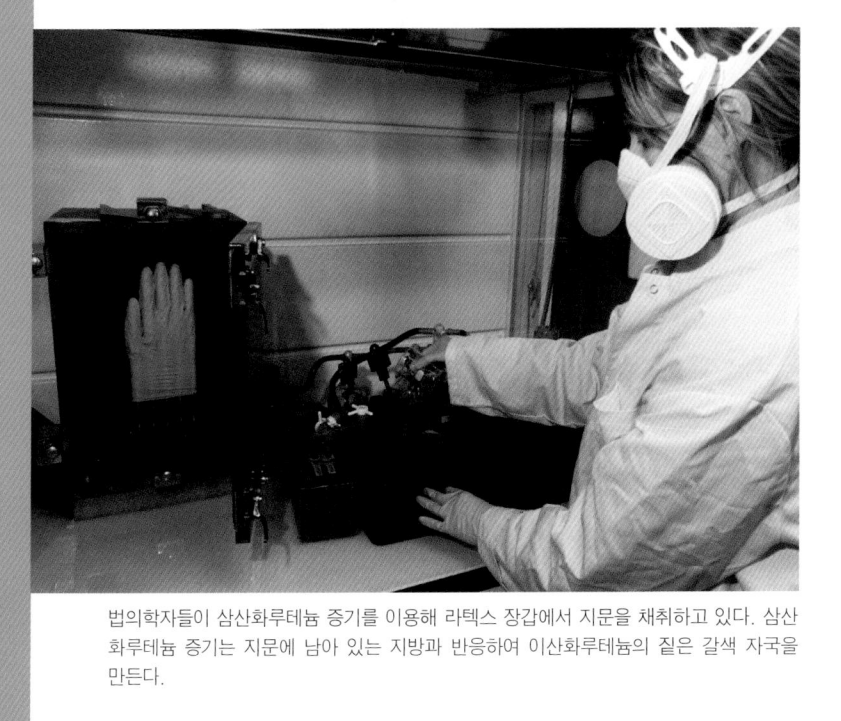

일부 전자현미경 샘플을 염색하는 데 사용되며 빛에 민감한 루테늄 염료는 값이 싸면서도 유연하고 튼튼한 염료에 민감한 실험용 얇은 막 태양전지에 사용된다. 그러나 루테늄 화합물은 심하게 피부를 손상시킨다. 대부분의 루테늄 화합물은 독성이 매우 강해 아주 적은 양으로도 암을 유발하기도 한다.

법의학자들이 삼산화루테늄 증기를 이용해 라텍스 장갑에서 지문을 채취하고 있다. 삼산화루테늄 증기는 지문에 남아 있는 지방과 반응하여 이산화루테늄의 짙은 갈색 자국을 만든다.

Group 8

76
Os
오스뮴
Osmium

오스뮴은 자연에서 발견되는 8족 원소 중에서 가장 무겁다. 모든 안정한 원소 중에서 가장 희귀한 오스뮴은 지각 물질의 10억분의 1을 차지하고 있다. 순수한 상태의 오스뮴은 모든 원소 중에서 가장 밀도가 크다. 그러나 밀도의 계산 방법에 따라 이리듐 다음으로 두 번째를 차지하기도 한다(97쪽 참조). 오스뮴(또는 이리듐) 벽돌은 같은 부피의 납 벽돌보다 두 배나 무겁다.

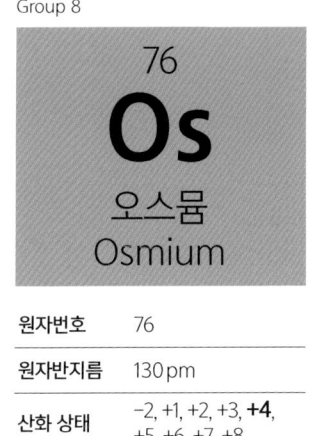

밝은 은색 금속인 원소 상태의 오스뮴.

원자번호	76
원자반지름	130 pm
산화 상태	−2, +1, +2, +3, **+4**, +5, +6, +7, +8
원자량	190.23
녹는점	3030℃
끓는점	5020℃
밀도	22.586 g/cm³
전자구조	[Xe] 4f¹⁴ 5d⁶ 6s²

오스뮴은 어떤 원소를 더 많이 포함하고 있느냐에 따라 오스미리듐 또는 이리디오스뮴이라고 부르는 자연적으로 만들어진

이리듐과 오스뮴 합금과 백금을 포함하고 있는 광물에서 발견된다. 상업적으로 오스뮴 금속은 니켈 생산의 부산물로 얻어지는데 전 세계 생산량은 연간 1톤이 되지 않는다.

루테늄과 밀접한 관계를 가지고 있는 오스뮴은 백금족 금속의 하나이다(104쪽 참조). 루테늄과 오스뮴은 매우 비슷한 화학적 성질과 물리적 성질을 가지고 있어 용도도 비슷하다. 그런데 금속 기술자들이 실용적으로 가공할 수 없다. 오스뮴의 가장 중요한 용도는 합금이다. 오스뮴 합금

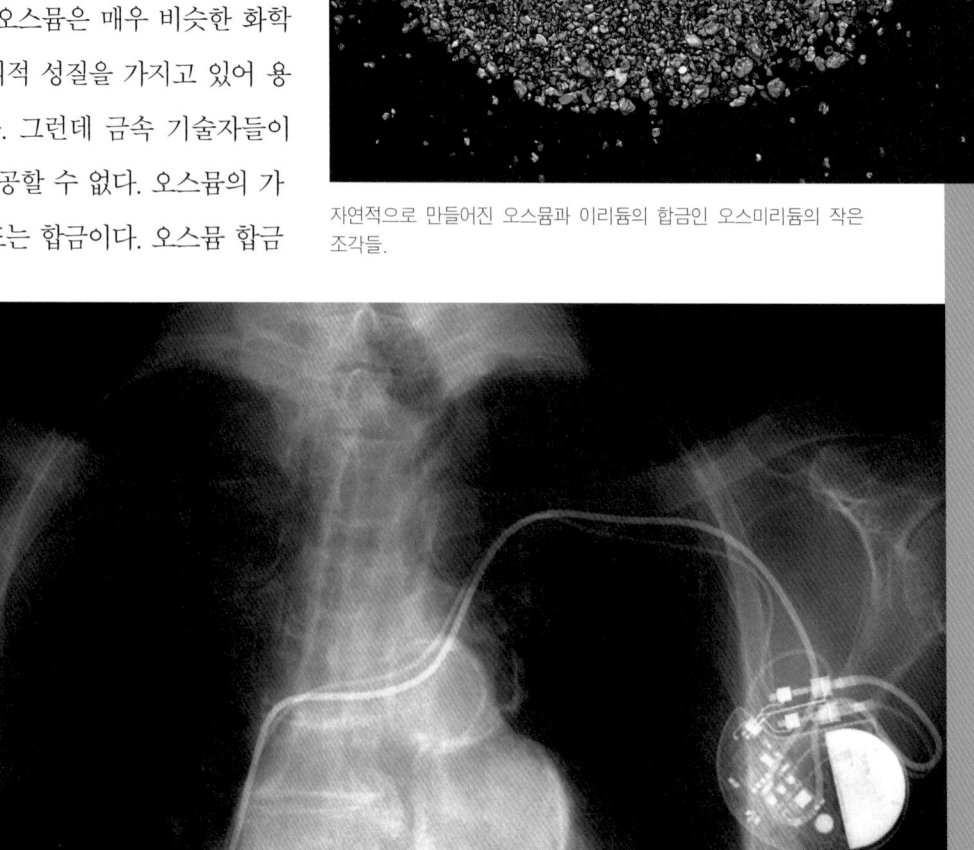

자연적으로 만들어진 오스뮴과 이리듐의 합금인 오스미리듐의 작은 조각들.

심장박동기를 차고 있는 여성의 가슴 X-선 사진. 내식성이 큰 오스뮴 백금 합금이 심장박동기의 전극으로 사용된다. 심장박동기의 전극은 심장 근육에 전기신호를 전달한다.

은 만년필의 펜촉이나 과학 장비의 회전축, 일부 철갑 관통 포탄의 탄피로 사용된다.

오스뮴 합금은 한때 레코드플레이어의 바늘로도 사용되었다. 백금과 합금한 오스뮴은 심장박동기와 같은 일부 외과적 삽입물의 케이스로 사용된다. 모든 백금족 원소들과 마찬가지로 오스뮴은 석유화학 산업과 제약 산업에서 촉매로 널리 사용되고 있다.

오스뮴 금속 자체는 독성이 없지만 오스뮴이 분말 형태로 공기 중에 노출되면 공기 중의 산소와 서서히 반응하여 산화오스뮴(VIII)(OsO_4)을 만드는 데 이 화합물은 독성이 강해 소량으로도 피부나 눈, 폐를 손상시킨다. 산화오스뮴(VIII)은 휘발성이 있고 자극적인 냄새가 난다. 이 원소의 이름은 '냄새'를 뜻하는 그리스어 오스메[osme]에서 유래했다. 1803년에 영국 화학자 스미슨 테넌트[Smithson Tennant]는 백금을 포함한 광물을 강한 산에 녹였을 때 남는 찌꺼기에 들어 있는 냄새나는 산화물을 조사하여 오스뮴을 발견했다(동시에 이리듐도 발견했다). 독성에도 불구하고 산화오스뮴(VIII)은 전자현미경에서 지방이 많은 조직의 명암을 뚜렷하게 하기 위한 염색제로 사용된다. 지방과 잘 반응하는 성질 때문에 지문 채취에도 이용된다.

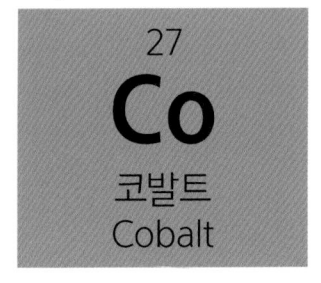

27
Co
코발트
Cobalt

원자번호	27
원자반지름	135 pm
산화 상태	−1, +1, **+2**, **+3**, +4, +5
원자량	58.93
녹는점	1495℃
끓는점	2900℃
밀도	8.85 g/cm³
전자구조	[Ar] 3d⁷ 4s²

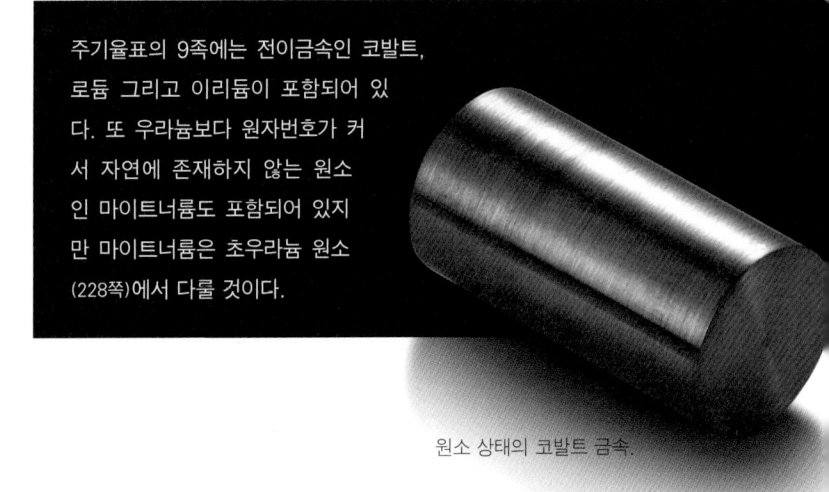

주기율표의 9족에는 전이금속인 코발트, 로듐 그리고 이리듐이 포함되어 있다. 또 우라늄보다 원자번호가 커서 자연에 존재하지 않는 원소인 마이트너륨도 포함되어 있지만 마이트너륨은 초우라늄 원소(228쪽)에서 다룰 것이다.

원소 상태의 코발트 금속.

원소 상태의 코발트 덩어리는 광택 있는 단단한 금속으로, 주기율표에서 좌측에 있는 철이나 우측에 있는 니켈과 모양이나 성질이 비슷하다. 이 세 원소는 상온에서 자화되어 자석을 끌어당기는 강자성 원소이다. 화합물이나 원소 상태의 강자성체는

퀴리온도라고 부르는 특정한 온도보다 높은 온도에서는 자기적 성질을 잃는다. 코발트의 퀴리 온도는 1131℃로 알려진 강자성체 중에서 가장 높다.

코발트는 지각에 약 30번째로 많이 존재하는 원소이다. 코발트 원자나 이온은 여러 가지 광물에서 발견되지만 순수한 원소 상태의 코발트는 자연에서 발견되지 않는다. 코발트는 모든 동물에게 필수적인 원소로, 금속을 포함하고 있는 유일한 비타민인 비타민 12에서 중심 역할을 한다.

코발트를 많이 포함한 곳은 거의 없다. 따라서 코발트 금속이나 화합물은 구리나 니켈과 같은 다른 금속을 추출할 때 부산물로 얻어진다. 코발트 화합물은 코발트 원소가 확인되기 이전부터 도자기의 밝은 푸른색 유약, 색유리와 에나멜 그리고 페인트에 사용되어왔다. 코발트라는 이름은 독일 신화에 등장하는, 도와주거나 방해를 놓는 유령인 코볼트의 이름에서 유래했다. 독일 광부들은 악령이 광산에 넣어 놓은 것으로 믿었던 제련이 어려운 광석을 코볼트라고 불렀다. 자프레라는 푸른 염료를 만드는 데 사용되었던 이 광석에서 1735년경 스웨덴의 유리 제작자 게오르그 브란트^{Georg} ^{Brandt}는 코발트를 발견하고 분리했다. 그는 대부분의 사람들이 믿었던 것과는 달리 푸른색이 비스무트 때문이 아니라는 것을 보여주었다.

20세기 초까지 코발트는 염료 외에는 다른 용도가 거의 없었다. 그런데 1903년 미국의 사업가 엘우드 헤인스$^{Elwood\ Haynes}$가 매우 강하고 내식성이 강한 코발트와 크롬 합금을 개발하고 스텔라이트라고 불렀다.

오늘날에는 대부분의 코발트가 제트엔진의 터빈 날개와 같이 강도가 높고 고온에서 잘 견디는 초합금에 주로 사용되고 있으며 영구자석에도 사용되고 있다. 1940년대에 일본 과학자가 알니코®라고 부르는 강한 영구자석 물질을 개발했다. 이 자석은 알루미늄과 니켈 그리고 코발트를 포함한 철을 기반으로 하는 합금으로 전동 모터에서 기타 픽업에 이르기까지 다양한 용도로 사용되고 있다. 1970년대에는 더 강한 자성 물질인 사마륨-코발트(SmCo) 합금이 개발되었다. 칼과 같이 물건을 자르는 용도로 사용하는 도구의 날에는 대개 텅스텐 카바이드 입자가 코발트 금속에 박혀 있다. 코발트 화합물은 재충전이

19세기에 사용되던 모르핀 병. 유리의 푸른 색깔은 생산 과정에서 들어간 산화코발트 상태의 코발트를 포함하고 있기 때문이다.

가능한 전지에 사용된다. 또한 화학공업에서도 사용
되며, 석유화학 산업과 제약 산업에서는 촉매로,
세라믹이나 플라스틱에는 염료로 사용된다.

자연에 존재하는 코발트의 안정한 동위원
소는 코발트-59뿐이다. 다른 동위원소인
코발트-60은 방사성 동위원소로 붕괴 과
정에서 베타붕괴를 하면서(15~16쪽 참조) 큰
에너지를 가지고 있는 투과성이 강한 감마선을
방출한다. 코발트-60은 방사선 치료용인 방사선원으
로 사용되며, 의료 기구의 살균이나 법적으로 허용된 나라
에서는 식료품의 살균에도 사용된다. 반감기가 5년이 약간 넘는
코발트-60은 코발트-59에 '느린' 중성자를 충돌시켜 연구소 원
자로에서 생산된다(228~236쪽 참조).

컴퓨터로 그린 코발라민이라고도
알려진 비타민 12 분자의 모형. 중
심에 코발트 이온(자주색)이 있다. 탄
소(노란색), 수소(흰색), 질소(푸른색),
산소(붉은색).

Group 9

45
Rh
로듐
Rhodium

원자번호	45
원자반지름	135pm
산화 상태	−1, +1, +2, **+3**, +4, +5, +6
원자량	102.91
녹는점	1965℃
끓는점	3697℃
밀도	12.42g/cm³
전자구조	[Kr] 4d⁸ 5s¹

로듐이라는 이름은 '로도덴드론'과 같은 어원을 가지고 있다. 로돈rhodon은
그리스어에서 '장미'를 뜻한다. 영국 화학자 윌리엄 하이드 울러스턴William
Hyde Woallaston은 1803년에 백금 광석을 이용해 만든 장미색 용액에서 순수한
금속을 추출하고 이 원소를 로듐이라고 불렀다. 로듐은 여섯 원소로 이루어
진 백금족 원소(70족 참조) 중 하나이다. 백금족의 다른 원소들과 비슷한 성
질을 가지며 용도도 비슷한 로듐의 가장 중요
한 용도는 1970년대 이후 유독한 일산
화탄소, 탄화수소, 질소산화물을 덜
해로운 물질로 바꾸는 자동차 배기
가스의 촉매 변환기로 쓰이는 것
이다.

다시 용융된 로듐 금속 방울.

로듐은 종종 다른 원소와 결합하지 않은 순수한 상태로 발견되며 매우 희귀한 귀금속으로 금보다도 몇 배나 비싸다. 때때로 은으로 만든 보석 제품들은 광택을 내기 위해 로듐 전기도금 처리를 하는데 이를 '로듐 플래시'라고 부른다. 1979년에 기네스북은 역사상 가장 많은 디스크를 판매한 것을 기념하기 위해 영국의 가수 겸 작곡가인 폴 매카트니^{Paul McCartney}에게 로듐을 입힌 디스크를 증정했다.

Group 9

77
Ir
이리듐
Iridium

원자번호	77
원자반지름	135 pm
산화 상태	-3, -1, +1, +2, **+3**, **+4**, +5, +6, +7, +8
원자량	192.22
녹는점	2447℃
끓는점	4430℃
밀도	22.55 g/cm³
전자구조	[Xe] 4f¹⁴ 5d⁷ 6s²

이리듐은 여섯 원소로 이루어진 백금족 원소들 중 하나로(104쪽 참조) 성질이나 용도는 다른 백금족 원소들과 비슷하다. 대부분의 백금족 원소들과 마찬가지로 이리듐도 19세기 초에 화학자들이 백금 광석을 화학적으로 분석하는 과정에서 발견되었다. 1803년에 영국 화학자 스미슨 테넌트가 다른 백금족 원소인 오스뮴과 함께 발견한 이 새로운 원소는 다양한 색깔의 화합물을 만들기 때문에 무지개와 관련 있는 그리스 여신의 이름을 따서 이리스라고 이름 지었다.

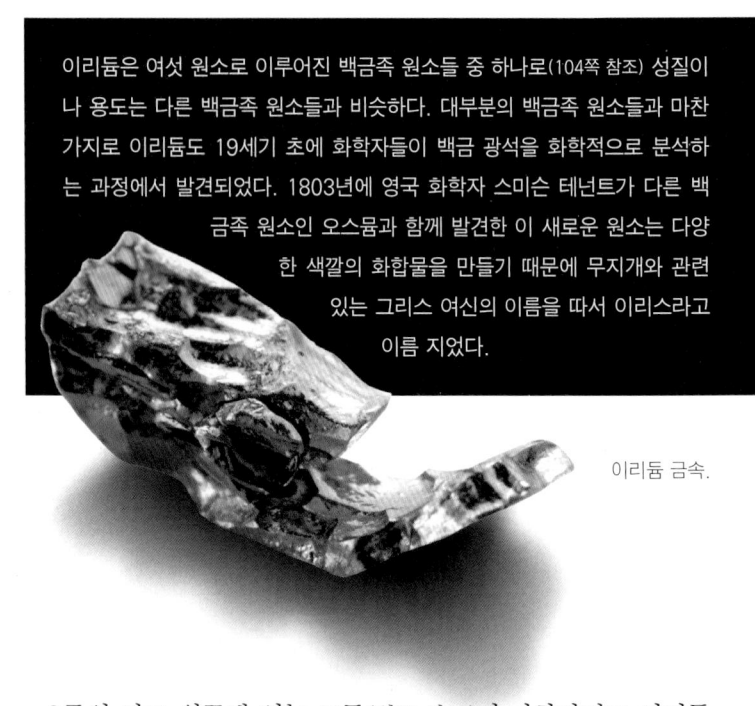

이리듐 금속.

9족의 바로 위쪽에 있는 로듐(왼쪽 참조)과 마찬가지로 이리듐은 특정한 광물 안에서도 발견되지만 원소 상태로도 발견된다. 로듐은 지각에서는 매우 희귀하지만 맨틀이나 핵에는 지각에서보다 더 많이 존재하고, 태양계 전체에는 그보다 더 많이 포함되어 있다. 이리듐은 운석에 많이 포함되어 있어서 계속 지구로 떨어지고 있다. 순수한 이리듐의 밀도는 모든 원소 중에서 가장 클 것으로 예상되었지만 측정된 밀도는 오스뮴의 밀도보다 약간 작았다(92쪽 참조). 이리듐은 다양한 합금과 촉매로 사용된다. 특히 전자 · 항공 · 화학 산업에서 높은 온도에 잘 견디고 큰 내마모성을 필요로 하는 곳에 널리 사용된다. 또한 로듐과 마찬가지로 자동차나 다른 수송 수단의 촉매 변환기로도 사용된다.

1980년대에 이리듐은 과학 탐정 스토리에 놀라운 결정적인 단서를 제공했다. 오랫동안 지질학자들은 6500년 전에 공룡을 멸종시킨 대멸종 사건의 원인을 찾아낼 수 없었다. 미국의 물리학자 루이스 앨버레즈Luis Alvarez는 그 당시에 퇴적된 전 세계 퇴적층이 예상보다 더 많은 양의 이리듐을 포함하고 있다는 것을 발견했다. 그렇다면 이리

K-T 경계. 거대한 운석의 충돌로 6500만 년 전에 형성된 이리듐을 많이 포함하고 있는 얇은 퇴적층. 오래된 백악기(K)의 암석은 이 경계 아래쪽에 있고, 신생대(예전에는 3기(T)라고 불렀던)의 암석은 이 경계 위쪽에 있다.

듐은 지구보다 더 많은 이리듐을 포함하고 있는 우주에서 온 것이어야 했다(퇴적층에서 발견된 이리듐 동위원소의 비가 지각의 이리듐 동위원소 비가 아니라 우주의 이리듐 동위원소 비와 같았다). 앨버레즈는 이를 6500만 년 전에 지름 10km 정도의 소행성이 지구에 충돌했기 때문이라고 설명했다. 이 충돌로 많은 물질이 공중으로 날아 올라가 햇빛을 가려 지구의 식물들이 힘든 겨울을 보내게 되면서 대멸종의 원인이 되었다는 것이다.

이와 같은 앨버레즈 가설에 대한 초기의 비판에도 불구하고 그의 이론을 증명하는 많은 증거들이 수집되었다. 그중에는 멕시코 해변에서 조금 떨어진 곳에서 발견된 거대한 크레이터도 포함되어 있다. 현재는 이 충돌 가설이 널리 받아들여지고 있다.

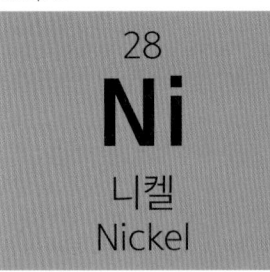

28
Ni
니켈
Nickel

원자번호	28
원자반지름	135 pm
산화 상태	−1, +1, **+2**, +3, +4,
원자량	58.69
녹는점	1453℃
끓는점	2730℃
밀도	8.90 g/cm³
전자구조	[Ar] 3d⁸ 4s²

주기율표의 10족에는 전이금속인 니켈, 팔라듐, 백금이 포함되어 있다. 10족에는 우라늄보다 원자번호가 커서 자연에 존재하지 않는 원소인 다름스타튬도 포함되어 있지만 다름스타튬은 초우라늄 원소(228쪽)에서 다룰 것이다.

원소 상태의 니켈 금속.

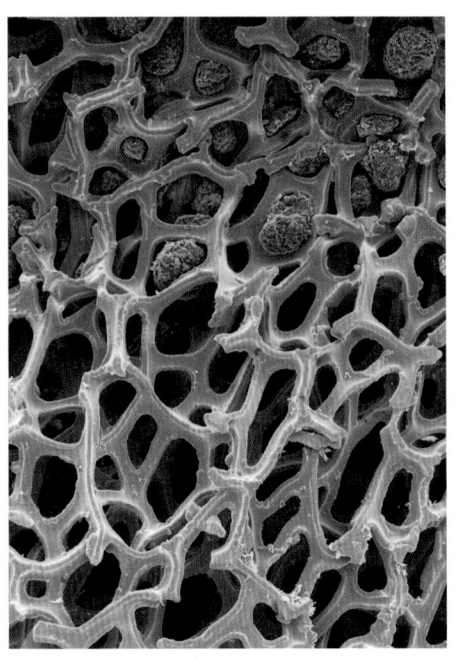

아래: 니켈 금속 거품의 전자현미경 사진(배율 약 20×). 이 형태에서는 니켈의 표면적이 크기 때문에 이와 같은 거품은 일부 전기 자동차 전지의 전극으로 사용된다.

니켈 원소의 이름은 코발트가 이름을 빌려온 독일 신화 속 도깨비 같은 유령의 또 다른 이름에서 유래했다. 독일 슈네베르크의 광부들은 구리 광석과 비슷하게 보이는 붉은 갈색 광석을 발견했다. 그러나 다루기 힘들었던 이 광석에서는 광부들의 온갖 노력에도 불구하고 구리를 발견할 수 없었다. 악마의 저주 때문이라고 생각한 광부들은 이것을 쿠퍼니켈이라고 불렀다.

1751년에 스웨덴의 광물학자 악셀 크론스테트 Axel Cronstedt는 쿠퍼니켈을 산에 녹여 구리의 경우와 같은 초록색 용액을 만들었다. 구리를 포함하고 있는 용액에 철을 넣으면 일부 구리가 석출되지만 이 용액에서는 그런 일이 일어나지 않았다. 크론스테트는 알려지지 않은 새로운 원소가 들어 있다는 것을 알아차리고 그가 쿠퍼니켈이라고 부른 흰색

러시아 시베리아 북부에 있는 노릴스크 부근의 니켈 광석 처리 공장.

금속을 추출해냈다. 쿠퍼니켈은 줄여서 니켈이라고도 불렀다. 1775년에 스웨덴의 화학자 토르베른 베리만^{Torbern Bergman}이 순수한 니켈을 분리하기 전까지는 대부분의 과학자들은 이것을 이미 알려진 여러 금속의 혼합물이라고 생각했다.

니켈의 발견 이야기에 구리가 등장하는 것은 우연이 아니다. 니켈과 구리는 두 원소로만 이루어진 쿠프로니켈이라고 부르는 중요한 합금을 만들기 때문이다. 미국의 5센트짜리 동전을 '니켈'이라고 부르는 것은 이 동전이 75%의 구리와 25%의 니켈을 섞어 만든 쿠프로니켈로 만들어졌기 때문이다. 미국의 10센트, 25센트 그리고 50센트짜리 동전도 쿠프로니켈로 만들지만 니켈이 적게(8.3%) 포함되어 있다. 다른 여러 나라에서도 동전을 쿠프로니켈로 만들지만 일부 국가에서는 순수한 니켈로 만들기도 한다. 자동차의 브레이크와 냉각 시스템, 선박의 선체와 프로펠러 그리고 유전 시추 장비의 다리에도 쿠프로니켈 합금이 사용된다.

아연을 구리와 함께 니켈에 첨가하면 니켈실버라고 부르는 합금이 만들어진다. 이름과 달리 이 합금에는 은이 포함되어 있지 않다. 내식성이 강한 이 합금은 지퍼와 값싼 보석을 만드는 데 사용된다. 또한 일반 악기를 만드는 데도 사용된다. '실버' 색소폰과 트럼펫, 일부 심벌즈, 기타의 프렛 등이 니켈 실버로 만들어진 악기들이다. 강하지만 유연한 철사인 니켈실버는 모델 제작자들이나 합성 보석 제작자들에게 인기 있는 재료이다. 그리고 강한 내식성 때문에 칫솔이나 페인트 붓의 지지대로도 사용된다.

전기도금을 통해 실제 은을 얇게 입힌 니켈실버는 진짜 은처럼 보이는 전기도금 니켈실버(EPNS)가 된다. 19세기 말경에는 니켈실버가 칼 종류를 만드는 데 널리 사용되었다. 후에 칼 종류의 재질로서의 니켈실버는 강철로 대체되었지만 아직도 장식에 쓰이는 은제품에 널리 사용되고 있다. 최근에는 부식에 잘 견디게 하고 광택을 내기 위해 금속이나 플라스틱 제품에 정밀하게 조절된 화학반응을 통해 전기를 사용하지 않고 니켈이나 니켈 합금의 막을 입히고 있다. 무전기 니켈도금이라고 부르는 이 과정은 출입문 장식, 주방용품 그리고 화장실 용품의 제조에 이용되고 있다.

지각의 니켈 함유량은 전체 지구의 니켈 함유량과는 크게 다르다. 그것은 철의 경우(58쪽 참조)와 같은 이유 때문이다. 지구 역사 초기에 용융된 니켈은 용융된 철과 함께 지구의 핵으로 내려가고 가벼운 원소들을 지각으로 밀어 올렸다. 그 결과 지각에 24번째로 많이 포함된 원소가 되었다. 그러나 지구 전체로 보면 니켈은 다섯 번째로 많이 포함된 원소이다. 니켈은 우주로부터 지구로 늘 배달되고 있다. 20개의 운석 중 하나는 철과 니켈로 이루어져 있다. 철기시대 이전의 금속 기술자들은 실제로는 철과 니켈의 합금이기 때문에 내식성이 좋은 운석의 철을 사용했다.

니켈은 철이나 이웃 금속인 코발트와 또 다른 유사성을 가지고 있다. 상온에서 자화되어 자석을 끌어당길 수 있는 강자성체이므로 코발트나 강자성체가 아닌 알루미늄과 함께 니켈은 1940년대에 발명된 값싼 영구자석을 만드는 재료로 사용된다.

니켈은 니켈실버나 알니코® 외에도 스테인리스 스틸을 비롯해 다양한 합금에 사용된다. 스테인리스 스틸에 사용되는 니켈의 양은 전체 니켈 수요의 60%을 차지한다. 크롬과 함께 헤어드라이어나 토스트기의 열선으로 쓰이는 니크롬 도선에도 사용되며 니켈 금속은 제트엔진이나 로켓엔진에 사용되는 많은 고성능 초합금의 기반이 된다. 또한 석유·제약·식료품 산업에서 채소 기름을 수소화 처리하는 과정의 촉매로도 사용된다.

전기 토스트기. 빵을 굽는 열은 고온에서도 산화되지 않는 니크롬으로 만든 길고 가는 도선이 발생시킨다.

니켈 금속 하이브리드 2차전지. 이 전지의 양극은 수산화니켈(Ni(OH)₂)로 만들었다. 같은 화합물이 니켈-카드뮴(NiCad) 2차전지의 전극에도 사용된다.

니켈의 주요 용도는 금속 상태의 니켈이나 합금 또는 순수한 원소 상태의 니켈과 관련 있지만 일부 니켈 화합물도 중요한 용도로 사용되고 있다. 니켈 화합물은 재충전이 가능한 2차전지 제조에 사용된다. 니켈-카드뮴 전지는 1899년에 처음 발명된 후 일상생활에 사용되는 전자제품이 많아지면서 인기를 끌게 되었다. 최근에는 전기 충전 용량이 크고 독성이 있는 카드뮴을 포함하지 않은 니켈 금속 하이브리드 전지(NiMH)가 휴대용 전자제품을 비롯한 대부분의 전자제품에서 니켈-카드뮴 전지를 대체하는 2차전지로 각광을 받고 있다. 이 두 가지 전지는 모두 니켈 화합물인 수산화산화니켈(III)(NiO(OH))을 포함하고 있다. 티타늄과 같은 다른 전이금속을 포함하고 있는 일부 니켈 화합물은 페인트, 플라스틱, 섬유, 화장품의 염료로 사용되고 있다. 일부 니켈 화합물은 과민 반응을 일으키거나 독성이 있고, 심지어는 발암물질로 작용하기 때문에 일부 국가에서는 이런 화합물의 사용을 제한하고 있다. 생명체의 경우 사람을 비롯한 동물은 니켈을 필요로 하지 않지만 일부 식물과 세균은 소량의 니켈을 필요로 한다.

Group 10

46
Pd
팔라듐
Palladium

원자번호	46
원자반지름	140 pm
산화 상태	**+2, +4,**
원자량	106.42
녹는점	1552℃
끓는점	2967℃
밀도	12.00 g/cm³
전자구조	[Kr] 4d¹⁰

다른 백금족 원소(104쪽 참조)들과 마찬가지로 팔라듐은 매우 희귀한 금속으로 보통 백금 광석에서 발견된다. 팔라듐은 1802년에 영국 화학자 윌리엄 하이드 울러스턴William Hyde Wollaston에 의해 백금 광석을 강한 산에 녹인 용액에서 발견되었다. 그는 이 금속의 이름을 같은 해에 발견된 새로운 행성 팔라스의 이름을 따라서 팔라듐이라고 불렀다(팔라스는 행성이 아니라 커다란 소행성이라는 것이 밝혀졌다. 팔라스의 이름은 지혜의 여신인 팔라스 아테나의 이름에서 따왔다). 울러스턴은 동시에 같은 백금족 원소인 로듐도 발견했다. 백금족 금속들은 특정한 화학반응을 촉진시키는 촉매 역할을 한다. 생산된 팔라듐의 반 이상이 자동차 배기가스의 촉매 변화기로 사용된다. 그리고 팔라듐 촉매는 비료 제조에 필요한 질산을 생산하는 촉매로도 사용된다.

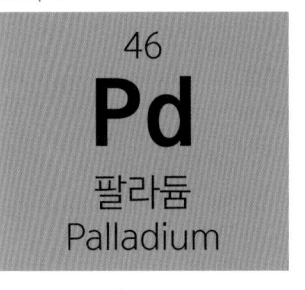

팔라듐 금속 방울.

팔라듐 결정의 전자현미경 사진.

수소는 다른 어떤 금속보다도 팔라듐 안으로 가장 잘 확산된다. 1866년에 스코틀랜드의 화학자 토머스 그레이엄^{Thomas Graham}은 팔라듐이 자체 부피의 500배나 되는 수소를 흡수한다는 것을 발견했다. 오늘날에는 팔라듐-은 합금이 반도체 산업과 같은 곳에서 필요로 하는 순수한 수소를 생산하는 확산 막으로 사용되고 있다.

팔라듐은 다른 여러 합금에도 사용되며 특히 반응성이 낮아야 하는 치과 재료로 널리 사용되고 있다. 반지나 다른 보석으로 사용되는 소위 말하는 '백금'은 금과 팔라듐(또는 니켈이나 망간)의 합금이다. 생산되는 팔라듐의 10% 이상이 휴대전화나 노트북 컴퓨터에 들어가는 축전지의 제조에 사용된다.

자동차 배기 시스템의 촉매 변환기. 내부에서 팔라듐이 자동차 배기가스에 포함된 해로운 물질을 분해하는 촉매로 작용한다.

78
Pt
백금
Platinum

원자번호	78
원자반지름	135pm
산화 상태	**+2**, **+4**, +5, +6
원자량	195.08
녹는점	1769℃
끓는점	3827℃
밀도	21.45g/cm³
전자구조	[Xe] 4f¹⁴ 5d⁹ 6s¹

오늘날에는 백금이 금보다 더 값비싼 귀금속으로 널리 알려져 있다. 백금은 흰 은색 광택을 가지고 있고 단단해서 보석으로 인기 있다. 남아메리카 일부 지방의 원주민들은 수백 년 동안 백금을 장식용품 제작에 사용해왔다. 그러나 유럽에서는 리오 핀토 강의 진흙과 모래에서 처음으로 다른 원소와 잘 반응하지 않는 이 은색 금속을 찾아냈지만 은과 별 관계가 없다고 하여 폐기했다. 아마 '불완전한' 금이라고 생각했던 것 같다. 그들은 백금으로 오염되었다고 해서 광산을 폐쇄하기도 했다. 백금의 영어 이름인 플래티늄은 은을 가리키는 스페인어 플라타plata에서 유래했다. 스페인 정복자들은 이 은색 금속을 리오 핀토의 '작은 은'이라는 뜻으로 플라티나 델 핀토라고 불렀다.

러시아에서 생산된 백금(Pt).

로듐-백금 합금으로 만든 커다란 얇은 천이 암모니아(NH₃)와 산소(O₂)가 반응하여 일산화질소(NO)를 만드는 반응의 촉매로 사용되고 있다.

과학자들이 백금에 관심을 가지게 된 것은 18세기 중엽부터였다. 영국의 철 생산자 겸 수필가였던 찰스 우드Charles Wood는 뉴스페인(현재의 콜롬비아)의 카르타헤나에서 백금 샘플을 수집하고 1741년에 분석을 위해 영국으로 보냈다. 또한 1740년대에 스페인 수학자 겸 탐험가 안토니오 델 울로아Antonio de Ulloa는 페루에서 조사한 이 금속에 대해 자세히 기록했다. 1752년에 스웨덴의 수필가 헨리크 셰퍼Henrik

Scheffer는 백금을 조사한 뒤 이것이 원소이며 귀금속이라는 것을 확인했다.

다음 50년 동안 과학자들은 백금에 특별한 관심을 보여 모든 종류의 화학적 분석과 물리적 실험을 행했다. 하지만 백금은 모든 원소 중에서 가장 반응성이 적은 금속이어서 쉽게 비밀을 밝혀낼 수 없었다.

남아프리카 림포포 주에 있는 아톡 백금 광산. 남아프리카는 러시아 다음으로 많은 백금 매장량을 가지고 있다.

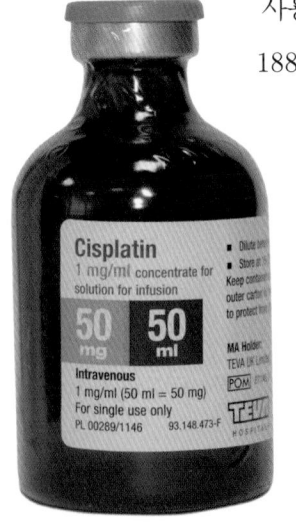

치료 대기 중인 시스플라틴 화학요법 의약품. 각 분자의 활동적인 부분에 백금 원자가 포함되어 있다.

백금의 낮은 반응성은 1799년에 프랑스 과학 아카데미가 1m의 표준 원기로 사용되는 백금 막대와 1kg의 표준 질량으로 사용되는 원통을 만들었을 때 가장 유용하게 사용된 성질이었다. 오늘날에는 1m가 더 정밀한 방법으로 정의되지만 1880년대에 제작되어 1889년 9월 28일 공인된 개선된(10%의 이리듐을 첨가한 합금) 백금 원통은 아직도 질량의 표준 원기로 사용되고 있다. 이 원기는 프랑스 파리에 있는 국제도량형협회에 보관되어 있다.

영국 화학자 윌리엄 하이드 울러스턴과 그의 친구인 화학자 스미슨 테넌트가 1800년에 같이 사업을 시작했을 때 그들의 목표 중 하나는 매우 순수한 백금을 생산하는 것이었다. 1803년에 울러스턴과 테넌트는 백금을 질산과 염산을 섞은 왕수라는 용액에 녹인 뒤 조사하여 백금과 전에 알려지지 않은 금속인 팔라듐과 로듐을 포함하고 있다는 것을 알아냈다. 테넌트는 반응이 끝난 후에 남은 검은 찌꺼기를 조사하여 이리듐과 오스뮴을 더 발견했다. 백금과 40년 후에 발견된 루테늄은 이 원소들과 함께 백금족 금속을 구성

백금-로듐 합금으로 만든 관의 작은 구멍을 통해 나타난 가는 유리섬유. 이 합금을 사용하는 것은 물이 유리를 적시듯 용융된 유리가 이 합금을 적시고 높은 온도에서 매우 안정하기 때문이다.

한다. 백금족의 여섯 원소는 모두 매우 희귀하고 대개 함께 발견된다. 이들은 모두 비슷한 성질을 가지고 있어 용도도 비슷하며 특히 모두 전성이 좋고 낮은 반응성을 가지고 있다.

다른 백금족 원소들과 마찬가지로 백금도 지각에 가장 적게 포함되어 있는 원소 중 하나이다. 주로 남아프리카, 캐나다, 러시아에서 니켈과 구리를 추출할 때 부산물로 얻어지며 암모니아와 질산을 제조하는 반응을 비롯해 다양한 화학반응의 촉매로 사용되고 있다. 그중 자동차 배기가스의 촉매 변환기에 사용되는 백금이 백금 수요량의 반 이상을 차지한다. 백금 금속은 저장된 자료의 밀도를 높이기 위한 용도로 백금을 사용하는 컴퓨터 하드디스크 표면에서도 발견할 수 있다. 백금은 금만큼 전성과 연성이 좋아 아주 가는 철사나 얇은 박막으로 만들 수 있어 미사일의 원뿔형 머리 부분은 백금 박막으로 코팅한다. 또한 반응성이 작기 때문에 자동차의 스파크 플러그의 코팅이나 의료 기기 제작에 이상적인 재료이다. 그러나 비싼 가격이 심장박동기에 필요한 작은 전극의 사용을 제한하고 있다. 일부 치과용 재료는 백금과 구리 또는 아연의 합금으로 만든다.

백금의 일부 화합물은 DNA 분자의 길이 방향의 특정 부분에 결합하여 DNA가 복제되지 못하도록 한다. 이러한 성질 덕분에 종양의 성장을 억제하는 의약품에 이용되고 있다. 최초로 만들어졌고 가장 잘 알려진 백금을 포함하고 있는 항암제는 시스플라틴 또는 시스-디아민디클로로플라티늄(II)이다. 이 의약품은 1970년대 이후 여러 가지 암 치료에 사용되고 있다.

29
Cu
구리
Copper

원자번호	29
원자반지름	135 pm
산화 상태	**+1**, **+2**, +3, +4
원자량	63.55
녹는점	1085℃
끓는점	2656℃
밀도	8.94 g/cm³
전자구조	[Ar] 3d¹⁰ 4s¹

♀

주기율표의 11족에는 자연에서 종종 다른 원소와 결합되지 않은 순수한 원소 상태로 발견되는 구리, 은, 금의 세 가지 전이금속과 방사성 원소인 뢴트게늄이 포함되어 있다. 뢴트게늄은 우라늄보다 원자번호가 큰 방사성 동위원소로 자연에 존재하는 원소가 아니므로 초우라늄 원소(228쪽)에서 다룰 것이다.

비교적 순수한 상태로 발견된 구리 덩이.

구리는 지각에 26번째로 많이 존재하는 원소이다. 원소 상태로 발견되기 때문에 고대부터 알려져 있었다. 구리로 만든 오래된 가공물 중에는 약 1만 년 전의 것도 있다. 구리를 광석으로부터 최초로 제련한 것은 약 7000년 전이고 주석과 섞어 청동을 만든 것은 약 5000년 전이다. 구리와 달리 청동은 단단해서 모서리가 닳지 않고 오래 견딜 수 있다. 유럽과 아시아에서는 기원전 3000년경에 청동기시대가 시작되어 청동이 대부분 철이나 강철로 대체된 기원전 1000년경에 끝났다. 청동은 오늘날에도 조각이나 메달을 만드는 데 사용되고 있다. 종이나 질이 좋은 심벌즈 그리고 기타의 부품이나 피아노 줄에도 사용되고 있다.

고대부터 널리 사용되어온 또 다른 구리 합금은 구리와 아연의 합금인 황동이다(119쪽 참조). 황

구리는 전성이 좋아 때리거나 밀어내 얇은 판을 만들 수 있다. 이 구리판은 금속으로서는 흔치 않은 구리 원소의 오렌지색을 보여주고 있다.

구리-아연 합금인 황동으로 만든 15세기의 천체 관측구. 황동은 구리나 아연보다 훨씬 녹는점이 낮아 작업이 용이하고 내식성이 좋다.

동과 청동은 모두 로마시대에 널리 사용되었다. 구리를 뜻하는 영어 단어 카퍼copper는 로마인들이 대부분의 구리를 채광했던 사이프러스의 라틴어 명칭인 쿠프룸cuprum에서 유래했다. 구리는 일곱 가지 '고대 금속' 중 하나이다(114쪽 참조). 고대 그리스와 로마 신화와 연금술에서는 구리를 비너스와 연관지었다.

황동과 청동 외에도 오늘날에는 여러 가지 구리 합금이 사용되고 있으며 많은 나라에서 동전을 쿠프로니켈 합금으로 만든다(99쪽 참조). 자동차, 선박, 항공기의 착륙 기어, 유정 굴착 장비와 같이 부식에 대한 저항이 중요한 곳에는 쿠프로니켈이나 구리-알루미늄 합금이 사용된다. 구리와 강철로 만든 띠를 단단하게 결합하여(합금을 만드는 것은 아니다) 만든 바이메탈은 온도 변화에 따라 한쪽으로 휘어진다. 바이메탈은 온도계로도 사용되고, 전기회로에 너무 많은 전류가 흐르면 자동적으로 전류를 차단하는 안전장치인 온도 조절장치로 사용된다. 온도가 올라가면 구리가 강철보다 더 많이 늘어나 바이메탈이 휘어지기 때문에 전류를 차단할 수 있다.

구리는 은회색이 아닌 다른 색깔을 가지는 두 가지 금속 중 하나이며 다른 하나는 금이다. 구리와 금은 스펙트럼 중에서 큰 에너지를 가지고 있는 푸른색을 흡수하지만 다른 금속들은 모든 광자를 거의 같은 정도로 반사한다. 구리는 보통 오렌지 색깔의 광택을 가지고 있지만 공기에 노출된 상태로 놓아두면 산소와 천천히 반응하여 어두운 색깔의 산화구리(II) (CuO) 막을 만든다. 더 오래 놓아두면 구리 표면에 구리, 산소, 이산화탄소가 반응하여 녹청이라 부르는 탄산염구리(II)($CuCO_3$) 녹색 코팅이 만들어진다. 세계에서 가장 큰 동상인 자유의 여신상의 녹색은 녹청으로 인한 것이다.

구리의 주요 용도는 전자석, 변압기, 전동기의 코일을 포함한 전기 도선이다. 상온에서 은만이 구리보다 전기전도도가 더 좋다. 그러나 은은 도선으로 사용하기에는 값이 너무 비싸다. 구리는 반응성이 작고 가공성이 좋기 때문에(강철 칼날로 절단할 수 있고, 두드리거나 구부리고 용접할 수 있

다) 수도나 가스, 난방용 배관에 사용된다. 이런 것들을 모두 포함하여 일반적인 현대 가정에는 약 200kg의 구리가 사용되고 있으며 한 대의 자동차에는 약 20kg의 구리가 포함되어 있다.

1928년에 미 농무부의 연구원들이 쥐를 이용한 실험에서 혈액 속에서 산소를 운반하는 헤모글로빈을 만드는 데 철뿐만 아니라 구리도 필요하다는 것을 알아내 동물에서의 구리의 중요성이 처음 알려졌다(89쪽 참조). 쥐의 몸에는 (그리고 사람에게서) 구리가 철을 포함하고 있는 헤모글로빈 분자의 형성과 관련된 효소 안에 들어 있다. 그 후의 연구는 다른 여러 효소와 다른 단백질에서의 구리의 역할을 밝혀냈다. 예를 들

구리 도선 릴. 구리는 모든 금속 중에서 은 다음으로 전기 전도성이 좋아 전기 도선으로 가장 많이 사용되고 있다.

면 문어를 비롯한 많은 연체동물들은 산소를 운반하는데 철을 포함한 붉은색 헤모글로빈 대신 구리를 포함하고 있는 푸른색 단백질인 헤모시아닌을 이용한다. 따라서 이런 동물들은 푸른 피를 가지고 있다. 구리는 사람에게도 필수적인 원소이다. 성인은 매일 1mg 정도의 구리를 필요로 한다. 구리를 많이 포함하고 있는 식품에는 간, 달걀노른자. 캐슈 열매, 아보카도 등이 있다. 성인 몸은 평균 0.1g의 구리를 포함하고 있다. 이 중 90%는 세룰로플라스민이라고 부르는 혈액 단백질에 포함되어 있다. 또 구리가 세균 증식 억제 작용도한다는 것이 증명되어 병원이나 학교의 벽이나 바닥에 구리를 많이 포함한 합금 사용이 증가하고 있다. 많은 병원성 세균이나 바이러스 그리고 곰팡이는 여러 가지 표면에서 며칠간 살아 있을 수 있지만 구리 표면에서는 몇 시간 안에 죽거나 활동을 정지한다. 구리를 포함한 합금을 사용하는 병원에서는 병원 내 감염률이 현저히 감소했다. 구리 합금은 양어장 그물로도 사용된다. 구리는 식물이나 조류 그리고 미생물이 축적되는 것을 방지해 물고기의 건강에 도움을 준다.

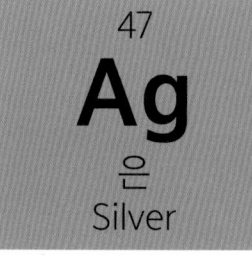

47
Ag
은
Silver

원자번호	47
원자반지름	160 pm
산화 상태	**+1**, +2, +3,
원자량	107.87
녹는점	962℃
끓는점	2162℃
밀도	10.50 g/cm³
전자구조	[Kr] 4d¹⁰ 5s¹

11족 원소인 구리나 금과는 다르지만 대부분의 금속들처럼 원소 상태의 은은 은색 광택을 가지고 있다. 순수한 금속 안에서 은 원자와 관련된 전자들은 자유로워 표면에 도달하는 거의 모든 광자를 효과적으로 반사할 수 있다. 이러한 전자의 자유도는 다른 중요한 성질에도 영향을 준다. 열과 전기는 전자의 운동을 통해 고체 내에서 전달된다. 따라서 은 금속 안의 자유전자는 상온에서 다른 어떤 물질보다도 열과 전기의 전도도를 좋게 만든다.

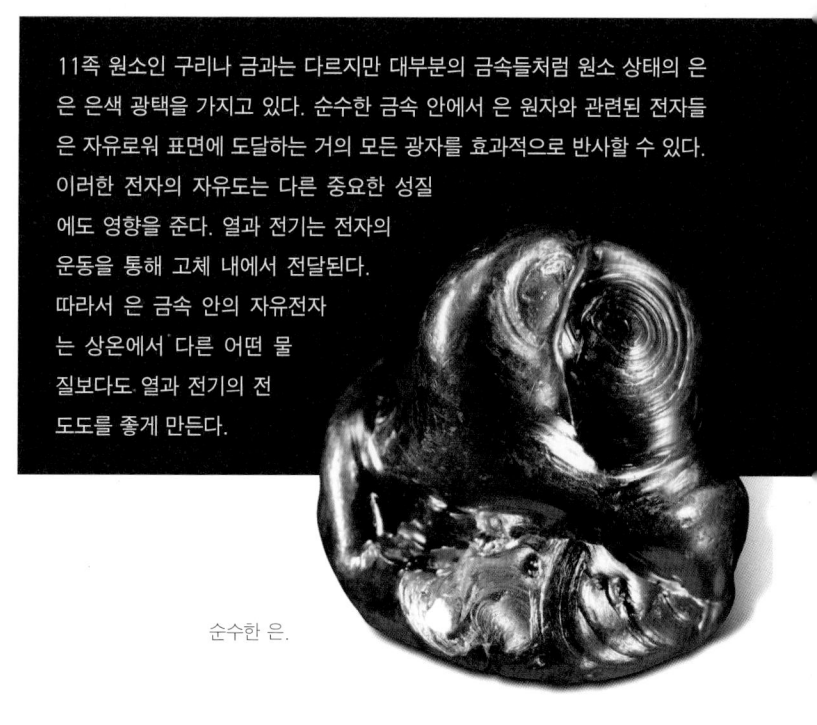

순수한 은.

은은 다른 원소와 결합하지 않은 형태로 발견되기 때문에 고대 금속 기술자들에게도 알려져 있었다. 은은 일곱 가지 '고대 금속' 중 하나로(114쪽 참조). 은의 원소기호 Ag는 은의 라틴어 이름인 아르겐툼^Argentum에서 유래했다. 고대 그리스와 로마 신화나 연금술에서는 은을 달과 연관 지었다. 2010년에 NASA는 지구에서 관찰할 수 있는 먼지로 이루어진 버섯구름을 만들기 위해 달의 뒷면에 있는 크레이터 안으로 우주 탐사선을 충돌시켰다. 과학자들은 버섯구름에서 다른 원소들과 함께 적은 양이지만 의미 있는 정도의 은을 발견하고 깜짝 놀랐다. 그러나 달이 밝게 빛나는 것은 달 표면에 있는 은 입자들이 빛을 반사하는 것과는 아무 관계가 없다. 실제로 달은 표면에 도달하는 빛의 12%만 반사하기 때문에 어두운 회색이다. 달이 밝게 보이는 것은 어두운 밤하늘에 떠 있기 때문이다.

원소 상태로 발견되는 모든 원소들과 마찬가지로 은도 일반적으로 반응성이 낮으며 물이나 산소의 공격에 잘 저항한다. 그러나 은은 공기 중에서 황화수소(H_2S)와 반응하여 닦아낼 수 있는 검은색의 황화은(I)(Ag_2S)을 만든다. 은을 포함하고 있는 대부분의 광석은 황화물이지만 비소나 안티몬과 결합된 상태로 발견되기도 한다. 해마다 전 세계에서 약 2만 톤의 은이 생산되는

데 대부분은 은 광산에서 생산되고 일부는 구리, 금, 납을 제련하는 과정의 부산물로 얻어진다. 은을 가장 많이 생산하는 나라는 멕시코와 페루다. 이외에도 7000톤 정도의 은이 폐기물의 재활용을 통해 생산된다.

오래전부터 사용해온 보석, 장식품, 동전과 같은 용도 외에 20세기의 가장 중요한 은의 사용처는 사진이었다. 빛에 노출시키면 특정한 은 화합물에서 은 금속이 석출되어 나오면서 검은색으로 변한다. 1727년 독일 해부학자 요한 하인리히 슐체 Johann Heinrich Schulze 가 이것이 다른 사람들이 믿었던 것처럼 공기 노출이나 열 때문이 아니라 빛 때문이라는 것을 처음으로 증명했다. 1801년에는 독일 물리학자 요한 리터 Johann Ritter 가 염화은(I)(AgCl)의 이러한 성질을 자외선을 발견하는 데 사용했다.

위: 광부가 은 광산에서 지지대를 설치하고 있다. 때로 은은 원소 상태의 덩어리로 발견되지만 구리와 니켈 그리고 납을 함께 포함한 광석에서 추출하는 것이 보통이다.

1800년에 스펙트럼의 붉은 빛 바깥쪽에서 눈에 보이지 않는 적외선을 발견한 것에 고무된 리터는 햇빛을 프리즘에 통과시켜 만든 스펙트럼 끝의 보라색 바깥쪽에 염화은을 바른 종이를 놓아 검은색으로 변하는 것을 확인했다.

초기의 사진에서는 사진 필름에 사용되는 요오드화은(I)(AgI)과 같은 할로겐화은 화합물 대신 질산은(I)(AgNO$_3$)이 사용되었다(210쪽 요오드 편

참조). 최초로 사진을 찍은 사람은 프랑스의 발명가 니세포르 니엡스 Nicéphore Niépce로 1820년대에 몇 장의 사진을 찍었다. 니엡스는 처음에는 빛에서 서서히 굳어지는 역청을 사용했지만 좀 더 빠른 것을 찾기 위해 동료 루이 다게르 Louis Daguerre와 함께 은 화합물로 실험을 했다.

사진 필름. 필름 표면은 빛에 민감한 은 화합물의 유제로 코팅되어 있다. 빛이 필름 표면에 비추면 은 원자가 나와 유제를 검은색으로 변하게 한다.

사진 기술은 19세기에 꾸준히 발전하여 셀룰로이드에 은 화합물을 섞어 만든 유제를 바른 값싼 휴대용 즉석카메라에서 정점을 이루었다. 이러한 기술 혁신은 영화 산업의 발전을 가져왔다. 초기의 극장에서는 스크린에 은 금속을 입혔다. 그래서 영화를 '은막'이라고 지칭하게 되었다.

21세기에는 디지털카메라의 등장으로 영화나 사진 산업에서의 은의 수요가 급감했다. 그러나 은을 필요로 하는 태양전지의 수요가 빠르게 늘어나고 있으며, 은은 종종 접착제에 떠 있는 가는 연결 도선을 만드는 데도 사용된다. 예를 들면 전기를 흐르게 하는 태양전지 앞의 특징적인 금속 그리드는 이런 접착제 형태를 응용한 은이다. 전자 산업에서 은은 전화기 키보드나 컴퓨터 키보드의 스위치에 사용되고 있으며 인쇄기판 위에 전기 통로를 만드는 얇은 막이나 잉크에 응용되고 있다. 은으로 만든 얇은 포일은 도난을 막기 위해 옷이나 책 또는 다른 상품에 부착하는 전파 주파수 인식 태그(RFID)의 안테나로도 사용된다.

19세기에 전기도금이 '은도금 제품', '전기도금한 니켈은(EPNS)'과 같은 적당한 가격의 은 제품을 생산하는 보편적인 방법이 되었다(100쪽 참조). 1890년대에는 과학자들이 전기도금

을 전류의 단위를 정의하는 데 이용하기도 했다. 1 암페어(A)의 전류는 질산염은 용액으로부터 1초당 0.001118000g의 은을 석출시킬 수 있는 전류이다(오늘날에는 암페어를 1초 동안 흐르는 전하의 수로 정의한다).

은은 또한 오래전부터 의약품으로 사용되어왔다. 고대 그리스의 의학자 히포크라테스Hippocrates도 은의 치료와 예방 효능에 대해 언급

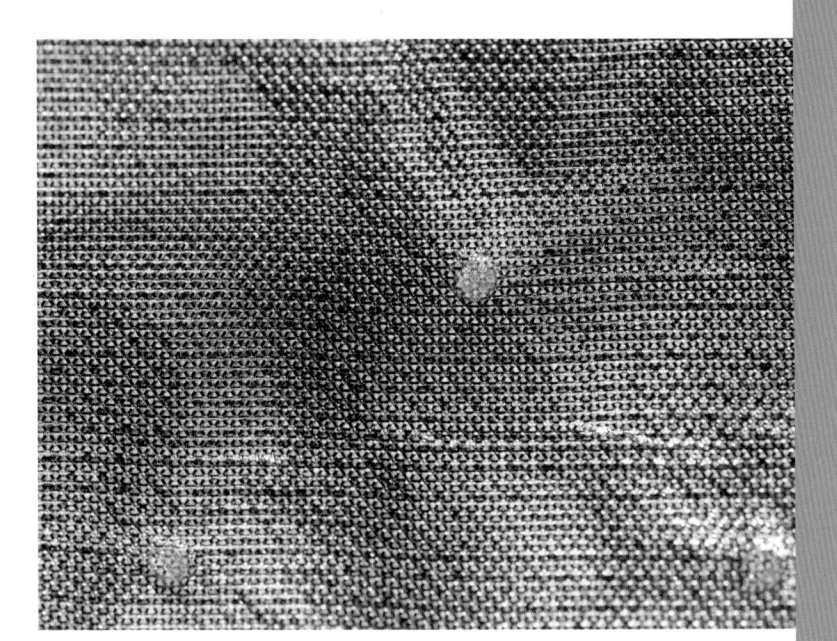

질병을 유발하는 세균에 독성 있는 은 입자를 입힌, 상처에 시용하는 드레싱의 확대 사진.

했다. 구리와 마찬가지로 은도 미생물에게는 독성을 가지고 있지만 인간에게는 해롭지 않다. 은 화합물은 일부 피부 접착용 치료제에 사용되고, 은 나노 입자는 피부 감염을 치료하기 위해 피부에 바르는 약품에 사용되고 있다. 그리고 미래에는 은이 암 치료에서도 중요한 역할을 할 것이다.

2012년 영국 리드 대학의 연구팀은 특정한 은 화합물이 주도적 암 치료제인 시스플라틴(71쪽 참조)과 같은 정도의 암 치료 효과가 있다고 발표했다. 그러나 은 화합물에서는 시스플라틴이 가지고 있는 백금의 독성으로 인한 부작용은 발견되지 않았다. 은은 정수기의 필터로도 사용된다. 물에 녹은 은 이온은 세균을 죽이고 조류가 발생하는 것을 막아준다.

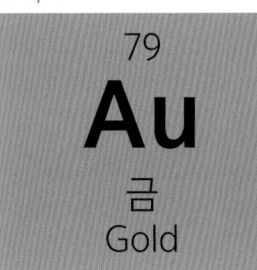

79
Au
금
Gold

원자번호	79
원자반지름	135pm
산화 상태	−1, +1, +2, **+3**, +5
원자량	196.97
녹는점	1064℃
끓는점	2840℃
밀도	19.30 g/cm³
전자구조	[Xe] 4f¹⁴ 5d¹⁰ 6s¹

다른 11족 원소인 구리나 은과 같이 다른 원소와 결합하지 않은 원소 상태의 금이 종종 발견된다. 그것은 금의 반응성이 아주 낮기 때문이다. 금은 온도가 높은 경우에도 물이나 산소의 공격을 잘 견딘다. 금은 왕수라고 부르는 질산과 염산의 혼합 용액에는 녹지만 백금을 제외한 다른 원소들과는 달리 질산에는 녹지 않는다. 때문에 오래전부터 사용되어온 믿을 만한 순수한 금을 구별하는 방법은 질산 몇 방울을 떨어뜨려보는 것이다. 이것이 '산 시험acid test'이라는 말의 어원이다. 이 말은 1890년대 탐광자들과 시금자들이 즐겨 사용했다.

강에서 퇴적물을 걸러서 발견한 금덩이. 이런 금덩이는 강 바닥을 이루고 있는 암석의 침식작용으로 떨어져 나온 작은 금 알갱이들이 쌓여 서로 달라붙어 만들어졌다.

원소 상태로 존재하기 때문에 금은 역사시대 이전에도 알려져 있었다. 불가리아의 바르나 호수 부근의 매장지에서 발견된 가장 오래된 금세공품은 6000년 전에 만들어진 것이다. 많은 초기 문명에서 금은 실용 가치가 거의 없었다. 도구나 무기를 만들기에는 너무 연하기 때문이었다. 대신 노란색 광택과 희귀성으로 인해 부를 상징하는 장식에 사용되었다.

금을 뜻하는 영어 단어 '골드gold'는 오래전의 프로토-인도-유럽어에서 '노란색'을 뜻하는 겔ghel에서 유래했다. 금의 원소기호 Au는 금을 뜻하는 라틴어 아우룸aurum의 첫 두 글자이다. 고대인들에게는 금, 수은, 구리, 은, 철, 주석의 일곱 금속 원소가 알려져 있었다. '고대의 금속'에 속하는 이 원소들은 '고정된' 별을 돌고 있는, 당시 알려졌던 일곱 개의 천체와 연관 지어졌다. 고대 그리스 · 로마 신화와 연금술에서 금은 태양과 연관이 있다. 이런 연관 관계는 과학적 화학의 선구자라고 할 수 있는 연금술에서 특히 유행했다. 연금술사들이 가지고 있던 중요한 믿음 중 하나는 '기초' 금속을 금으로 변환시킬 수 있다는 것이었다. 이런 이유로 18세기에 많은 새로운 금속이 발견되면서 화학이 연금술을 대신하게 되었다.

대부분의 금은 자연에서 암석에 박혀 있는 작은 알갱이로 존재한다. 종종 은과 섞여 있는 경우도 있다. 강에서 이런 암석이 침식되면 금 입자들이 물에 쓸려 내려가게 된다. 이런 금들은 한 곳에 모여 금덩이나 박편을 만든다. 사람들이 밑이 둥그런 그릇에 모래와 같은 강의 침전물을 넣고 흔들어 걸러내는 것은 이 때문이다. 그렇게 하면 밀도가 큰 금은 아래로 내려가고 가벼운 물질들은 위로 올라와 금을 분리해낼 수 있다. 이를 취미 활동으로 한다면 때로는 금덩이를 발견할 수도 있다. 금의 대부분은 광석에서 추출하며 중국, 오스트레일리아, 미국이 가장 많은 금을 생산한다. 세계금위원회에 의하면, 문명이 시작된 후 2012년까지 약 16만 6600톤의 금이 생산되었다.

1872년에 스웨덴 출신 영국 화학자 에드워드 손스타트^{Edward Sonstadt}는 바닷물 안에 금이 포함되어 있다는 것을 알아냈다. 함유량은 아주 작아 $1km^3$의 바닷물 안에 1mg의 금이 포함되어 있는 정도이지만 바다 전체에는 수만 톤의 금이 녹아 있다.

독일의 화학자 프리츠 하버^{Fritz Haber}는 바닷물에서 금을 추출해 제1차 세계대전으로 독일이 지게 된 빚을 갚으려고 많은 시간과 돈을 투자했지만 성공하지는 못했다. 온갖 창의적인 방법을 사용했지만 누구도 바닷물에서 의미 있는 양의 금을 얻어내지는 못했다.

대부분의 나라에서는 금의 순도를 캐럿이라는 단위(기호 ct, 미국에서는 kt나 k를 사용한

강의 퇴적물에서 금을 찾기 위해 탐광 인부가 퇴적물을 거르고 있다. 팬 주변에서 회전하는 물과 퇴적물이 밀도에 따라 입자들을 분리한다. 따라서 밀도가 높은 금 입자가 팬 바닥에 모이게 된다.

이집트 파라오 투탕카멘(1341~1323)의 가면은 금 상감과 보석 그리고 색깔 없는 유리로 만들어졌다.

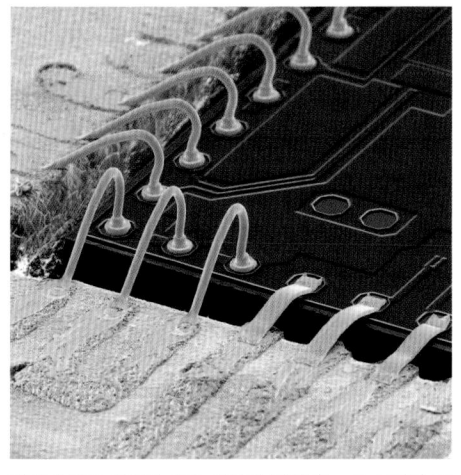

컴퓨터 칩을 컴퓨터 회로 기판에 연결하는 금 도선과 금 접촉 패드를 보여주는 전자현미경 사진.

다)로 측정한다. 이론적으로는 24캐럿은 100% 순수한 금이다. 그러나 실제로 100% 순수한 금은 가능하지 않기 때문에 0.01%의 오차는 인정해주고 있다.

1000분의 1을 나타내는 파인이라는 단위도 사용되는데 이 단위를 사용하면 1000파인이 순수한 금을 나타낸다. 따라서 18캐럿의 금은 75%의 순수한 금을 포함하고 있어 750파인이다.

지금까지 생산된 금 중에서 가장 순도가 높은 금은 1957년에 오스트레일리아의 퍼스민트에서 생산한 것으로 순도는 999.999파인이었다. 다시 말해 100만 개의 원자들 중 하나만 금 원자가 아니었다.

금은 보석이나 다른 장식품 그리고 준비 통화뿐만 아니라 실용적으로도 다양하게 사용되고 있다. 연성이 매우 좋고 부식성이 전혀 없는 금은 반도체 칩에 사용되는 가는 연결 도선으로 이용되며 이것이 금의 최대 산업적 용도이다. 성능 좋은 오디오 제품의 연결 도선에도 금 도선이나 금을 도금한 도선이 사용되고 있다. 금은 녹슬지 않고 전기전도도도 좋기 때문이다.

금은 오랫동안 치과 치료용으로도 사용되어왔으며 종종 수은과의 혼합물인 아말감으로도 사용된다. 그러나 최근에는 새로 개발된 세라믹이나 합성 재료로 대체되고 있다.

금은 표본에 축적되는 전하를 흘려보내기 위한 아주 얇은 코팅이나 세포 내 특정한 단백질이나 구조물에 붙어 선명한 전자현미경 사진을 얻기 위

1kg의 금으로 만든 금괴. 모든 금괴에는 질량, 순도, 고유 번호를 나타내는 도장이 찍혀 있다.

해 사용하는 금 '나노 입자' 상태로 전자현미경에도 사용되고 있다. 금 나노 입자는 암세포에 침투해 레이저 조사의 목표물로 이용되거나 암세포의 핵에 직접 약물을 전달하는 용도로 질병 치료에도 널리 사용된다.

　금은 독성이 없어 얇은 판이나 작은 조각으로 만들어 식품에도 소량 첨가하기도 한다. 식용 금은 세계에서 가장 비싼 식품일 것이다. 2010년에 뉴욕 식당이 5g의 24캐럿 식용 금을 첨가한 프로즌 오트 초콜릿이라는 메뉴를 개발해 무려 2500달러에 판매했다. 이 가격에는 보석을 박은 스푼과 다이아몬드 팔찌도 포함되어 있었다.

30
Zn
아연
Zinc

원자번호	30
원자반지름	135pm
산화 상태	+1, **+2**
원자량	65.39
녹는점	420℃
끓는점	907℃
밀도	7.14g/cm³
전자구조	[Ar] 3d¹⁰ 4s²

12족 원소들은 주기율표에서 d-블록의 가장 오른쪽에 있는 마지막 전이금속(57쪽 참조)이다. 12족에는 아연, 카드뮴 그리고 상온에서 액체인 유일한 금속 수은이 포함되어 있다. 여기에는 또한 방사성 원소인 코페르니슘도 포함되어 있는데 우라늄보다 원자번호가 커서 자연에서 발견되지 않아 초우라늄 원소를 다루는 228쪽에 수록되어 있다.

순수한 아연 샘플.

아연을 뜻하는 영어 단어 징크zinc는 이 금속의 독일 명칭인 징크zink에서 유래했다. 이 독일어 명칭은 '뾰족한 끝' 또는 가지를 뜻하는 징케zinke에서 따왔을 가능성이 있다. 스위스의 의사 파라셀수스Paracelsus는 1520년에 아연 결정의 이빨 같은 돌기를 가리켜 징켄이라고 부르며 아연이 새로운 금속이라고 주장했다. 아연은 일곱 가지 고대 금속(114쪽 참조)의 뒤를 이어 여덟 번째 금속이다.

순수한 아연은 은회색이지만 공기 중에 노출되면 산소나 이산화탄소와 빠르게 반응하여 어두운 회색의 탄산염아연(II)(ZnCO₃) 막을 형성한다. 탄산염아연 막이 형성되면 반응이 상당히 느려진다. 아연 알갱이를 산에 넣으면 약산인 경우에도 수소 기체 거품이 발생하면서 서서히 녹는다.

아연은 24번째로 지각에 많이 포함되어 있는 원소로, 가장 일반적인 스팔러라이트를 비롯해 다양한

아연의 주요 광석인 섬아연광 결정.

광석에 포함되어 있다. 아연은 생명체에게
도 필수적인 원소로 육류, 조개와 같은 갑
각류, 유제품, 시리얼과 같은 여러 식품에
포함되어 있다. 성인은 식품을 통해 하루에
약 5mg의 아연을 섭취해야 한다. 전 세계
인구 중 약 20억 명이 아연 결핍을 경험하
고 있다. 아연 결핍의 주요 증상은 설사, 피
부 손상, 모발 감소, 식욕 부진 등이다.

매년 약 1200만 톤의 아연 금속이 생
산되고 있으며 철, 알루미늄, 구리 다음
으로 많이 사용되는 금속이다. 아연의 반

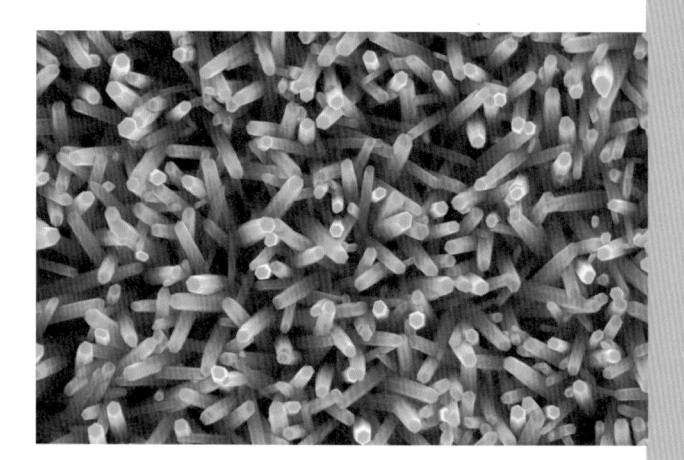

인공적으로 합성한 길이가 수 나노미터(10억분의 1미터)인 산화아연 결정의 색깔을 입힌 전자현미경 사진. 산화아연은 반도체로 연구자들은 이와 같은 '나노 도선'이 다양한 전자 부품에 사용될 것으로 생각하고 있다.

이상은 부식을 방지하기 위해 철이나 강철 표면에 코팅 용도로 쓰이고 있다. 이것을 아연도금
^{galvanization}이라고 부른다. 자동차의 차체, 물결 모양의 철 지붕 패널, 가시철망과 같은 제품은 용
융된 아연에 담그거나 전기도금을 통해 아연도금 처리를 거쳐 만든다. 아연의 또 다른 중요 용
도는 주물을 이용하여 작고 복잡한 부품을 생산하는 것이다. 용융된 아연은 기계적 작업을 거치
지 않고도 주형에 밀어 넣어 복잡한 모양을 만들어낼 수 있다. 아연은 내식성이 좋고 녹는점이
420℃로 상당히 낮아 주물 제작에 이상적이다. 주물 제작한 아연은 실제로는 대부분 납, 주석,
알루미늄을 소량 포함하고 있는 합금이다. 아연은 영국의 파운드 동전과 같은 일부 동전을 만드
는 데도 사용된다. 미국의 1센트짜리 동전은 97.5%의 아연에 구리를 입힌 것이다.

가장 널리 알려진 아연 합금은 트럼펫 같은 악기를 제작할 때 쓰이는 황동이다. 황동은 구리
와 아연을 섞은 것으로 약 3000년 전부터 사용되어왔다. 아연 원소가 알려지기 수백 년 전부터
황동을 만들 때 아연을 사용했던 것이다. 고대에는 구리를 제련하는 동안 아연이 우연히 포함되
어 있어 황동이 만들어졌다. 수백 년 안에 로마의 금속 제작자들은 대부분 탄산아연($ZnCO_3$)을
포함하고 있는 칼라마인이라고 부르는 아연과 구리를 함유한 광석을 고온으로 가열하여 황동을
만들었다. 고온으로 가열할 때 만들어진 아연 증기가 구리 안에 침투하여 황동이 만들어진다.
이런 방법으로 고대 로마에서 사용하던 무기나 동전에 사용되던 황동을 대량으로 생산했다. 그
러나 로마의 금속학자들은 아연이 금속이라는 것을 모르고 있었다. 13세기 이후 인도의 금속학

자들은 라자스탄에서 아연 증기를 만들고 그것을 증류하여 아연 금속을 추출하는 방법을 알아 냈으며, 구리와 아연을 섞어 황동을 만들었다. 오늘날에도 라자스탄의 람푸라 아구차 광산은 세계에서 가장 큰 아연 광산으로 매년 60만 톤 이상을 생산하고 있다.

새로운 금속에 대한 소식이 인도에서 유럽으로 알려졌지만 1738년에 영국의 화학자 윌리엄 챔피언$^{William\ Champion}$이 수백 년 전에 인도에서 사용했던 것과 비슷한 증류법을 개발하기 전까지는 아연 금속이 대량으로 생산되지는 않았다. 몇 년 후 독일 화학자 안드레아스 마르그라프 $^{Andreas\ Marggraf}$가 실험실에서 순수한 아연을 분리해내 성질을 연구했다. 1799년에 이탈리아의 과학자 알레산드로 볼타$^{Alessandro\ Volta}$가 구리와 아연 판을 차례로 쌓아놓고 판 사이에 소금물을 적신 종이를 끼워 만든 전지인 볼타 파일을 발명했다. 오늘날에는 아연 금속이 저장 용기나 아연 탄소 전지(현재는 알칼라인 전지로 대체된)의 음극으로 사용된다.

가장 중요한 아연 화합물은 산화아연(II)(ZnO)으로 매년 100만 톤 정도 생산된다. 이 흰색 분말은 한때 차이니스 화이트라고 부르는 예술가들에게 인기 염료로 사용되었다. 오늘날에는 산화아연을 플라스틱에 첨가하여 자외선으로 인한 손상 방지용으로 사용하고 있다. 산화아연은 햇빛의 자외선을 차단하는 선크림에도 쓰이고 있다. 또 다른 의학적 응용에는 핑크색 혼합물로 가려운 곳에 바르는 칼라민 로션이 있다. 칼라민 로션은 산화아연(II)(ZnO)과 산화철(III)(Fe$_2$O$_3$)을 포함하고 있다(황동을 만드는 데 사용된 칼라민 광물은 아연 광물인 스미소나이트와 헤미모파이트의 혼합물이다. 요즘에는 칼라민 로션과의 혼동을 피하기 위해 칼라민 광물이라는 말 대신 이 두 광물의 이름을 주로 사용한다). 이밖에도 산화아연은 또한 황을 첨가한 타이어 고무나, 엔진의 금속 부품이 산화되는 것을 방지하는 윤활유에도 첨가한다. 그리고 비료와 동물 사료에도 첨가되며 일부 식품에도 사용된다.

또 다른 아연 화합물인 황화아연(II)(ZnS)은 '어둠 속에서 빛나는' 형광염료나 가전제품의 발광 디스플레이를 만드는 중요한 화합물이다. 황화아연에 다른 화합물을 소량 첨가하고 빛을 비추거나 전류가 흐르면 초록색(구리), 푸른색(은), 붉은색(망간) 빛을 낸다.

유럽 굴(오스트레아 에둘리스). 굴은 다른 어떤 식품보다도 아연을 많이 포함하고 있다.

48
Cd
카드뮴
Cadmium

원자번호	48
원자반지름	155pm
산화 상태	+1, **+2**
원자량	112.41
녹는점	321℃
끓는점	767℃
밀도	8.65g/cm^3
전자구조	[Kr] 4d^{10} 5s^2

원자번호가 48번인 카드뮴은 아연과 비슷한 성질을 가지고 있고 용도 역시 비슷하다. 그러나 존재하는 양이 아연보다 훨씬 적다. 카드뮴은 칼라민(120쪽 참조)과 같은 아연 광석에서 소량 발견되어 아연을 추출하는 과정에서 매년 2만 톤 정도 생산된다. 1817년에 독일 화학자 프리드리히 슈트로마이어Friedrich Stromeyer가 가열하면 노란색으로 변했다가 오렌지색으로 변하는 칼라민(탄산염아연)의 샘플을 조사하고 있었다. 아연 성분을 제거한 후에는 이전까지 알려지지 않은 금속인 은빛이 도는 푸른색 금속을 얻어 칼라민을 뜻하는 라틴어나 그리스어 카드미아cadmia 또는 카드메이아kadmeia에서 따와 이 금속을 카드뮴이라고 불렀다.

연하고 은빛이 도는 청색 금속인 순수한 카드뮴.

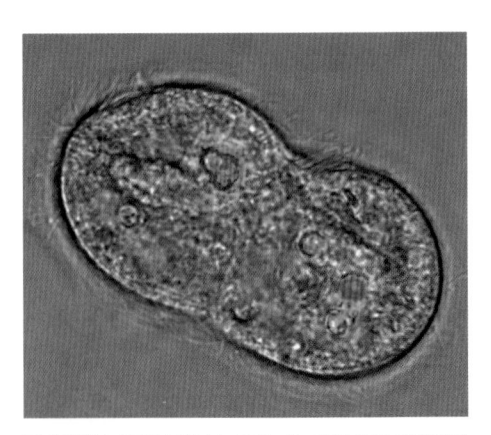

단세포생물 안에서 빛나는 양자 점. 양자 점은 정밀하게 '조정된' 광자를 방출하는 반도체(이 경우에는 셀렌화 카드뮴)의 작은 결정이다. 여기서는 양자 점이 먹이사슬을 통해 나노 입자가 이동하는 것을 추적하기 위해 사용되고 있다.

대부분의 전이금속과 마찬가지로 카드뮴은 색깔이 화려한 화합물을 만든다. 슈트로마이어는 카드뮴을 황과 결합시켜 노란색 화합물인 황화카드뮴(II)(CdS)을 만들었다. 셀렌카드뮴은 밝은 붉은색이다. 황과 셀렌의 양을 변화시키면 변색되지 않는 다양한 색깔을 만들어낼 수 있다. 1840년대부터 예술가들은 카드뮴 염료를 사용하기 시작했다. 이러한 빛에 바래지 않는 염료는 빈센트 반고흐나 클로드 모네와 같은 화가들의 위대한 작품들에서 발견할 수 있다. 일부 예술가들은 아직도 카드뮴을 기반으로 하는 염료를 사용하고 있지만 카드뮴의 독성에 대한 염려 때문에 카드뮴 염료를 대체할 합성염료가 개발되었다. 카드뮴에 노출되면 염증을 유발하여 감기와 비슷한 발열, 호흡기

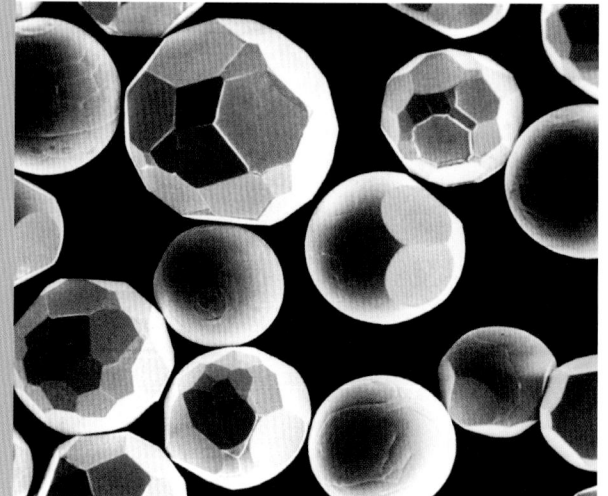

태양전지나 금속 표면 코팅에 사용되는 고운 카드뮴 분말 결정의 색깔을 입힌 전자현미경 사진. 사진 안의 가장 큰 결정은 지름이 약 0.1mm 정도이다.

장애, 근육통과 같은 증상이 나타난다. 이런 증상을 때로 '카드뮴 블루'라고 부른다. 지나치게 많은 카드뮴에 노출되거나 장기간 노출되면 호흡기나 신장에 심각한 장애가 발생할 수 있다.

1930년대에 자동차 차체나 비행기 동체에 아연도금의 수요가 커지면서 아연의 수요가 증가할 때까지는 카드뮴의 생산이 그리 많지 않았다. 아연과 마찬가지로 항공 산업에서 전기도금한 판을 제작할 때 카드뮴도 때로는 도금에 사용된다. 1970년대에는 황화카드뮴이 오늘날의 황화아연과 같이 플라스틱에 사용되었다. 그러나 카드뮴의 독성에 대한 염려 때문에 수요는 계속 줄어들었다.

유럽연합에서는 1990년대 들어와 플라스틱에(그리고 보석과 화장품에) 카드뮴 사용을 금지했고 2011년에는 전면 금지했다. 그런데 1980년대 이후 카드뮴 판이 음극을 이루고 있는 니켈카드뮴 2차전지(NiCad)의 사용이 늘어나면서 카드뮴의 수요가 다시 증가했다.

최근에는 또 다른 전지인 수소화금속니켈(NiMH) 전지가 더 많이 사용되고 있다. 이 전지는 값이 싸고 독성이 있는 카드뮴을 포함하고 있지 않다.

충전기 안에 들어 있는 재충전이 가능한 니켈-카드뮴 전지(NiCad).

80
Hg
수은
Mercury

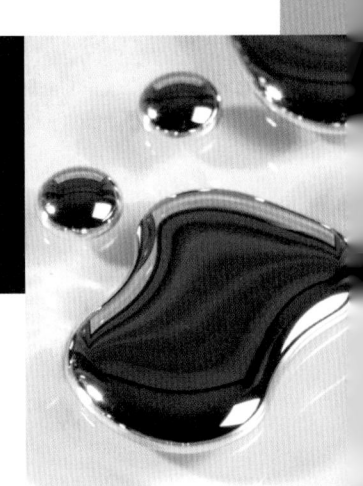

수은은 일곱 가지 '고대 금속' 중 하나로(114 쪽 참조) 고대 그리스와 로마 신화에서는 수성과 연관 지었다. 수은의 원소기호 Hg는 '물 상태의 은watery silvetr'을 뜻하는 라틴어 하이드라기룸 hydrargyrum에서 유래했다.

원자번호	80
원자반지름	150 pm
산화 상태	**+1**, **+2**, +4
원자량	200.59
녹는점	-39℃
끓는점	357℃
밀도	13.55 g/cm³
전자구조	[Xe] $4f^{14} 5d^{10} 6s^2$

☿

단단한 표면에 놓여 있는 순수한 수은 방울. 수은은 일상적인 온도와 기압에서 액체 상태인 유일한 금속이다.

금속 원소 중에서 수은만이 유일하게 상온에서 액체다. 비금속 원소 중에는 브롬만이 상온에서 액체다. 수은은 모든 전이금속 중에서 원자번호와 원자량이 가장 크며 거의 대부분의 전이금속과 마찬가지로 은색 광택을 가지고 있다. 또한 독성도 가지고 있다(아래 참조).

수은은 다른 원소와 결합하지 않은 원소 상태로 발견되지만 자연에 아주 소량만 존재한다. 그러나 자연적으로 만들어진 수은 화합물에서 수은을 얻어내는 것은 쉽다. 수은의 가장 중요한 광석은 황화수은(II)(HgS)으로 이루어진 오렌지빛이 도는 붉은색 광물인 진사이다. 진사를 구워 분해하여 수은 증기를 발생시킨 다음 농축시키면 빛나는 금속 방울이 만들어진다. 고대 문명에서 진사는 광택 있는 주홍색 염료로 사용되었으나 값이 매우 비싸 왕이나 황제만 사용할 수 있었다. 그런데 수은의 독성은 오래전부터 알려져 있었다. 진사를 캐는 광부나 진사를 굽는 사람들은 이상한 증상으로 고통받았고 수명이 짧았다. 로마제국은 범죄자나 노예들을 스페인과 슬로베니아에 있는 진사 광산으로 보냈다.

현대 화학의 신비적 선구자라고 할 수 있는 연금술사들도 진사를 중요하게 여겼다. 많은 연금술 전통에서는 황과 수은 그리고 염(재나 흙)이 생명의 '본질'이었고 모든 것의 영혼과 몸이었다. 연금술사들은 진사를 구워 세 가지 본질을 마음대로 분리하거나 결합할 수 있었다. 염은 뒤에 남

유리관에 수은을 채워 넣은 온도계로 물의 온도를 측정하고 있다. 한때는 널리 사용되었지만 수은의 독성으로 인해 오늘날에는 거의 사용되지 않고 있다.

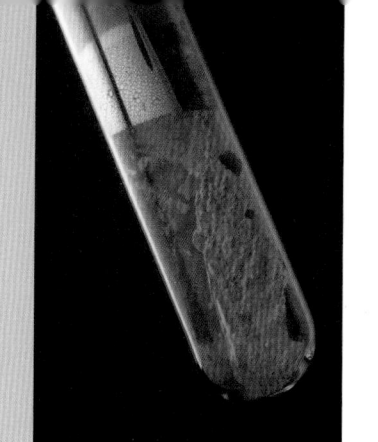

시험관 안에서 산화수은(II)을 가열하고 있다. 산화수은이 분해되면서 산소와 수은 증기를 방출하는데 산소는 공기 중에 배출되고 수은 증기는 농축되어 관 안에 수은 방울을 만든다.

는 것이었다. 많은 연금술사들은 수은이 금속의 '본질'을 가지고 있기 때문에 금을 포함한 모든 금속으로 변환될 수 있다고 믿었다.

연금술이 과학에 길을 내주며 수은은 많은 실험과 발견에서 핵심 역할을 했다. 이탈리아의 물리학자 에반젤리스타 토리첼리^{Evangelista Torricelli}는 1643년에 수은기압계를 발명했다. 대기압이나 혈압은 아직도 mmHg라는 단위를 이용하여 측정한다. 1714년 독일의 과학자 다니엘 가브리엘 파렌하이트^{Daniel Gabriel Fahrenheit}는 유리관 안에 수은을 넣은 온도계를 발명했다. 초기의 전기회로와 전자기 연구에서 전기 접촉은 종종 수은을 담은 컵에 잠겨 있는 도선을 이용했다. 영국의 과학자 마이클 패러데이^{Michael Faraday}가 1821년에 처음 초보적인 전동기를 만들 때 움직이는 부분은 수은이 들어 있는 그릇을 젓는 전류가 통하는 도선이었다. 수은은 계속 움직이는 도선에 전원을 연결시켜주었다. 수은의 화합물인 산화수은(II)(HgO)은 산소의 발견에서 중요한 역할을 했다(179쪽 참조). 19세기에는 진공펌프에 수은을 이용하여 아주 낮은 진공을 만들어낼 수 있었고 이로 인해 전자를 발견하고 텔레비전을 발명할 수 있었다. 그리고 진공관은 20세기 초의 전자공학을 시작할 수 있게 했다.

수은은 모든 금속 원소 중에서 전기와 열의 가장 낮은 전도도를 갖는다(금속 합금 중에는 더 낮은 전도도를 갖는 것도 있다). 대부분의 금속 원자들은 쉽게 바깥쪽 전자를 잃고 안정한 전자구조를 얻는다(13~14쪽 참조). 이 가장 바깥쪽 전자는 모든 원자들이 공동으로 소유하여 원자들을 제자리에 붙들어두는 금속결합을 이룬다. 공동으로 소유한 전자들은 원자 사이를 자유롭게 이동할 수 있어 금속의 열과 전기의 전도도를 좋게 한다. 수은은 s-궤도와 d-궤도 그리고 f-궤도가 전자로 가득 차 있다($6s^2\ 5d^{10}\ 4f^{14}$). 이런 안정한 구조인 수은 원자는 쉽게 전자를 공유하지 못한다(14~15쪽 참조). 이것은 또한 원자들 사이의 결합을 매우 약하게 한다. 이는 수은이 낮은 녹는점을 가지는 것을 설명해준다. 12족에 속하는 다른 원소인 아연($4s^2\ 3d^{10}$)이나 카드뮴($5s^2\ 4d^{10}$) 역시 비교적 낮은 전도도와 녹는점을 가지고 있다. 이런 효과가 수은에서 더 크게 나타나는 것은 수은이 원자핵에 더 많은 양성자를 가지고 있어 원자핵과 전자들 사이에 더 강한 인력이 작용하고 있기 때문이다(15쪽 참조).

액체 상태에서의 낮은 전도도에도 불구하고 수은 증기는 전기를 잘 통한다. 때문에 에너지를

절약하는 형광등 안에 수은을 넣는다. 수은 증기를 통해 전류가 흐르면 수은 원자 안의 전자들이 들떴다가 다시 원 상태로 돌아가면서 자외선 광자로 에너지를 방출한다. 이 자외선이 형광등 안쪽 벽에 발린 염료 안의 형광물질에 충돌해 붉은색, 녹색, 푸른 빛을 내면서 전체적으로 흰색으로 보이도록 한다.

에너지 절약형 램프의 사용은 증가한 반면 산업체와 일상생활에서의 수은 사용은 독성 문제로 사라졌다. 예를 들면 치과 치료에 사용되는 금이나 다른 금속과 섞어 만든 고체 아말감에 수은을 사용하는 것이 많은 논란을 불러왔다. 아말감으로부터 흡수되는 수은의 양과 이들의 위험성에 대해선 의견이 일치하지 않지만 많은 나라에서 사용이 금지되었다. 아말감 치료를 받은 사람이 죽어

화장을 할 때 공기 중에 배출되는 수은 증기도 논란이 되고 있다. 때문에 아말감의 대체 물질도 개발되었으며 최근에는 가격이나 편리성도 아말감에 크게 뒤지지 않는다.

수은 증기를 마시는 것과 수은 화합물을 흡수하는 것이 수은이 사람 몸 안으로 들어오는 중요한 통로이다. 몸 안에서 수은은 여러 가지 손상을 일으킨다. 장기 수은중독 증상으로는 부어오름, 피부 손상, 모발 감소, 신장 손상, 신경 질환, 불면증, 치매 등이 있다. 더욱이 수은은 특정 기관에 축적되기 때문에 시간이 갈수록 증상이 심해진다. 그리고 수은중독은 태어나지 않은 아기에게 전달될 수 있으며 미발육과 같은 선천성 장애를 유발할 수 있다.

수은의 역사에서 가장 유명한 이야기는 1950년대에 일어났던 일본 미나마타 만의 수은중독이다. 폐기물로 메틸수은(CH_3Hg^+)이라 부르는 이온을 만들어내는 화학 공장이 이 폐기물을 물에 버렸다. 물고기와 다른 생명체들이 신경계통에 심한 독성을 가지고 있는 메틸수은을 흡수했고 그 물고기를 먹은 지역 주민 수백 명이 이상 신경 증상으로 고통받기 시작했다. 이후 수천 명이 고통을 받았고, 많은 사람들이 목숨을 잃었다. 질병의 원인이 밝혀진 후에도 공장이 메틸수은을 물에 버리는 일을 중지할 때까지는 여러 해가 걸렸고, 어부들과 희생자들 그리고 가족들에게 적절한 보상이 이루어질 때까지는 더 오랜 시간이 걸렸다.

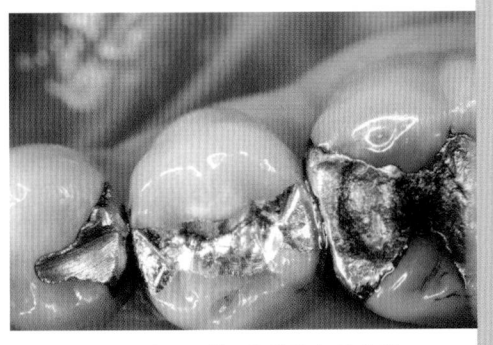

아말감은 여러 가지 수은 합금을 말한다. 치과 치료용 아말감은 수은과 은, 주석, 구리의 합금이다. 수은을 포함하지 않은 레진이 점차 아말감을 대체하고 있다.

간주곡: f-블록-란탄계열과 악티늄계열

주기율표의 3족에는 39번 이트륨 아래 두 칸이 비어 있다. 그러나 이 칸은 사실 비어 있는 것이 아니다. 비어 있는 것처럼 보이는 두 칸에는 각각 14개의 원소가 들어간다. 이 원소들은 f-블록 원소들로, 대부분의 주기율표에는 아래쪽에 따로 배치되어 있다. 그러나 어떤 의미에서 이 원소들도 3족 원소들이라고 할 수 있다. 이 책의 다음 장(128~139쪽)에서는 f-블록의 원소들을 다룬다. f-블록에는 주기율표의 6주기와 7주기에 해당하는 원소들로 이루어진 두 행이 있다.

6주기에 해당하는 위쪽 행DML 원소들을 첫 번째 원소인 란탄의 이름을 따서 란탄계열 원소라고 부른다(128~139쪽 참조). 란탄계열 원소들은 모두 비슷한 성질을 가지고 있어 용도도 비슷하다. f-블록의 7주기에 해당하는 아래쪽 행DML 원소들은 첫 번째 원소인 악티늄의 이름을 따서 악티늄계열 원소라고 부른다(140~145쪽). 이 장에서는 악티늄계열 중에서 원자번호가 92번까지인 악티늄, 토륨, 프로탁티늄, 우라늄의 네 원소만 다룬다. 이 원소들은 원자력발전소의 연료나 원자폭탄의 원료로 사용되는 우라늄을 제외하고는 그다지 용도가 많지 않다. 원자번호가 92번보다 큰 초우라늄 원소들은 불안정한 방사성동위원소들이다. 원자번호가 92번보다 큰 악티늄계열 원소들은 다른 초우라늄원소들과 함께 228~236쪽에 수록되어 있다.

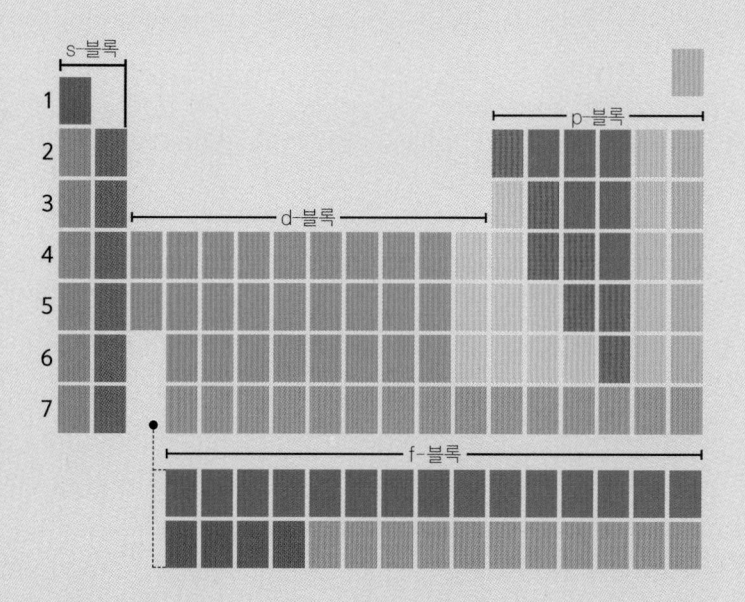

표준 주기율표의 개략도. 색깔은 족과 계열을 나타낸다. 란탄계열은 자주색으로 나타냈고, 악티늄계열의 우라늄까지는 짙은 회색으로 나타냈다. 그리고 다른 모든 초우라늄 원소들과 마찬가지로 우라늄보다 무거운 악티늄계열 원소들은 겨자색으로 나타냈다. 이 표준 주기율표에서 f-블록은 다른 원소들과는 분리되어 아래쪽에 따로 배열되어 있다. 따라서 전체 주기율표가 지나치게 넓어지지 않는다. '확장된' 주기율표는 D 오른쪽에 있다.

f-블록의 이해

d-블록의 이름을 d-궤도에서 따온 것처럼(56~57쪽 참조) f-블록의 이름은 f-궤도에서 따왔다. f-블록에 속한 원소들은 가장 바깥쪽 전자들이 f-궤도에 있다(란탄과 악티늄은 예외다. 다음 쪽 참조).

d-궤도는 4주기부터 나타나는 반면 f-궤도는 6주기에서 처음 나타난다. 이상하게도 6주기의 f-궤도는 실제로는 4f-궤도이다. 따라서 이들은 네 번째 전자껍질의 일부이다(n=4, 14쪽 참조). 란탄계열 원소들의 전자껍질을 만드는 것은 바닥에서

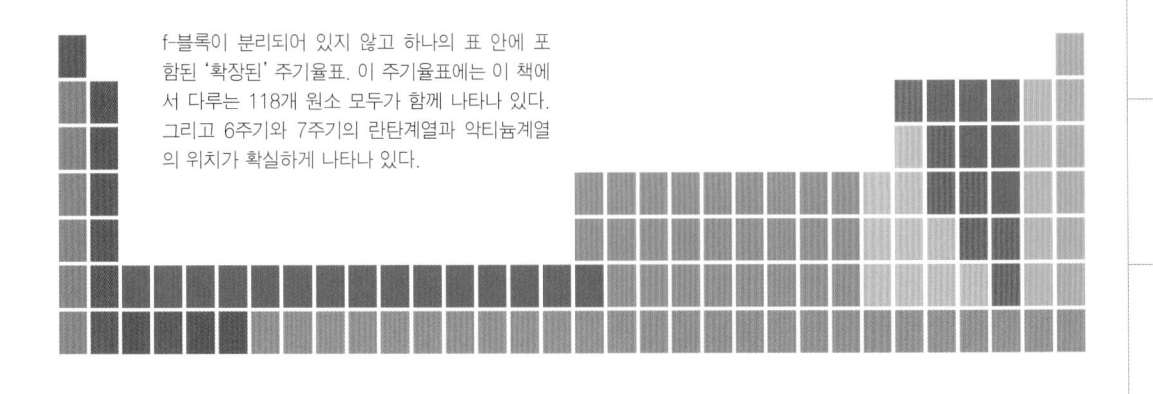

f-블록이 분리되어 있지 않고 하나의 표 안에 포함된 '확장된' 주기율표. 이 주기율표에는 이 책에서 다루는 118개 원소 모두가 함께 나타나 있다. 그리고 6주기와 7주기의 란탄계열과 악티늄계열의 위치가 확실하게 나타나 있다.

부터 위로 선반을 쌓아 올리면서 네 번째 선반의 일부를 비워두었다가 여섯 번째 선반의 일부를 채운 후에 다시 채우는 것과 같다. 따라서 6주기에서는 가장 바깥쪽 s-궤도와 p-궤도는 여섯 번째 전자껍질에 속한 것이고(6s와 6p), f-궤도는 네 번째 전자껍질에 속한 것이다(4f). 예로 6주기에 속하는 원소인 사마륨의 62개 전자구조를 보면 다음과 같다. 각 주기에 해당하는 전자들은 대괄호로 묶어서 나타냈다.

$$[1s^2] \ [2s^2 \ 2p^6] \ [3s^2 \ 3p^6] \ [4s^2 \ 3d^{10} \ 4p^6] \ [5s^2 \ 4d^{10} \ 5p^6] \ \mathbf{[6s^2 \ 4f^6]}$$

비슷한 일이 d-궤도에서도 일어난다. d-궤도는 두 개가 아니라 하나의 전자껍질 뒤에 있다. 따라서 6주기에 속하는 다른 원소인 비스무트의 경우 f-궤도는 네 번째 전자껍질(4f)에 속해 있지만 바깥쪽 d-궤도는 다섯 번째 전자껍질(5d)에 속한다.

$$[1s^2] \ [2s^2 \ 2p^6] \ [3s^2 \ 3p^6] \ [4s^2 \ 3d^{10} \ 4p^6] \ [5s^2 \ 4d^{10} \ 5p^6] \ \mathbf{[6s^2 \ 4f^{14} \ 5d^{10} \ 6p^3]}$$

란탄계열과 악티늄계열의 이름은 란탄과 악티늄 원소의 이름에서 따왔지만 많은 화학자들은 이 두 원소는 란탄계열이나 악티늄계열이 아니며 f-블록에도 포함시키지 말아야 한다고 주장하고 있다. 이 두 원소의 가장 바깥쪽 전자가 f-궤도에 있지 않기 때문에 그들은 이 두 원소가 3족의 빈칸에 들어가야 한다고 주장한다. 또 다른 과학자들은 3족의 빈칸에 들어갈 원소는 f-블록의 가장 오른쪽에 있는 루테튬과 로렌슘이라 생각하고 있다(이 두 원소의 가장 바깥쪽 전자는 f-궤도에 있지만). 그러나 두 쌍의 원소들은 일반적으로 f-블록에 포함되어 있다. 그 결과, 각 계열에는 여분의 원소가 하나씩 있다. f-궤도는 7개가 있어 하나의 궤도에 두 개의 전자가 들어가면 모두 14개의 원소가 있어야 하지만 란탄계열과 악티늄계열에는 각각 15개의 원소들이 포함되어 있다.

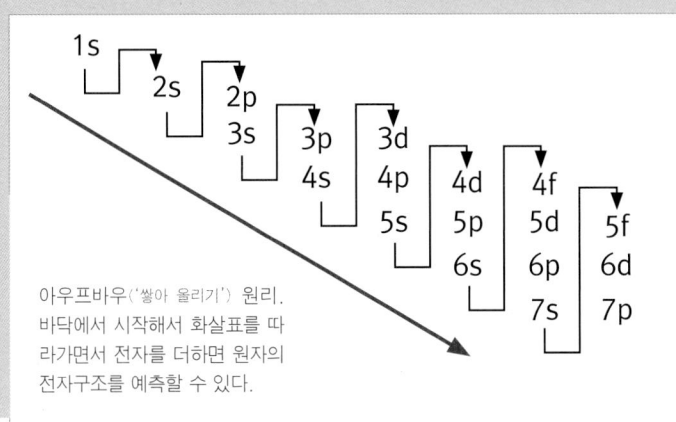

아우프바우('쌓아 올리기') 원리. 바닥에서 시작해서 화살표를 따라가면서 전자를 더하면 원자의 전자구조를 예측할 수 있다.

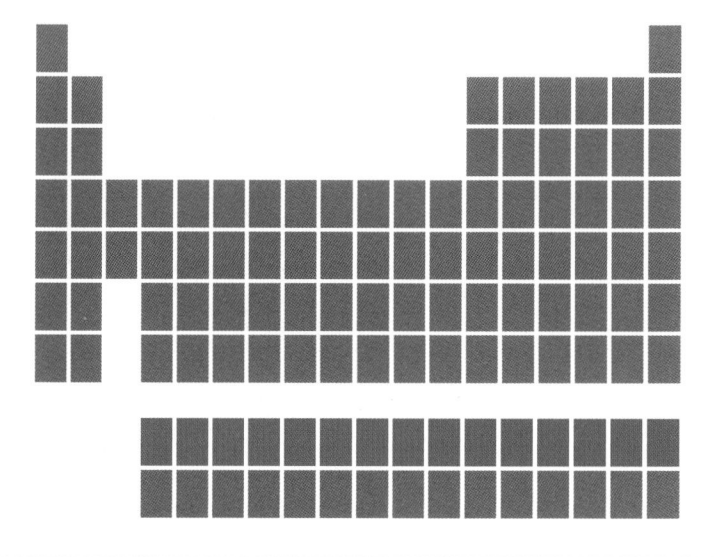

란탄계열

란탄계열 원소들은 f-블록의 첫 번째 행에 있는 원소들이다(126쪽 참조). 금속 상태에서 란탄계열 원소들은 비교적 연한 금속으로 공기 중에서 산소와 격렬하게 반응한다. 란탄계열 원소들의 생물학적 작용은 알려진 것이 없다. 스칸듐, 이트륨과 함께 란탄계열 원소들은 희토류금속이라 부르기도 한다(58~59쪽 참조).

희토류금속의 '토(土)'는 금속 산화물을 말한다. 이렇게 부르는 것은 이전까지 알려지지 않았던 금속의 존재를 광물 안에 포함된 새로운 산화물을 통해 알게 되었던 역사적 사실과 관계 있다. 희토류원소들은 처음에 생각했던 것만큼 희귀하지는 않다. 희토류금속들은 촉매나 자석 그리고 많은 유용한 합금에 사용되며 현대에는 이 금속들이 매우 중요한 역할을 하기 때문에 그다지 희귀하지 않다는 것은 다행인 일이다. 희토류금속들은 여러 광석에서 추출하는데 대개 광석 안에 아주 적은 양이 존재한다. 가장 중요한 희토류 광석은 바스트네사이트와 크세노타임이다. 현재는 중국이 희토류원소 생산량의 반 이상을 생산하고 있다.

안정한 동위원소를 가지고 있지 않아 자연에서 발견되지 않는 프로메튬은 예외지만 란탄계열 원소들은 대개 같은 광석에서 밀접하게 연관되어 발견된다. 실제로 19세기 과학자들은 18세기에 스웨덴에서 발견된 세라이트와 가돌리나이트 광물에서 이 원소들을 발견했다. 세륨, 란탄, 프라세오디뮴, 네오디뮴, 사마륨, 유로퓸은 모두 세라이트에서 발견되었다. 스웨덴의 이테르비 마을 채석장에서 1787년에 발견된 이테르바이트(후에 가돌리나이트라고 부른)에서는 란탄계열 원소들인 가돌리늄, 터븀, 디스프로슘, 홀뮴, 어븀, 툴륨, 이터븀, 루테튬이 발견되었다.

화학적 분석과 분광학적 방법을 이용한 이 원소들의 발견은 100년 이상에 걸쳐 이루어졌다. 과학자들은 그들이 원소로 여기던 것들이 원소들의 혼합물이라는 것을 발견하고 당황했으며 1950년대에 이온교환 기술이 발명되기 전까지는 많은 란탄계열 원소들을 순수한 상태로 분리해내지 못했다.

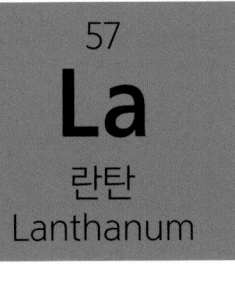

57	
La	
란탄	
Lanthanum	

원자번호	57
원자반지름	195 pm
산화 상태	+2, **+3**
원자량	138.91
녹는점	920℃
끓는점	3464℃
밀도	6.17 g/cm³
전자구조	[Xe] 5d¹ 6s²

란탄계열의 첫 번째 원소인 란탄은 재충전이 가능한 수소화니켈금속 전지에 사용되고 있으며(102쪽 참조) 전기 자동차는 수 킬로그램의 란탄을 포함하고 있다. 란탄 화합물은 탄소 아크 램프에 이용되고 있지만 란탄을 포함하고 있지 않은 제논 램프로 대체되는 중이다. 란탄 화합물은 질 좋은 렌즈 제작에 사용되는 유리 제조나 형광물질에 사용된다.

순수한 란탄 샘플.

란탄은 1839년 스웨덴의 화학자 카를 무산데르Carl Mosander가 발견했다. 또 다른 스웨덴의 화학자 옌스 야코브 베르셀리우스Jöns Jacob Berzelius는 '숨어 있는'이라는 뜻을 가진 그리스어 란타노lathano에서 따와 이 원소를 란탄lanthanum이라고 부를 것을 제안했다. 무산데르가 세라이트 광물 안에 들어 있는 불순물에서 발견했기 때문이었다. 1842년에 무산데르는 란탄이 실제로는 두 원소라는 것을 밝혀냈다. 그중 하나는

전자를 방출하는 주사전자현미경의 음극. 전자현미경의 음극에는 쉽게 전자를 방출하는 란탄 헥사보라이드가 포함되어 있다.

그대로 란탄, 다른 하나는 '쌍둥이'라는 그리스어 디디모스^{didymos}에서 따와 디디뮴이라고 불렀다. 후에 원소라고 생각했던 디디뮴은 다시 사마륨, 프라세오디뮴, 네오디뮴의 혼합물이라는 것이 밝혀졌다.

색깔을 입힌 스마트폰의 X-선 사진이 내부 구조를 보여주고 있다. 여러 가지 희토류원소가 휴대전화의 전자회로, 자석, 전지에 사용되고 있다.

58 Ce 세륨 Cerium	
원자번호	58
원자반지름	185 pm
산화 상태	+2, **+3**, **+4**
원자량	140.12
녹는점	799℃
끓는점	3442℃
밀도	6.71 g/cm³
전자구조	[Xe] 5f¹ 5d¹ 6s²

원자번호가 58번인 세륨은 란탄계열 중에서 처음으로 발견된 원소이다. 세륨은 스웨덴의 화학자 옌스 야코브 베르셀리우스와 독일의 화학자 마르틴 클라프로트^{Martin Klaproth}가 1803년에 각각 발견했으며 1801년에 처음 발견된 소행성(왜행성으로 분류되는) 세레스의 이름에서 따왔다. 세륨은 모든 란탄계열 원소들 중에서 지구 상에 가장 많이 존재하며 촉매 변환기의 촉매로 이용되고, 기름기 분해를 돕기 때문에 자체 세척 오븐에도 사용된다. 세륨은 또한 라이터에서 불꽃을 튀기는 데 사용되는 미시 금속 합금에 약 50% 포함되어 있다.

가장 많이 존재하는 희토류원소인 순수한 세륨 샘플.

	59
	Pr
	프라세오디뮴
	Praseodymium

원자번호	59
원자반지름	185 pm
산화 상태	+2, **+3**, +4
원자량	140.91
녹는점	930℃
끓는점	3520℃
밀도	6.78 g/cm³
전자구조	[Xe] 4f³ 6s²

1842년에 카를 무산데르가 디디뮴을 발견했다(129쪽 란탄계열 참조). 그리고 1879년에 프랑스 화학자 폴 에밀 르코크 드 부아보드랑Paul-Émile Lecoq de Boisbaudran이 디디뮴이 적어도 두 가지 이상의 원소 혼합물이라는 것을 발견했다. 그는 하나(사마륨)를 분리해내고 나머지를 디디뮴으로 남겨놓았다. 1885년에는 오스트리아의 카를 아우어 폰 벨스바흐Carl Auer von Welsbach가 분광학적 방법으로 디디뮴을 조사해 두 가지 원소로 이루어졌다는 것을 알아냈다. 그는 이 원소들을 프라세오디뮴과 네오디뮴이라고 불렀다. 프라세오디뮴은 '초록색 쌍둥이'라는 뜻의 그리스어이고 네오디뮴은 '새로운 마을'이라는 뜻이다. 이 두 원소의 화합물은 석유 산업이나 자동차 촉매 변환기에서 촉매로 사용되며 또한 모두 철이나 마그네슘 합금에 사용된다. 현재 디디뮴은 프라세오디뮴과 네오디뮴의 혼합물을 뜻하는데 렌즈나 필터의 광학 코팅에 사용된다. 디디뮴은 눈에 거슬리는 노란빛이나 자외선을 흡수하기 때문에 안전 고글에도 사용된다.

순수한 프라세오디뮴 샘플.

	60
	Nd
	네오디뮴
	Neodymium

원자번호	60
원자반지름	185 pm
산화 상태	+2, **+3**
원자량	144.24
녹는점	1020℃
끓는점	3074℃
밀도	7.00 g/cm³
전자구조	[Xe] 4f⁴ 6s²

네오디뮴의 발견 과정에 대해서는 위의 프라세오디뮴을 참조하기 바란다. 네오디뮴은 강한 영구자석을 만드는 데 사용되는 합금의 핵심 성분이다. 작은 네오디뮴 자석도 매우 강하기 때문에 가전제품에 사용되는 자석은 대부분 네오디뮴 자석이다.

순수한 네오디뮴 샘플

61 ☢	
Pm	
프로메튬	
Promethium	

원자번호	61
원자반지름	185pm
산화 상태	**+3**
원자량	(145)
녹는점	1042℃
끓는점	3000℃
밀도	7.22g/cm³
전자구조	[Xe] 4f⁵ 6s²

란탄계열 중에서 네오디뮴 다음에 오는 원소는 프로메튬이다. 18세기 화학자들은 이 원소를 발견할 기회가 없었다. 지구 상의 자연 상태에는 1kg보다 적은 양의 프로메튬이 존재할 것으로 추정된다. 프로메튬은 안정한 동위원소를 가지고 있지 않아 오래전에 모두 붕괴되어버렸다. 그러나 다른 방사성 동위원소의 붕괴 과정에서 소량 만들어진다. 프로메튬은 미국 테네시에 있는 오크리지 국립연구소의 원자로에서 우라늄의 분열 생성물 중 하나로 1945년에 발견되어 제우스 신에게서 불을 훔쳐 인간에게 가져다준 프로메테우스의 이름에서 따와 명명됐다. 1963년에 처음으로 커다란 프로메튬 샘플이 만들어졌으며 우주선을 위한 원자핵 전지와 같은 몇 가지 특수한 용도에 쓰인다. 프로메튬-147 동위원소가 붕괴하면서 전지에 에너지를 공급한다.

62	
Sm	
사마륨	
Samarium	

원자번호	62
원자반지름	185pm
산화 상태	+2, **+3**
원자량	150.36
녹는점	1075℃
끓는점	1794℃
밀도	7.54g/cm³
전자구조	[Xe] 4f⁶ 6s²

사마륨의 발견 과정에 대해서는 앞의 프라세오디뮴을 참조하기 바란다. 사마륨을 발견한 프랑스의 화학자 폴 에밀 르코크 드 부아보드랑은 이 원소를 처음 분리해낸 광석 사마르스카이트의 이름을 따서 사마륨이라고 불렀다. 사마륨은 사마륨 촉매 탈염소화[SACRED]라고 부르는 독성 염소를 포함한 화합물 분해 과정의 촉매로 사용된다. 코발트와의 합금으로 사마륨은 강한 자석을 만드는 데 사용되며, 전기저항이 0인 초전도체 원소 중 하나이다. 초전도체는 미래에 좀 더 효율적으로 전기를 전송할 수 있게 할 것이다.

순수한 사마륨 샘플.

63	
Eu	
유로퓸	
Europium	

원자번호	63
원자반지름	185 pm
산화 상태	+2, **+3**
원자량	151.96
녹는점	822℃
끓는점	1527℃
밀도	5.25 g/cm³
전자구조	[Xe] 4f⁷ 6s²

사마륨을 발견하고 3년 후에 부아보드랑은 사마륨에서 나오는 빛의 스펙트럼에서 또 다른 원소를 발견했다. 1901년 프랑스 화학자 외젠 아나톨 드 마르세Eugène-Anatole Demarçay가 이 원소를 분리해내고 유럽의 이름을 따서 유로퓸이라고 이름 지었다. 자외선을 비추면 밝은 붉은색으로 보이는 유로퓸은 형광 램프에 사용된다.

순수한 유로퓸 샘플.

64	
Gd	
가돌리늄	
Gadolinium	

원자번호	64
원자반지름	180 pm
산화 상태	+1, +2, **+3**
원자량	157.25
녹는점	1313℃
끓는점	3272℃
밀도	7.87 g/cm³
전자구조	[Xe] 4f⁷ 5d¹ 6s²

분광학적 방법을 이용하여 스위스의 화학자 장 드 마리냐크Jean de Marignac가 1880년에 터븀 산화물인 테르비아 샘플에서 알려지지 않은 원소의 흔적을 발견했다. 프랑스 화학자 폴 에밀 르코크 부아보드랑은 1886년에 처음으로 이 원소를 분리해내고 가돌리나이트 광석의 이름에서 유래한 가돌리늄이라는 이름을 붙였다. 사마륨과 마찬가지로 가돌리늄은 핵반응에서 생성되는 중성자를 잘 흡수한다. 따라서 원자로의 차폐 장치나 제어봉으로 사용된다. 가돌리늄 화합물은 MRI 스캔을 하는 환자

순수한 가돌리늄 샘플.

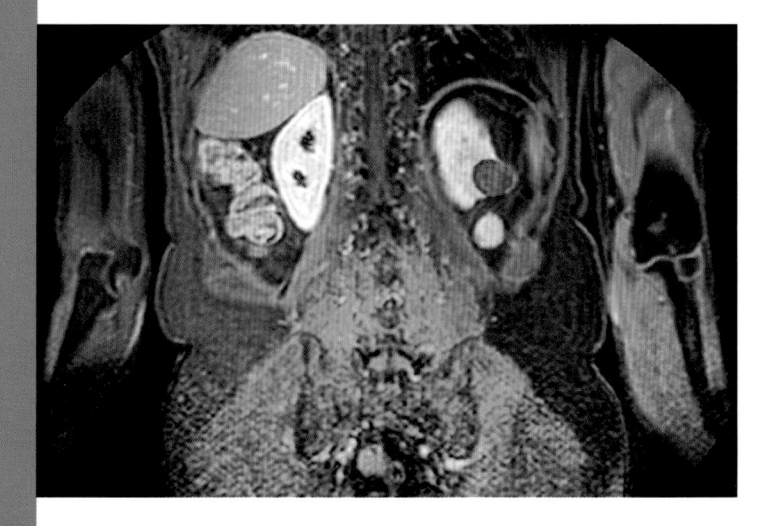

에게 주입되기도 한다. 환자의 조직에 포함된 가돌리늄 화합물은 MRI 영상을 선명하게 해준다.

색깔을 입힌 MRI 스캔이 신장에 있는 종양(붉은색)을 보여주고 있다. 환자의 혈액에 주입된 가돌리늄 나노 입자는 종양에 축적되어 쉽게 종양을 찾아낼 수 있도록 한다.

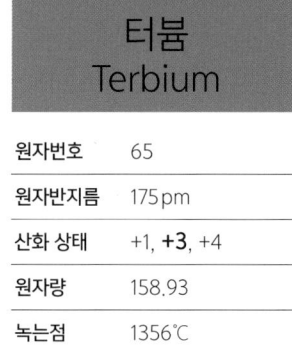

65
Tb
터븀
Terbium

원자번호	65
원자반지름	175 pm
산화 상태	+1, **+3**, +4
원자량	158.93
녹는점	1356℃
끓는점	3227℃
밀도	8.27 g/cm³
전자구조	[Xe] 4f⁹ 6s²

1843년에 스웨덴의 화학자 카를 무산데르는 이트리아(가돌리나이트)에서 두 개의 알려지지 않은 원소를 발견해 이 원소들을 발견한 광물 이테르비아의 이름에서 따와 터븀과 어븀이라고 불렀다. 이테르비아의 이름은 스웨덴의 마을 이름인 이테르비에서 유래했다. 1860년대에는 혼동과 의견 불일치로 인해 이 두 원소의 이름이 서로 바뀌어 사용되었다.

1886년에 장 드 마리냐크가 터븀(무산데르의 어븀)이 실제로는 가돌리늄과 오늘날의 터븀으로 이루어졌다는 것을 발견했다. 오늘날 터븀의 가장 중요한 용도는 형광 램프에 사용되는 황록색 빛을 내는 형광물질이지만 터븀 합금도 일부 고체 상태 전자 부품에 사용되고 있다.

순수한 터븀 샘플.

66	
Dy	
디스프로슘	
Dysprosium	

원자번호	66
원자반지름	175 pm
산화 상태	+2, **+3**
원자량	162.50
녹는점	1412℃
끓는점	2567℃
밀도	8.53 g/cm³
전자구조	[Xe] 4f¹⁰ 6s²

1886년에 프랑스 화학자 폴 에밀 르코크 드 부아보드랑이 다른 란탄계열 원소인 홀뮴(아래 참조)의 산화물 샘플에서 알려지지 않은 원소의 산화물을 발견했다. 부아보드랑은 이 원소를 '얻기 힘든'이라는 뜻을 가진 그리스어 디스프로시토스^{dysprositos}에서 따와 디스프로슘이라고 불렀다. 그는 여러 번의 시도 끝에 디스프로슘의 작은 샘플을 얻어냈다. 디스프로슘은 레이저와 조명에 일부 사용되고 있으며 네오디뮴과 함께 모터나 전기 자동차에 사용되는 강한 영구자석을 만드는 데에도 사용되고 있다.

순수한 디스프로슘 샘플.

67	
Ho	
홀뮴	
Holmium	

원자번호	67
원자반지름	175 pm
산화 상태	**+3**
원자량	164.93
녹는점	1474℃
끓는점	2700℃
밀도	8.80 g/cm³
전자구조	[Xe] 4f¹¹ 6s²

스웨덴의 화학자 페르 테오도르 클레베$^{Per\ Teodor\ Cleve}$는 툴륨, 어븀, 홀뮴의 산화물을 발견했지만 어븀을 다른 원소의 산화물이라고 생각했다. 홀뮴이라는 이름은 스톡홀름의 라틴어 이름인 홀미아^{Holmia}에서 따왔다. 홀뮴 산화물은 큐빅 지르콘 보석을 노란색으로 보이게 한다.

68	
Er	
어븀	
Erbium	

원자번호	68
원자반지름	175 pm
산화 상태	**+3**
원자량	167.26
녹는점	1529℃
끓는점	2868℃
밀도	9.04 g/cm³
전자구조	[Xe] 4f¹² 6s²

카를 무산데르가 이테르바이트 광물에서 이 원소를 찾아낸 초기에는 터븀 원소의 이름이었다(터븀 참조)가 1860년대에 어븀으로 이름이 바뀌었다. 이들이 혼동을 일으켰던 이유는 이 원소들이 실제로는 두 가지 이상의 원소들의 혼합물이었기 때문이었다. 1879년에 페르 테오도르 클레베는 과학자들이 순수한 어븀 산화물이라고 생각했던 것이 다른 원소(툴륨과 홀뮴)의 산화물도 포함하고 있다는 것을 발견했다. 홀뮴과 마찬가지로 어븀도 레이저에 사용되며 어븀의 산화물은 보석으로 사용되는 큐빅 지르코늄에 소량 첨가되어 핑크 색깔을 낸다. 어븀은 신호가 약해지는 것을 방지하기 위해 광섬유 케이블에 첨가되기도 한다. 그리고 소량의 어븀을 바나듐에 첨가하여 가공성이 좋고 연해서 만지기 쉬운 합금을 만든다.

69	
Tm	
툴륨	
Thulium	

원자번호	69
원자반지름	175 pm
산화 상태	+2, **+3**
원자량	168.93
녹는점	1545℃
끓는점	1950℃
밀도	9.33 g/cm³
전자구조	[Xe] 4f¹³ 6s²

툴륨은 란탄계열 원소들 중에서 지구 상에 가장 적게 존재하는 원소지만(불안정한 프로메튬을 제외하고) 금보다는 100배나 더 많다. 툴륨은 페르 테오도르 클레베가 1879년에 어븀 산화물 샘플 안에서 툴륨 산화물 상태로 발견했다(윗쪽 어븀 참조). 클레베는 이 새로운 원소의 이름을 스칸디나비아 북부에 존재할 것이라고 생각했던 신비한 지방을 가리키는 툴레^Thule에서 따왔다. 스펠링을 정확히 알지 못했던 그가 l자를 하나 더 넣었고 이것이 스칸디나비아 전체를 나타내는 말로 잘못 알고 있었다. 다른 란탄계열 원소들과 마찬가지로 툴륨은 특정한 형태의 레이저에 사용되며 사마륨과 마찬가지로 미래에는 초전도체 물질로 사용될 것이다.

순수한 툴륨 샘플.

70
Yb
이터븀
Ytterbium

원자번호	70
원자반지름	175 pm
산화 상태	+2, **+3**
원자량	173.04
녹는점	824℃
끓는점	1196℃
밀도	6.95 g/cm³
전자구조	[Xe] 4f¹⁴ 6s²

1878년에 스위스 화학자 장 드 마리냐크는 1860년대까지 어븀이라고 잘못 알려져 있던(왼쪽 어븀 참조) 터븀을 분광학적으로 분석하여 새로운 원소의 흔적을 발견했다. 이터븀은 스웨덴의 이테르비 마을의 이름을 따서 명명된 네 번째 원소이다. 다른 세 원소는 터븀, 어븀, 이트륨이다.

스웨덴의 화학자 라르스 닐손 Lars Nilson 은 마리냐크의 이터븀이 실제로는 두 원소라는 것을 발

순수한 이터븀 샘플.

영국 국립물리학연구소에 있는 이터븀 광학시계. 이터븀 이온이 내는 가시광선을 기반으로 하는 원자시계는 세슘을 기반으로 하는 원자시계보다 1000배 더 정확하다. 따라서 이터븀 시계는 미래의 표준 시계가 될 것이다.

견했다. 하나는 3족에 속하는 희토류금속이지만 란탄계열이 아닌 스칸듐이고(58쪽 참조), 다른 하나는 이름을 그대로 물려받은 이터븀이었다. 그러나 1907년에 프랑스 화학자 조르주 위르뱅 Georges Urbain은 새롭게 정제된 이터븀도 그가 루테슘(현재의 루테튬)이라고 부른 새로운 원소와 그가 네오이터븀이라고 부른 원소를 포함하고 있는 혼합물이라는 것을 발견했다. 이터븀이라는 이름은 1925년에야 공식적으로 인정되었다. 그리고 순수한 샘플은 1950년대가 되어서야 얻어졌다.

오늘날 이터븀은 일부 스테인리스 스틸, 레이저, 태양전지와 같은 곳에 사용되고 있으며 어븀과 함께 지폐나 위조 방지용 잉크에 사용된다. 이터븀은 적외선 아래서 어븀을 민감하게 하여 붉은색이나 초록색으로 빛나게 한다.

원자번호	71
원자반지름	175 pm
산화 상태	**+3**
원자량	174.97
녹는점	1663℃
끓는점	3400℃
밀도	9.84 g/cm³
전자구조	$[Xe]\ 4f^{14}\ 5d^1\ 6s^2$

루테튬은 란탄계열의 마지막 원소이고, 란탄계열에서 마지막으로 확인된 안정한 원소이다. 루테튬은 프랑스의 화학자 조르주 위르뱅이 1907년에 발견했다(위의 이터븀 참조). 오스트리아 광물학자 카를 아우어 폰 벨스바흐와 미국 화학자 찰스 제임스도 같은 해에 각각 이 원소를 발견했다. 위르뱅은 이 원소의 이름을 파리의 라틴 명칭인 루테티아 Lutetia에서 t를 c로 바꾸어 루테슘 lutecium으로 하자고 제안했다.

그러나 1949년 c가 다시 t로 바뀌어 루테튬이 되었다. 루테

순수한 루테튬 샘플.

양전자단층촬영(PET) 스캐너를 이용하여 환자를 스캔하고 있다. 환자의 몸에 주입한 방사성물질이 양전자를 발생시킨다. 이 양전자가 전자와 쌍소멸할 때 나오는 감마선을 루테튬 화합물을 다른 희토류금속인 세륨에 첨가하여 만든 센서로 감지한다.

툴륨은 란탄계열 중에서 가장 적게 존재하지만 몇 가지 용도를 가지고 있다. 예를 들면 화학 공업에서 촉매로 사용되며 특히 정유 공장에서 탄화수소를 '크래킹'하는 촉매와 의료용 스캐너의 센서로 사용된다.

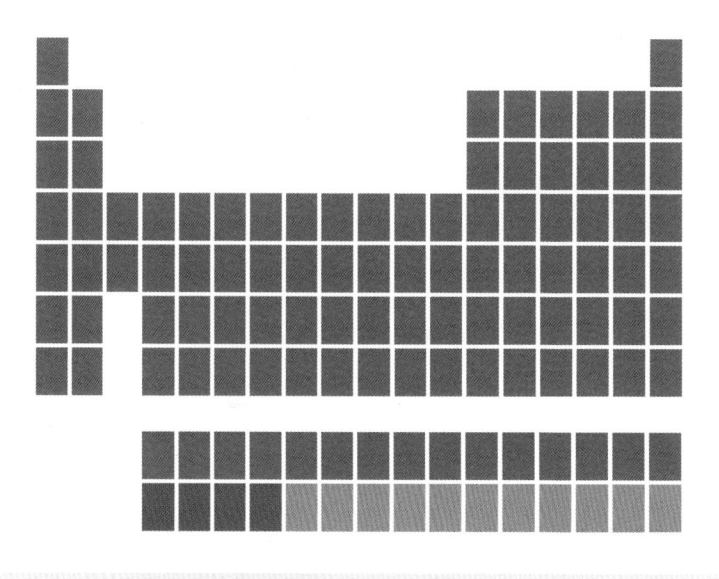

악티늄계열

악티늄계열에 속하는 15가지 원소들은 원자핵에 89에서 103개 사이의 양성자를 가지고 있는 무거운 원소들로 주기율표의 7주기에 들어 있다. 이들은 f-블록의 두 번째 행에 들어 있다(126쪽 참조).

모든 악티늄계열 원소들은 방사성 원소들이므로 자발적으로 붕괴하면서 입자를 방출하고 다른 원소로 변환한다. 그러나 토륨과 우라늄은 반감기가 아주 길어서 수십억 년 전에 초신성에서 만들어진 원소들이 아직도 지구 상에서 발견된다. 프로탁티늄과 넵투늄 그리고 플루토늄은 우라늄 광석에서 소량 발견되는데 우라늄 원자핵이 분열하면서 만들어진 것이다. 악티늄계열에서 우라늄보다 원자번호가 큰 원소들은 20세기 중반 이후 원자로에서 합성된 후에 발견되었다. 이런 원소들은 228~236쪽에 수록된 초우라늄 원소 편에서 다룰 것이다.

대부분의 악티늄계열 원소들이 발견되기 전에 만들어진 초기 주기율표에는 우라늄이 텅스텐 아래 들어갔고, 토륨은 하프늄 아래 들어가 있었다. 1940년대에 원자핵 실험실에서 몇 개의 악티늄계열 원소가 만들어진 후에 화학자들과 물리학자들은 이 원소들이 그 당시의 주기율표에 잘 맞지 않는다는 것을 알게 되었다. 따라서 1944년에 미국 물리학자 글렌 시보그Glenn Seaborg가 악티늄계열 가정을 제안했다. 시보그는 란탄에서 루테튬까지의 원소들이 표준 주기율표 구조에서 떨어져 나와 계열을 형성하는 것처럼 악티늄, 토륨, 프로탁티늄, 우라늄과 새로 만들어진 무거운 원소들도 계열을 만들어야 한다고 제안했다.

악티늄계열에서 다른 원소들보다 훨씬 중요한 원소는 우라늄이다. 우라늄 동위원소인 우라늄-235는 원자핵 에너지의 가장 중요한 연료이다. 또 합성된 원소를 포함해 악티늄 원소 대부분도 저마다의 용도가 있지만 매우 제한적이다.

89 ☢	
Ac	
악티늄	
Actinium	

원자번호	89
원자반지름	195 pm
산화 상태	**+3**
원자량	(227)
녹는점	1050℃
끓는점	3200℃
밀도	10.06 g/cm³
전자구조	[Rn] 6d¹ 7s²

악티늄은 1899년 프랑스 화학자 앙드레 드비에른$^{André\ Debierne}$이 피에르와 마리 퀴리가 1년 전에 라듐을 발견했던 우라늄 광석에서 발견해, 그리스어에서 광선을 뜻하는 악티노스^{aktinos}를 따라 '악티늄'이라고 불렀다. 같은 뜻의 라틴어 라디우스^{radius}는 라듐의 이름으로 사용되었다. 악티늄은 희귀한 방사성 원소여서 아주 특수한 용도로만 사용되고 있다.

90 ☢	
Th	
토륨	
Thorium	

원자번호	90
원자반지름	180 pm
산화 상태	+2, +3, **+4**
원자량	232.04
녹는점	1750℃
끓는점	4790℃
밀도	11.73 g/cm³
전자구조	[Rn] 6d² 7s²

토륨은 수십억 년 전에 초신성 폭발로 만들어진 원자들이 아직도 상당수 남아 있는 두 가지 악티늄계열 원소 중 하나이며 다른 하나는 우라늄이다. 토륨의 가장 안정한 동위원소인 토륨-227은 반감기가 140억 년이다. 따라서 46억 년 전에 지구가 생성될 때 존재했던 토륨-227 동위원소의 약 20%만 현재까지 붕괴하고 80%는 그대로 남아 있다. 토륨은 1829년에 스웨덴의 화학자 옌스 야코브 베르셀리우스가 이테르바이트(128쪽 참조)와 매우 비슷한 광물에서 발견했다. 베르셀리우스는 노르웨이의 전쟁의 신인 토르^{Thor}의 이름을 따라 '토륨'이라고 지었다(그는 새로운 원소를 발견했다고 생각한 1815년에 처음으로 이 이름을 사용했다. 하지만 그것은 이미 알려져 있던 이트륨이라는 것이 밝혀졌다). 거의 순수한 토륨 금속은 1914년에 처음 만들어졌다. 토륨 산화물은 녹는점이 아주 높아 열에 강한 세라믹과 용접용 전극을 만드는 데 사용된다. 토륨 자체는 때로 마그네슘과 고성능 합금을 만드는 데 사용된다.

91 ☢	
Pa	
프로탁티늄	
Protactinium	

원자번호	91
원자반지름	180 pm
산화 상태	+3, +4, **+5**
원자량	231.04
녹는점	1572℃
끓는점	약 4000℃
밀도	15.37 g/cm³
전자구조	[Rn] 5f² 6d¹ 7s²

자연에는 소량의 프로탁티늄만 존재한다. 프로탁티늄은 우라늄 광석에 우라늄-235의 분열 생성물로 포함되어 있다. 드미트리 멘델레예프는 1871년에 탄탈럼 아래 있는 원소의 존재를 예측하고 이를 에카탄탈럼이라고 불렀다. 폴란드 출신 미국 물리학자 카시미르 파얀스$^{Kazimierz\ Fajans}$와 독일 물리학자 오스발트 괴링$^{Oswald\ Göhring}$이 1913년에 우라늄의 '붕괴 계열'에 속한 원소 중에서 프로탁티늄을 발견했다. 이 두 물리학자는 처음에 '짧게 사는'이라는 뜻의 라틴어 브레비스^{brevis}에서 따와 브레뷰이라고 부르다가 후에 '프로토악티늄'이라고 바꿨다. 프로토는 그리스에서 '앞'이라는 뜻으로 이 원소가 붕괴하면 악티늄계열 원소로 변하기 때문이었다. 1949년에 이 이름을 줄여 현재 이름인 프로탁티늄이라 부르기로 했다. 프로탁티늄은 희귀한 방사성 원소여서 몇 가지 특수한 용도로만 사용된다.

92 ☢	
U	
우라늄	
Uranium	

원자번호	92
원자반지름	175 pm
산화 상태	+3, +4, +5, **+6**
원자량	238.03
녹는점	1134℃
끓는점	4130℃
밀도	19.05 g/cm³
전자구조	[Rn] 5f³ 6d¹ 7s²

사람들은 수백 년 동안 우라늄 광석을 채광해왔다. 우라늄이 원소라는 것이 밝혀지기 훨씬 전부터 우라늄 광석인 피치블렌드는 유리를 노란색으로 바꾸기 위해 유리에 첨가해왔다. 1789년 독일 화학자 마르틴 클라프로트는 피치블렌드가 알려지지 않은 원소를 포함하고 있다는 것을 알아냈다. 그는 이 원소를 천왕성(우라노스, 1781년에 발견됨)의 이름을 따서 우라늄이라고 불렀다. 클라프로트는 순수한 우라늄이라고 생각한 소량의 검은 분말을 만들었다. 하지만 그것은 산화우라늄(IV)(UO_2)이었다. 프랑스 화학자 외젠 멜키오르 펠리고$^{Eugène-Melchior\ Péligot}$는 1841년에 처음으로 우라늄 금속 샘플을 만들었다. 프랑스 물리학자 앙투안 앙리 베크렐$^{Antoine\ Henri\ Becquerel}$은 1896년에 방사능을 발견했다. 베크렐의 박사과정 학생이었던 폴란드의 물리학자 마리 퀴리는 1898년에 방사성붕괴를 관찰하고 '방사능'이라는 용어를 만들었다. 퀴리는 우라늄이 내는 눈에 보이지 않는 광선을 연구하고 이 광선이 화학반응이나 열 또는 빛에 의해서가 아니라 우라늄 원자 자체에서 나온다는 것을 보여주었다.

자연에는 우라늄의 동위원소가 세 가지 존재한다. 이들은 모두 방사성 동위원소로 우라늄-234, 우라늄-235 그리고 우라늄-238이다. 이 중에서 우라늄-238은 반감기가 40억 년 이상으로 가장 길다.

자연에 존재하는 우라늄의 1% 미만을 차지하고 있는 우라늄-235는 핵분열을 일으키는 동위원소이다. 중성자가 이 동위원소의 원자핵에 충돌하면 원자핵이 두 개로 분열되면서 에너지와 더 많은 중성자를 방출한다. 방출된 중성자는 다른 우라늄-235의 원자핵에 충돌하여 연쇄 핵분열반응을 일으키면서 엄청난 에너지를 방출한다. 이 에너지는 많은

주로 산화우라늄으로 이루어진 방사성 광물인 우라니나이트.

양의 열로 바뀐다. 우라늄-235가 충분히 많으면(임계질량을 넘어서면) 연쇄반응이 계속 유지된다. 계속된 연쇄 핵분열반응에서 방출된 엄청난 양의 에너지는 원자력발전소에서 전기를 발생시키는 데 이용되기도 하고, 핵폭탄이 가지고 있는 파괴적인 힘의 근원이 되기도 한다.

원자핵 분열은 1938년에 우라늄에 중성자를 충돌시켰을 때 훨씬 가벼운 원소인 바륨이 방출되는 이해할 수 없는 실험 결과를 통해 발견되었다. 물리학자들은 중성자를 더하면 원자핵의 질량이 증가하거나, 알파입자가 방출될 것으로 생각하고 있었다(16쪽 참조). 그러나 오스트리아 물리학자 리제 마이트너$^{Lise Meitner}$와 독일 화학자 오토 한$^{Otto Hahn}$이 처음으로 중성자가 우라늄-235의 원자핵을 두 개의 작은 원자핵으로 분열시켰다는 것을 알아냈다.

원자력발전소의 연료는 대부분 우라늄 금속보다 녹는점이 높고 공기와 반응하지 않는 산화우라늄(IV)이다. 우라늄 연료는 연쇄반응이 일어날 수 있도록 우라늄-235의 함량을 증가시킨 농축 우라늄이다. 우라늄의 농축은 일반적으로 기체 원심분리기에서 이루어진다. 불소화우라늄(VI)(UF_6) 기체를 빠르게 회전하는 원통에 불어넣으면 약간 무거운 우라늄-238이 회전축에서

멀리 떨어진 원통 벽 가까이 모이고 가벼운 우라늄-235는 중심 가까이에 남는다. 이 과정을 여러 번 반복하여 우라늄-235 함량을 3%에서 20%까지 증가시켜 원자로의 연료로 사용하고 90%까지 증가시키면 원자폭탄의 원료로 사용할 수 있다.

농축 과정의 부산물은 정상보다 우라늄-235의 함량이 낮은 열화우라늄이다. 이 열화우라늄은 자연 우라늄보다는 방사성이 작지만 아직 방사성 원소이다. 우라늄은 납보다 밀도가 높고, 다른 금속과 합금을 형성해 X-선 장비의 차폐용 재질이나 군사용 장갑이나 포탄을 제조하는 데 사용된다. 사용 후 핵연료도 열화우라늄이라고 부른다. 대부분

핵연료 핀. 핵연료 핀은 우라늄과 산화플루토늄 펠릿이 들어 있는 금속관이다. 수백 개의 핀이 모여 하나의 유닛을 이루어 원자로의 중심에 들어간다.

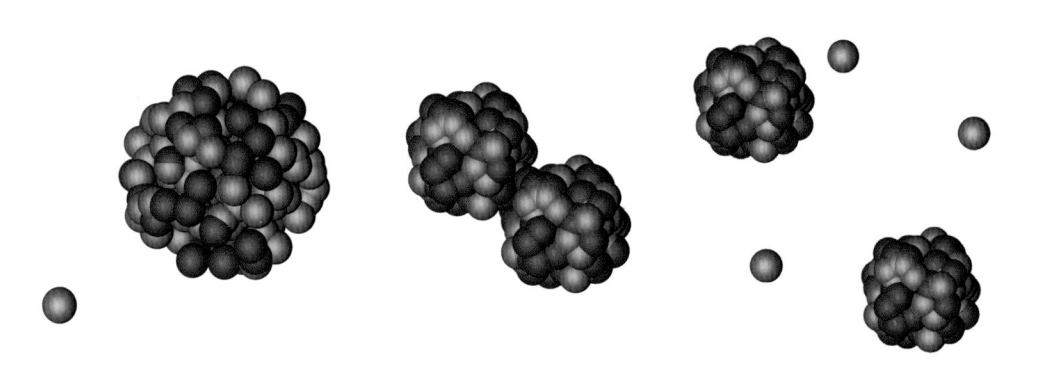

중성자가 일으키는 핵분열 과정. 중성자가 우라늄-235의 원자핵과 충돌하면 우라늄-235의 원자핵이 중성자를 흡수하여 매우 불안정해져 두 개의 가벼운 원자핵으로 분열하면서 세 개의 중성자를 방출한다. 이 중성자는 다른 원자핵을 분열시켜 연쇄반응을 시작한다.

의 우라늄-235가 분열했기 때문이다. 그러나 사용 후 핵연료는 원자로에서 만들어진 초우라늄 원소를 포함하고 있기 때문에 다른 열화우라늄보다 방사성이 크다.

작은 원자로에서 동력을 얻는 프랑스의 핵잠수함 사피르.

미국 뉴멕시코에서 1945년 7월 16일 행해진 최초의 원자 폭탄 폭발 시험인 트리니티의 첫 0.1초 동안의 진행 과정을 보여주는 사진들.

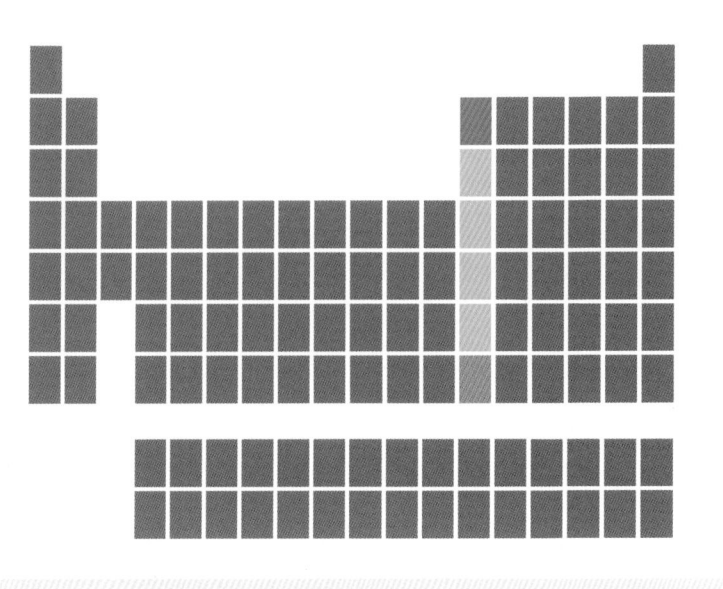

5
B
붕소
Boron

13
Al
알루미늄
Aluminium

31
Ga
갈륨
Gallium

49
In
인듐
Indium

81
Tl
탈륨
Thallium

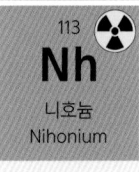

113
Nh
니호늄
Nihonium

붕소족

13족에서 가장 잘 알려진 원소는 알루미늄으로 우리가 일상생활에서 원소 상태를 접할 수 있는 몇 안 되는 원소 중 하나이다(알루미늄 포일이나 캔은 약 95%만 알루미늄이다). 붕소, 갈륨, 인듐, 탈륨은 알루미늄보다 덜 알려져 있지만 특별히 희귀하지는 않아 다양한 용도로 사용되고 있다. 이 족에는 원자번호가 113번인 니호늄 원소도 포함되어 있다(228~236쪽 초우라늄 원소 참조).

13족에 속하는 모든 원소들은 가장 바깥 전자껍질에 세 개의 전자를 가지고 있다(s-궤도에 두 개, p-궤도에 하나). 이 원소들의 전자구조는 모두 $s^2 p^1$으로 끝난다. 화학반응에 참여하고 원자의 성질을 결정하는 것은 가장 바깥쪽에 있는 최외각 전자들이기 때문에 이 원소들이 매우 비슷한 화학적 성질을 가질 것이라는 것은 쉽게 짐작할 수 있다. 그러나 붕소는 금속이 아니며(실제로는 반금속이다. 17~18쪽 참조), 공유결합만 하고(18~19쪽 참조), 알루미늄과 갈륨은 일부 비금속 성질을 가지고 있는 금속으로 공유결합과 이온결합을 한다. 그리고 인듐과 탈륨은 진정한 금속으로 이온결합만 한다.

13족의 아래쪽으로 가면서 나타나는 이러한 경향은 원자의 크기로 설명할 수 있다. 붕소 원자는 작아 두 개의 전자껍질만 가지고 있는 반면 탈륨 원자는 커서 일곱 개의 전자껍질을 가지고 있다. 원자핵에서 멀리 떨어져 있는 인듐과 탈륨의 전자들은 쉽게 원자에서 떨어져 나가 이온이 될 수 있다. 비금속에서 금속으로의 이런 경향은 14족, 15족, 16족에서도 나타난다. 그러나 1족과 12족에는 금속 원자만 포함되어 있고, 17족과 18족에는 비금속 원소만 포함되어 있다. 13족 원소들은 주기율표의 p-블록의 첫 번째 족 원소들이다. p-블록 원소들은 모두 가장 바깥쪽 전자들이 p-궤도에 있다.

5

B

붕소
Boron

원자번호	5
원자반지름	85 pm
산화 상태	+1, +2, **+3**
원자량	10.81
녹는점	2079℃
끓는점	4000℃
밀도	2.47 g/cm^3
전자구조	[He] 2s^2 2p^1

13족에서 가장 가벼운 원소인 붕소는 금속의 성질과 비금속의 성질을 일부씩 가지고 있는 반금속이다. 가장 바깥쪽 전자껍질에 세 개의 전자만 가지고 있는 대부분의 원소들은 최외각 전자들을 잃고 안정된 완전한 전자구조를 가질 수 있다. 따라서 원자의 속박에서 벗어난 전자들이 금속 원자들 사이를 자유롭게 이동할 수 있는 금속결합을 할 수 있고, 비금속 화합물과는 이온결합을 한다. 그러나 붕소 원자는 작아서 전자들이 더 단단히 원자핵에 결합되어 있다. 따라서 붕소는 금속결합을 하지 않고 공유결합만 한다(18~19쪽 참조).

반금속 원소인 붕소의 샘플.

붕소는 다른 가벼운 원소들보다 훨씬 적은 양만 존재하며 지각에 38번째로 많이 존재하는 원소이다. 원자번호 26번(철)까지의 대부분의 원소들은 별의 내부에서 합성되었지만 붕소는 그렇지 않다. 일부 붕소는 빅뱅 직후에 만들어져 별 내부에서 파괴되었다. 대신에 붕소 원자핵은 속도가 빠른 양성자(우주선)가 다른 원자핵에 충돌할 때 만들어진다. 이런 과정을 원자핵 파쇄라고 한다.

상대적으로 희귀함에도 불구하고 붕소는 100개 이상의 광물에서 발견된다. 가장 중요한 붕소 광석은 자체로도 세정제나 화장품과 같이 다양한 용도로 사용되는 붕사이다. 붕사는 수백 년 전부터 채광해서 사용해왔다. '붕소^{boron}'라는 이름은 이 광석의 아랍어와 페르시아어 이름인 부라크^{buraq}와 부라^{burah}에서 유래했다. 붕소는 1808년에 여러 화학자들이 붕사에서 분리해냈다. 그 중 영국 화학자 험프리 데이비$^{Humphry Davy}$는 전기분해를 통해 붕소를 분리했다.

주방용품이나 실험 도구에 사용되는 유리는 산화붕소(III)(B$_2$O$_3$)로 만든다. 규산염붕소 유리

↑
방탄조끼를 입고 있는 군인들. 조끼 안에 들어 있는 보호판은 아주 강한 붕소카바이드 화합물로 만들어졌다.

⇦
하이드레이티드 산화붕소나트륨($Na_2B_4O_7 . 10H_2O$)으로 이루어진 붕사 결정. 붕사는 소금 호수가 증발하는 동안 만들어진다.

는 유리섬유나 광섬유를 만드는 데 사용되기도 한다. 붕소 자체는 컴퓨터 칩이나 태양전지를 만들 때 순수한 규소에 첨가하는 용도로 사용된다. 붕소의 최외각 전자 세 개와 규소의 최외각 전자 네 개는 물질을 통해 이동해갈 수 있는 양전하를 띤 '홀'을 만든다.

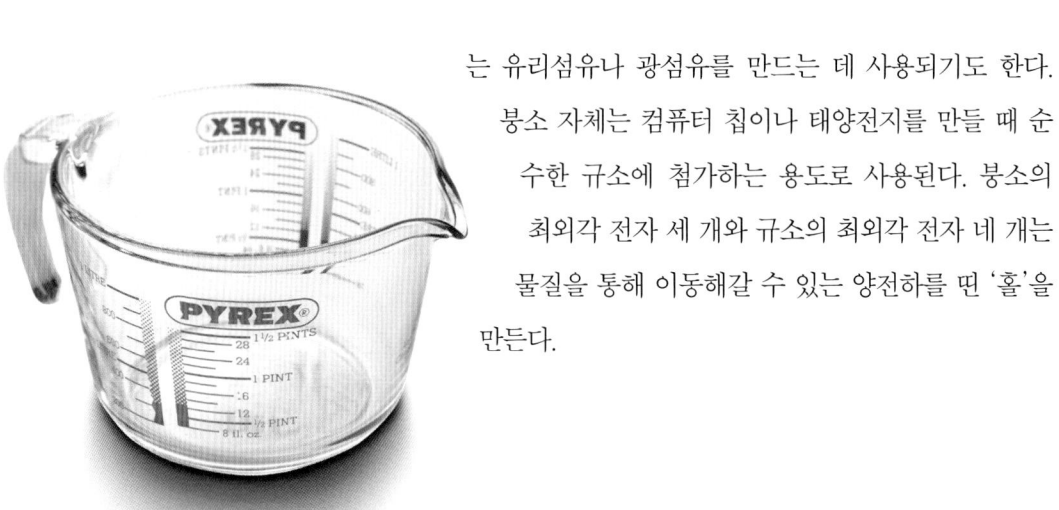

팽창률이 작은 붕소규소 유리로 만든 파이렉스® 저그. 이 저그는 뜨거운 물을 붓는 것과 같은 갑작스러운 온도 변화에 의해 깨질 가능성이 보통 유리로 만든 저그보다 낮다.

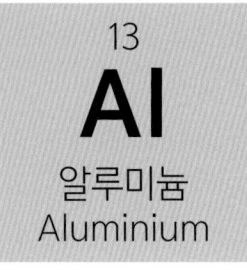

13
Al
알루미늄
Aluminium

원자번호	13
원자반지름	125 pm
산화 상태	+1, **+3**
원자량	26.98
녹는점	660℃
끓는점	2519℃
밀도	2.70 g/cm³
전자구조	[Ne] 3s² 3p¹

지각에 세 번째로 많이 포함되어 있는 원소로, 금속 중에서는 가장 많다. 알루미늄은 풍부하게 존재하는 만큼 그 용도도 셀 수 없을 정도이다. 알루미늄은 가벼우면서도 강해 건물이나 차량의 구조물로 사용된다. 공기에 노출되면 순수한 알루미늄은 산소와 빠르게 반응하여 산화알루미늄(II)(Al_2O_3) 막을 형성하여 더 이상의 산화를 막는다. 따라서 알루미늄은 반응성이 큰 원소지만 알루미늄 금속은 부식에 강하다. 알루미늄으로 만든 구조용 재료는 대개 주조를 통해 제작되지만 알루미늄은 압연하여 포일을 만들 수도 있고, 압출하여 철사를 만들 수도 있으며, 분말을 만들어 사용할 수도 있다. 알루미늄 분말은 불꽃놀이에서 밝은 빛을 내거나 유리 거울을 생산하는 데도 사용된다. 진공 중에서 가열하여 알루미늄 증기를 만들면 얇은 막으로 증착시킬 수도 있는데 유리 위에 증착시키는 것도 가능하다. 알루미늄은 좋은 도체일 뿐만 아니라 값도 싼 편이고 가벼워서 지상에 설치되거나 지하에 매설되는 송전선 대부분이 알루미늄으로 만들어진다.

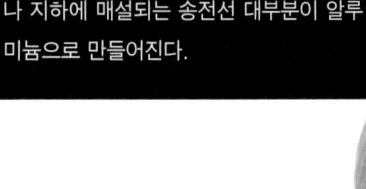

촉매나 연마제로 사용되는 산화알루미늄(III)을 비롯한 여러 가지 알루미늄 산화물 역시 대량으로 사용된다. 수산화알루미늄(III)($Al(OH)_3$)은 소화불량을 치료하는 제산제로 사용되며, 염화수산화알루미늄($Al_2Cl(OH)_5$)은 발한억제제의 가장 중요한 성분이다. 또 다른 화합물인 황산알루미늄(III)($Al_2(SO_4)_3$)은 물을 정화시키는 과정의 일부나 오물의 처리에 사용된다. 이런 알루미늄 화합물의 대부분은 알루미늄을 추출하는 데 가장 일반적으로 사용되는 알루미늄 광물인 보크사이트에서 얻어지거나 보크사이트를 가공하여 만든다.

순수한 알루미늄을 다시 녹여 만든 방울. 알루미늄 표면에 빠르게 산화막이 형성되지만 밝은 광택은 그대로 유지된다.

'알루미늄'이라는 이름은 황산알루미늄칼륨($K_2Al_2 (SO_4)$)을 함유한 광물인 알룸^{alum}의 이름에서 따왔다. 1787년에 프랑스 화학자 앙투안 라부아지에$^{Antoine\ Lavoisier}$는 '알루민'으로 알려진 알룸의 한 성분이 알려지지 않은 금속을 포함하고 있다는 것을 알아냈다. 1808년 험프리 데이비가 이 새로운 원소를 '알루윰'이라 부르자고 제안했지만 곧 알루미늄으로 바뀌었다가 다시 알루미늄으로 바뀌었다('-늄'과 '-늄'은 모두 사용된다).

독일 화학자 프리드리히 뷜러$^{Friedrich\ Wöhler}$는 1827년에 상당히 순수한 알루미늄 샘플을 만들

폭죽 - 금속 막대를 알루미늄 분말을 포함하고 있는 액체에 담가서 만든 손에 들고 다니는 불꽃놀이. 밝은 불꽃은 공기 중에서 반응성이 좋은 알루미늄이 빠르게 연소하며 만들어내는 것이다. 일부 폭죽에는 마그네슘이나 티타늄이 금속 연료의 일부로 사용되기도 한다.

었다. 금속학자들은 알루미늄의 응용 가능성을 잘 알고 있었지만 오랫동안 적은 비용으로 알루미늄을 추출하는 방법이 없어 금이나 은보다 비쌌다. 1886년에 프랑스의 발명가 폴 에루Paul Héroult와 미국 화학자 찰스 마틴 홀Charles Martin Hall이 독립적으로 전기를 이용하여 산화알루미늄으로부터 알루미늄을 추출하는 방법을 알아냈다. 이로 인해 알루미늄 가격이 급격히 하락하여 널리 사용될 수 있게 되었다. 현재도 홀-에루 방법은 알루미늄 생산의 기본 기술로 사용되고 있으며 매년 약 5000만 톤의 알루미늄이 생산되고 있다(이 중 4분의 1은 재활용된다). 이것은 철 다음으로 많은 양으로 구리 생산량의 세 배에 가깝다.

1959년부터 1963년까지 진행된 최초 미국 우주 프로그램 머큐리 프로젝트에 사용되었던 우주복. 이 우주복의 외부는 알루미늄을 코팅한 나일론으로 만들었다.

커런덤이라고 불리는 산화알루미늄으로 이루어진 자주색 사파이어. 소량 포함된 다른 원소들이 사파이어의 색깔을 결정하는데 푸른색, 노란색, 초록색이 보통이다. 붉은색 커런덤은 루비라고 한다.

31
Ga
갈륨
Gallium

원자번호	31
원자반지름	130 pm
산화 상태	+1, +2, **+3**
원자량	69.72
녹는점	30℃
끓는점	2205℃
밀도	5.91 g/cm³
전자구조	[Ar] 3d¹⁰ 4s² 4p¹

순수한 갈륨은 30℃밖에 안 되는 낮은 녹는점을 가진, 광택 있는 금속으로, 갈륨 샘플을 손에 들고 있으면 녹는다(녹은 갈륨 액체는 피부를 약간 물들이겠지만 독성은 없다). 3분의 2의 갈륨과 인듐과 주석을 포함하고 있는 갈리스탄Galinstan®이라고 부르는 합금은 -19℃에서 녹으며 독성이 있는 수은 대신 온도계에 사용된다.

갈륨 금속 샘플. 갈륨의 녹는점이 매우 낮아 손에 몇 분만 들고 있어도 녹는다.

갈륨 금속의 용도는 그리 많지 않다. 대부분의 갈륨 금속은 반도체 산업에 사용되는 데 트랜지스터를 만들기 위해 규소에 첨가하거나 비소갈륨(III)(GaAs) 화합물이나 질소갈륨(III)(GaN) 화합물을 생산하는 데 사용된다. 통신에 사용되는 것을 포함해 일부 집적회로(칩)는 규소 대신 이 화합물로 만든다. 발광다이오드(LED)와 레이저다이오드 내부에 들어 있는 발광 결정은 여러 가지 갈륨 화합물을 혼합하여 만든다. 갈륨비소는 붉은색과 적외선 LED에 사용되며, 갈륨비소 인화물은 노란색 LED에 사용된다. 푸른색과 자외선 LED는 질화갈륨을 포함하고 있다. 고밀도 블루레이™ 광학 저장 디스크를 가능하게 했던 것은 청색과 자외선 LED가 발견되었기 때문이었다. 갈륨비소는 효율적인 태양전지 제작에도 사용되지만 비싼 가격 때문에 인공위성이나 우주 탐사선의 에너지 공급과 같은 특수 용도에만 사용된다.

과학자들은 질화갈륨이 생물학적 적합성을 가지고 있는 물질이라는 것을 발견했다. 다시 말해 사람의 몸이 질화갈륨을 거부하지 않는다는 것이다. 이 발견은 알츠하이머와 같은 신경 질환 치료의 일환으로 두뇌의 신경세포를 자극하는 안전하고 효과적인 전극의 개발이나 다양한 조직을 감시하기 위해 인체에 삽입할 수 있는 작은 전자 칩의 개발로 이어질 수 있을 것이다. 방사성 동위원소인 갈륨-67은 사람의 몸에서 종양의 정확한 위치나 감염 부위를 찾아내는 영상 기술인 갈륨 스캔에 사용된다.

갈륨은 1971년에 드미트리 멘델레예프가 주기율표의 빈자리를 채울 원소의 존재를 예측했던 원소들 중 하나이다. 멘델레예프는 이 원소를 에카알루미늄('알루미늄 아래')이라고 불렀다. 이것은

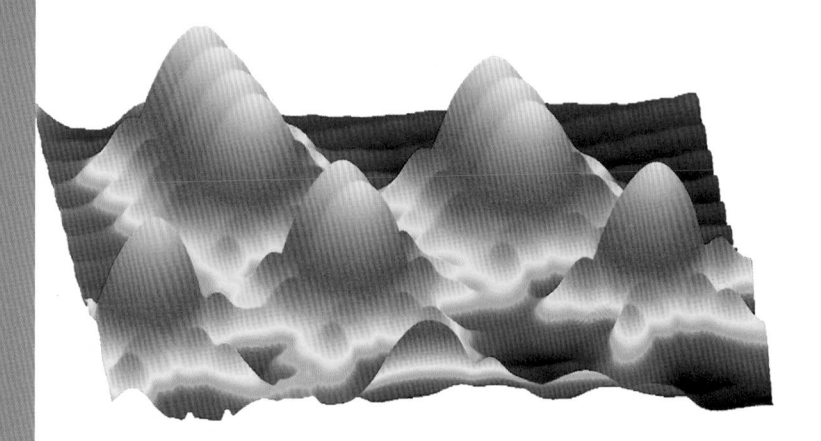

투과전자현미경으로 찍은 사진이 갈륨망간비소 표면에 있는 개개 원자를 보여주고 있다. 이 화합물은 크게 향상된 처리 능력을 가지고 있는 최신 전자공학인 '스핀트로닉스'에 사용될 가장 유망한 재료이다.

프랑스의 화학자 폴 에밀 르코크 드 부아보드랑이 갈륨을 발견하기 4년 전의 일이었다. 부아보드랑은 처음에는 분광학적 방법으로 사라진 원소를 찾아냈지만 같은 해에 전기분해를 이용하여 갈륨 금속을 분리해냈다. '갈륨'이라는 이름은 부아보드랑의 모국인 프랑스에 해당하는 고대의 골^{Gaul} 지방을 가리키는 라틴어 갈리아^{Gallia}에서 유래했다.

오늘날에는 전 세계에서 매년 약 200톤의 갈륨 금속이 생산된다. 대부분은 알루미늄 추출의 부산물이며 중국, 독일, 카자흐스탄이 가장 많은 생산국이다. 그리고 생산된 갈륨의 많은 부분이 반도체를 재활용하여 회수된다.

Group 13

49
In
인듐
Indium

원자번호	49
원자반지름	155 pm
산화 상태	+1, +2, **+3**
원자량	114.82
녹는점	157℃
끓는점	2075℃
밀도	7.30 g/cm^3
전자구조	[Kr] 4d^{10} 5s^2 5p^1

13족의 마지막 두 원소는 화합물을 불꽃 속에서 가열할 때 나오는 빛의 스펙트럼 중에서 밝은 선의 색깔을 따라 명명되었다. 원자번호가 49번인 인듐의 이름은 인디고 색깔의 이름에서 유래했다 인듐은 1863년에 독일 화학자 페르디난트 라이히$^{Ferdinand\ Reich}$와 히에로니무스 테오도어 리히터$^{Hieronymous\ Theodor\ Richter}$가 탈륨을 포함하고 있을 것이라고 생각했던 광물을 분광학적으로 조사하다가 발견했다(오른쪽 참조). 그들이 관찰한 인디고-블루 선스펙트럼은 그 당시 알려져 있던 다른 어떤 원소의 스펙트럼과도 일치하지 않았다. 따라서 그들은 자신들이 새로운 원소를 발견했다는 것을 알 수 있었다.

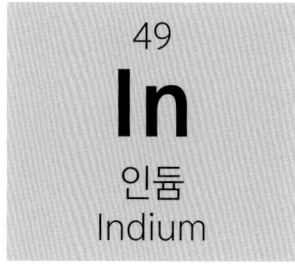

순수한 인듐 포일 조각.

순수한 상태의 인듐은 밝은 은색 금속이다. 매년 수백 톤의 인듐이 생산되고 있는데 이 중 대부분은 아연을 추출하는 과정의 부산물로 얻어진다. 인듐의 가장 중요한 용도는 전자 디스플레이의 생산에 사용되는 것이다. 인듐(III) 산화물(In_2O_3)과 주석(IV) 산화물(SnO_2)의 고체 혼합물은 재미있는 성질의 조합을 만들어낸다. 투명하고 좋은 전도체였던 것이다. 대부분의 평판 전자 디스플레이 패널은 앞과 뒤에 전극이 필요하다. 앞에 연결된 전극이 투명하지 않으면 영상을 방해한다. 다른 화합물인 질화인듐(III)은 질화갈륨(III)과 함께 LED에 사용된다.

Group 13

81
Tl
탈륨
Thallium

원자번호	81
원자반지름	190 pm
산화 상태	**+1, +3**
원자량	204.38
녹는점	303℃
끓는점	1473℃
밀도	11.86 g/cm³
전자구조	[Xe] $4f^{14}$ $5d^{10}$ $6s^2$ $6p^1$

13족의 안정한 동위원소를 가지고 있는 원소 중에서 가장 무거운 탈륨의 이름은 이 원소가 내는 스펙트럼에 포함된 초록색 선스펙트럼에서 유래했다. 그리스어에서 '초록색 발광'을 뜻하는 탈로스thallos를 따라 탈륨이라 부르게 되었다. 탈륨은 1861년에 독립적으로 연구한 영국 물리학자 윌리엄 크룩스William Crookes와 프랑스 화학자 클로드 오귀스트 라미Claude Auguste Lamy가 발견했다. 탈륨 대부분은 전자공학에서 몇 가지 특수한 용도로 사용된다. 매년 수 톤의 탈륨이 생산되는 데 대부분 구리와 아연 제련의 부산물이다.

순수한 탈륨 금속.

탈륨은 사람과 다른 동물에게 독성이 강하다. 용액 안에 들어 있는 탈륨 이온은 여러 가지 생명 과정에서 꼭 필요한 칼륨 이온과 크기가 비슷하다. 몸 안에서 탈륨은 칼륨과 같은 메커니즘을 통해 흡수되어 뇌, 신장, 심장 근육에 축적된다. 신장에서도 탈륨은 칼륨의 경우와 마찬가지로 배출되지 않고 다시 흡수된다. 탈륨 중독 증상에는 구토, 통증, 불안감, 환각, 모발 손상이 있으며 심한 경우 사망에 이른다.

| 6 |
| C |
| 탄소 |
| Carbon |

| 14 |
| Si |
| 규소 |
| Silicon |

| 32 |
| Ge |
| 저마늄 |
| Germanium |

| 50 |
| Sn |
| 주석 |
| Tin |

| 82 |
| Pb |
| 납 |
| Lead |

| 114 ☢ |
| Fl |
| 플레로븀 |
| Flerovium |

탄소족

14족에 속하는 원소들의 원소 상태는 매우 다르다. 탄소는 검은색(다이아몬드의 경우에는 투명한) 비금속이고 규소와 게르마늄은 반도체 반금속이다. 주석과 납은 광택이 있는 은색 금속이다. 이 원소들은 매우 다양한 화합물을 형성하고, 따라서 용도도 매우 다양하다. 14족에는 114번 플레로븀도 포함되어 있다(228~236쪽의 초우라늄 원소 참조).

14족의 모든 원소들은 가장 바깥쪽 전자껍질에 네 개의 전자를 가지고 있다(13~14쪽 참조). 각 원소의 전자구조는 $s^2 p^2$로 끝난다. 부분적으로 채워진 바깥쪽 전자껍질은 흥미로운 화학적 성질을 이끌어낸다. 특히 탄소의 화학적 성질은 매우 흥미롭다. s-궤도와 p-궤도는 결합하여 sp^3와 sp^2 하이브리드 궤도를 형성하는 경향이 있다. 이 궤도는 원자핵 주변에 좀 더 골고루 전자를 분포시키고 흥미로운 다른 원자와의 결합 기회를 제공한다. 하이브리드 궤도를 만들 수 있는 탄소의 능력은 탄소를 다양한 결합 능력을 가진 원소로 만든다. 다른 모든 원소의 화합물을 합한 것보다 탄소를 포함하고 있는 화합물의 수가 더 많으며 일상생활에서 접할 수 있는 거의 대부분의 물체에는 탄소 원자가 포함되어 있다. 예를 들면 나무, 종이, 플라스틱, 석유, 천연가스는 탄소를 기반으로 하고 있다. 즉 탄소는 지구 상의 모든 생명체의 바탕이 되는 원소이다.

14족의 모든 원소는 전자들이 원자들 사이를 자유롭게 이동할 수 있는 에너지준위인 전도띠를 가지고 있다. 다시 말해 특정한 원자에 구속되어 있지 않은 전자들이 전자 '수프'를 형성하고 있다. 이 성질은 금속의 특징이다(16~17쪽 참조). 14족에서 아래로 내려가면 전자들이 더 쉽게 전도띠로 이동할 수 있다. 따라서 맨 위쪽에 있는 탄소는 일반적으로 좋은 전도체가 아니다. 그러나 흑연 형태에서는 전기를 비교적 잘 통한다. 규소와 게르마늄은 고전적인 반도체이다. 이 원소들은 빛이나 열로 전자에 에너지를 공급하면 도체가 될 수 있다. 주석과 납은 진정한 금속이다. 이들 원소의 일부 전자들은 영원히 전도띠에 머물러 있다.

Group 14

6
C
탄소
Carbon

원자번호	6
원자반지름	70 pm
산화 상태	**−4**, −3, −2, −1, +1, +2, +3, **+4**
원자량	12.01
녹는점/끓는점	3600℃ 부근에서 승화
밀도	3.52 g/cm³(다이아몬드), 2.27 g/cm³(흑연)
전자구조	[He] 2s² 2p²

탄소는 우주에서는 네 번째, 지구에는 14번째로 많이 존재하는 원소이다. 지각에서는 탄소가 화석연료나 석회석($CaCO_3$)과 같은 탄산염 광물 안에 포함되어 있다. 탄소는 순수한 상태에서도 다양한 형태를 하고 있지만 다른 원소와 결합한 화합물 상태에서는 더욱 다양한 형태로 나타난다. 탄소의 또 다른 특징은 표준적인 녹는점과 끓는점을 가지고 있지 않다는 것이다. 일반적인 압력하에 탄소는 고체에서 기체로 승화하기 때문이다.

다이아몬드 – 수수한 탄소의 한 형태. '브릴란트'란 이름을 가진 다이아몬드는 빛을 반사하는 면을 많이 만들기 위해 여러 번 절삭했다.

순수한 탄소는 여러 가지 형태 또는 동소체가 있다(일곱 가지 다른 원소들도 동소체를 가지고 있다-주석과 인 참조). 탄소의 중요한 동소체에는 다이아몬드, 흑연, 그래핀, 무정형 탄소, 풀러렌이라고 부르는 여러 가지 물질이 포함된다.

다이아몬드는 지하 약 150km의 상부 맨틀의 반쯤 용해된 암석으로 이루어진 당밀 같은 암석층의 높은 온도와 높은 압력하에 만들어져 마그마 분출을 통해 지상으로 나온다. 다이아몬드는 탄소 원자가 공유결합(18~19쪽 참조)을 통해 다른 탄소 원자 네 개와 결합해 만들어진 기본 단위가 반복적으로 배열되어 만들어진다. 모든 전자들이 이 결합에 참여하여 다이아몬드를 놀라울 정도로 단단하고 강하게 만든다. 다이아몬드에는 지나가는 빛을 흡수할 수 있는 전자들이 없기 때문에 투명하다.

흑연에서는 모든 원자들이 다른 세 개의 탄소 원자와 결합하여 평평한 판상 구조를 만든다. 원자 하나마다 하나의 전자가 남게 되고 이 전자들은 원자의 구속에서 벗어나 자유전자가 된다. 자유전자를 가지고 있다는 것은 흑연이 도체(그리고 불투명하다)라는 것을 의미한다. 흑연은 일부 전기모터와 아연-탄소 전지의 접점으로 사용된다. 흑연의 판들은 매우 느슨하게 결합되어 있어 서로 쉽게 미끄러지거나 분리될 수 있다. 따라서 좋은 윤활제로 사용할 수 있으며 연필에

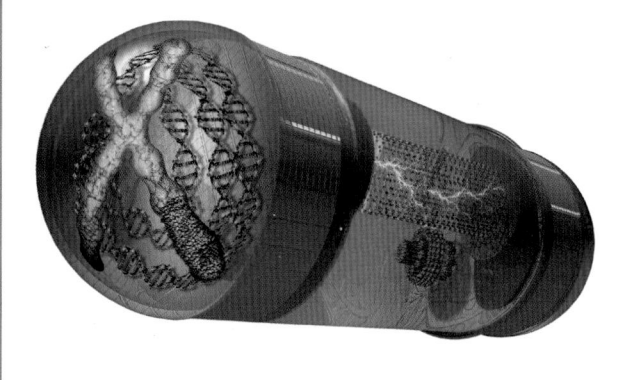

'작은 알약' 약물 전달 시스템의 개념. 이 알약은 탄소나노튜브로 만든 나노 크기의 안테나와 약물을 분산시키기 위한 나노튜브 모터를 가지고 있다.

흑연을 사용하는 것도 이 때문이다(일반적으로 구운 진흙과 섞어서). '흑연'이라는 이름은 1789년부터 사용되었는데 연필에 사용되었기 때문에 갖게 된 이름이다. 그리스어에서 '쓰다'라는 뜻을 가진 그라페인^{graphein}이 흑연^{graphite}의 어원이다. 흑연은 사람의 머리카락보다 훨씬 가는 섬유로 만들 수 있다. 이 섬유는 역시 탄소를 기반으로 하는 화합물인 고분자와 섞어 테니스 라켓과 같은 소비재에서부터 항공 산업에 이르기까지 다양한 용도로 사용되는 단단한 탄소섬유 강화 플라스틱을 만들 때 이용된다.

풀러렌은 다이아몬드나 흑연보다 덜 알려져 있는데, 탄소 원자들이 육각형 또는 8각형 고리 형태로 결합하여 이루어진 분자이다. 1985년에 처음 발견된 풀러렌은 60개의 탄소 원자로 이루어진 구형 분자인 벅민스터풀러렌이다. 분자의 이름은 이 분자의 원자 배열과 비슷한 구조를 가진 측지돔을 설계한 미국 건축가 리처드 벅민스터 풀러$^{Richard\ Buckminster\ Fuller}$의 이름에서 따왔다. 이 구형 분자에 대한 연구로 흑연의 판을 작은 원통으로 말아놓은 것이라고 할 수 있는 탄소나노튜브를 발견했고, 만들어내는 방법을 알아내게 되었다. 탄소나노튜브의 지름은 수 나노미터(nm) 정도지만 길이는 1mm까지 길어지기도 한다. 탄소나노튜브는 놀라울 정도로 강하고 매우 흥미로운 전기적 성질을 가지고 있다. 풀러렌의 등장으로 알려진 또 다른 탄소 동소체는 그래핀이다. 이것은 흑연을 이루는 판 하나를 따로 떼어놓은 것과 같다. 탄소 원자들은 커다란 판 위에서 육각형 고리 형태로 결합되어 있다. 탄소나노튜브나 그래핀은 미래 전자공학과 재료과학에서 중요한 역할을 할 것이다. 과학자들은 이미 탄소나노튜브를 이용하여 나노 크기의 트랜지스터, 고성능 전지, 유연한 터치스크린과 같은 전자 기구의 시제품들을 만들었다.

흑연 연필-'납'은 흑연과 진흙을 섞어 만든다

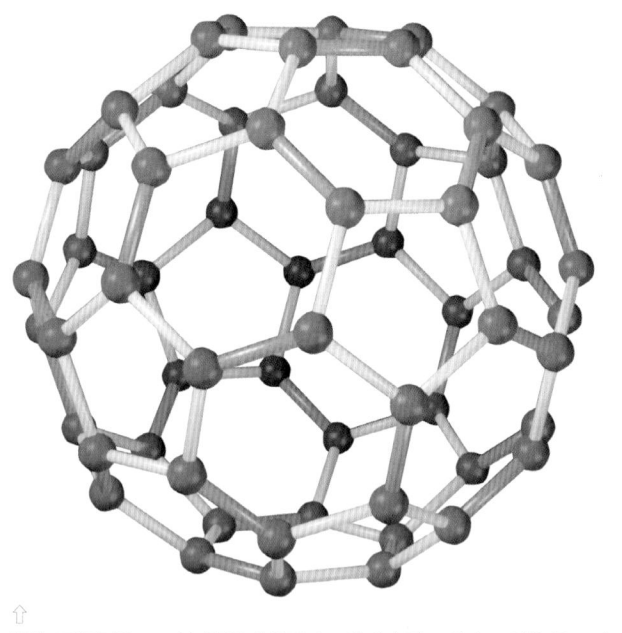

↑
벅민스터풀러렌(C_{60}) 분자구조의 컴퓨터 모델에서 탄소 원자는 회색 구로 나타나 있다. 이중결합은 붉은색으로 나타나 있고 단일 결합은 크림색으로 표현되었다.

⇐
건축가 리처드 벅민스터 풀러가 설계한 측지돔. 측지돔의 구조는 위의 분자 구조와 비슷하다. 그러나 이 돔은 육각형과 팔각형이 아니라 육각형만으로 이루어져 있다.

탄소의 또 다른 동소체는 무정형 탄소이다. 원자가 규칙적인 방법으로 배열되어 있지 않은 무정형 탄소는 목탄이나 숯에서 발견할 수 있다. 금속을 제련하는 데 사용한 목탄은 기술의 역사에서 중요한 역할을 했다. 활성탄은 물의 필터나 가스마스크로 사용된다.

다른 모든 원소의 화합물을 합한 것보다 더 많은 수의 탄소 화합물이 존재하며 현재 1000만 종류 이상의 탄소 화합물이 조사되었다. 탄소 화합물의 다양성은 탄

⇐
가방을 만드는 데 사용되는 폴리에틸렌의 제조. 폴리에틸렌 분자는 대략 1만 개 정도의 에틸렌 분자가 결합하여 만들어졌다. 따라서 총 2만 개의 탄소 원자와 4만 개의 수소 원자가 포함되어 있다.

소 원자들이 다른 원자들과 쉽게 결합하여 단일결합, 이중결합, 삼중결합, 고리 형태의 결합을 만들기 때문이다. 탄소는 특히 수소, 산소, 질소와 잘 결합한다. 탄화수소라고 부르는 탄소와 수소만으로 이루어진 화합물에는 메테인, 프로판이 포함된다. 양초는 긴 사슬 형태의 탄화수소로 만들어져 있다. 우리가 알고 있는 생명체는 '탄소화학'에 의존하고 있으며 지금까지 발견된 모든 생명체는 탄소를 기반으로 하는 생명체들이다. 탄소 화합물이 모든 생명체에게 필수적이라는 사실 때문에 탄소화학을 유기화학이라고도 부르지만 사실 탄소 화합물의 중요성은 생명 영역보다 훨씬 더 먼 곳까지 연장된다. 유기화학은 석유 산업의 기반을 이루고 있어 플라스틱, 합성염료, 접착제, 용매와 같은 것들이 모두 관련되어 있다.

탄소 화합물은 광합성 작용과 호흡에서부터 영양, 성장, 재생산에 이르는 모든 생명 과정과 밀접한 관계를 가지고 있다. 광합성

불이 붙은 양초. 양초는 약 30개의 탄소 원자와 60개의 수소 원자로 이루어진 탄화수소의 혼합물이다. 불꽃의 열이 양초를 증발시키면 탄소나 수소가 산소와 결합하여 물과 이산화탄소를 만든다.

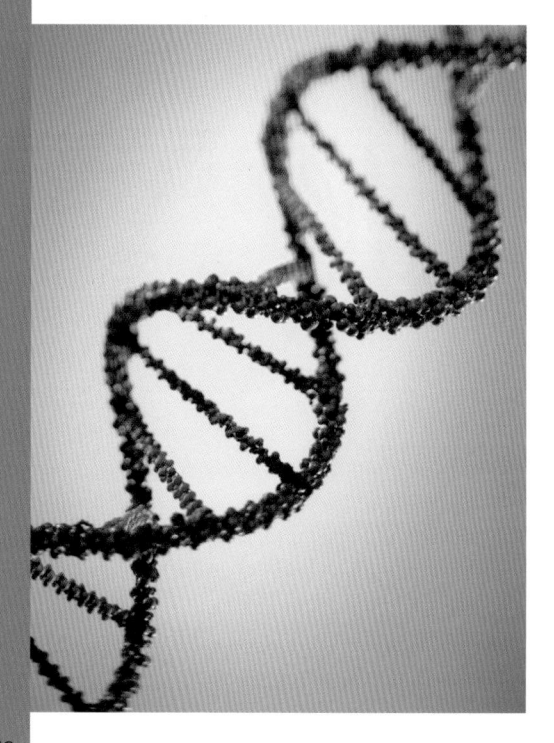

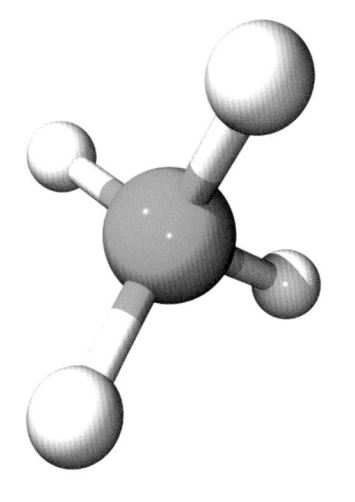

⇧
메테인 분자 모델. 메테인 분자의 사면체 모양은 탄소의 sp^3 하이브리드 궤도 때문이다(154쪽 참조).

⇦
DNA 사슬. 자주색과 핑크색 사슬은 당과 인으로 이루어진 '골격'이고 노랑, 파랑, 빨강, 초록색 '가로 막대'는 유전정보를 포함하고 있는 염기이다. 모든 구성 요소들은 유기 분자들이다.

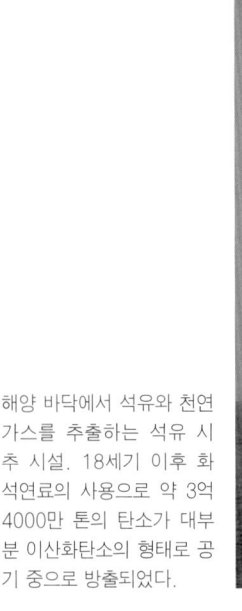

해양 바닥에서 석유와 천연 가스를 추출하는 석유 시추 시설. 18세기 이후 화석연료의 사용으로 약 3억 4000만 톤의 탄소가 대부분 이산화탄소의 형태로 공기 중으로 방출되었다.

에서 식물(그리고 일부 다른 생명체)은 빛 에너지를 이용하여 물과 이산화탄소로부터 단당류인 포도당($C_6H_{12}O_6$)을 만들어낸다. 만들어진 당에는 식물이나 식물을 소비하는 동물이 호흡을 통해 사용할 화학에너지가 저장되어 있다. 광합성 작용을 하는 생명체는 일반적으로 포도당 분자를 녹말이나 자당과 같은 다른 커다란 유기 분자로 결합한다. 유기화합물은 생명체가 필요로 하는 에너지를 공급할 뿐만 아니라 생명체를 만드는 구조 재료로 사용된다. 포도당으로 만들어지는 커다란 분자에는 식물세포가 세포벽을 만드는 데 사용하는 셀룰로오스가 포함된다. 셀룰로오스는 나무(따라서 종이)의 중요 성분이다. 나무에 함유된 리그닌이나 동물을 구성하는 단백질과 같은 다른 구조 재료 역시 탄소를 기반으로 하고 있다. 효소, 호르몬, 다른 신호 분자, 비타민과 같은 항산화물질과 같이 생명체를 유지하고 수선하는 데 관계하는 화학물질도 모두 유기 분자들이다.

마지막으로 탄소 화합물은 생명체의 재생산에서도 유기 분자인 데옥시리보핵산(DNA)을 통해 그 중심에 서 있다.

탄소는 지구를 구성하는 생명권(모든 생명체), 기권, 지권(지각), 수권(강, 호수, 바다)의 모든 권역에서 발견된다. 이런 권역들 사이의 계속적이고 반복적인 탄소 교환을 탄소 사이클이라고 부른다. 이 사이클의 주요 화합물은 광합성 작용을 통해 공기에서 흡수되고 호흡을 통해 다시 공

전 세계의 열대우림은 나무와 다른 식물이 광합성 작용을 통해 공기로부터 분리한 2000억 톤의 탄소를 보유하고 있다.

기 중으로 방출되는 이산화탄소이다. 이산화탄소는 생명체의 잔해를 태울 때도 공기 중으로 방출된다. 생명체가 죽으면 분해되는데 이 과정에서 탄소는 이산화탄소나 메테인의 형태로 공기 중에 방출된다.

그런데 특별한 경우 생명체가 분해되지 않는다. 이 경우 생명체가 가진 탄소 성분은 서서히 석유나 석탄과 같은 화석연료를 이루는 탄화수소의 혼합물을 형성한다.

지구 역사의 특정 기간에 탄소 사이클에 극적인 변화가 있었다. 지난 1000만 년 동안에는 대기 중의 이산화탄소 함유량이 약 300ppm으로 유지되지만 인류가 화석연료를 사용하기 시작하고 탄소 기반 경제가 자리 잡으면서 탄소 사이클의 평형이 깨졌다. 2012년에는 대기 중의 이산화탄소 함량이 390ppm에 이르렀고 그 후에도 빠르게 증가하고 있다. 이산화탄소는 온실 기체이므로 대기 중 이산화탄소 증가는 온실효과를 강화시켜 지구온난화를 가져온다. 이 때문에 과학자들과 엔지니어들은 탄소를 바탕으로 하는 경제의 대안을 찾고 있다(30쪽 수소 편 참조).

한때 생명체의 일부였던 물질의 연대를 결정하는 데 사용되는 방사성탄소 연대 측정법은 탄소의 방사성 동위원소인 탄소-14를 이용한다. 이 방사성 동위원소는 우주 복사선의 충돌로 대기 중에서 일정 비율로 생성된다. 생명체가 살아 있는 동안 생명체에 포함되어 있는 탄소 성분은 광합성 작용이나 광합성하는 생명체를 먹어 끊임없이 재공급된다. 따라서 생명체가 살아 있는 동안에는 안전한 동위원소인 탄소-12와 탄소-14의 비가 일정하게 유지된다. 그러나 생명체가 죽으면 탄소-14는 약 5700년의 반감기를 가지고 붕괴한다. 생명체가 죽은 후에 시간이 지나면 지날수록 남아 있는 탄소-14의 양은 적어진다.

14
Si
규소
Silicon

원자번호	14
원자반지름	110 pm
산화 상태	**-4**, -3, -2, -1, +1, +2, +3, **+4**
원자량	28.09
녹는점	1410℃
끓는점	2355℃
밀도	2.33 g/cm³
전자구조	[Ne] 3s² 2p²

규소는 전자공학에서 반도체로 사용되는 것으로 잘 알려져 있다. 대부분의 컴퓨터 칩(실리콘칩)과 집적회로는 순수한 은색 규소 결정으로 만든다. 규소에 다른 원소를 첨가하여 규소의 전기적 성질을 바꿔 트랜지스터와 칩에 들어가는 여러 가지 소자를 만든다. 순수한 규소는 90% 이상의 태양전지의 기반이 되고 있으며 태양전지에서도 여전히 반도체로 사용된다.

규소는 지각에 두 번째로 많이 포함되어 있는 원소이다. 대부분의 규소는 지각에 가장 많이 존재하는 산소와 결합하여 만들어진 광물인 규산염에 들어 있다. 규산염에는 규산 이온($(SiO_4)^{4-}$)이 포함되며 규산염 암석은 벽돌, 세라믹, 시멘트로 사용되고 있다.

반금속인 규소 샘플.

규산염 광물과 밀접한 관계가 있는 화합물은 석영에서 발견되

알제리의 모래언덕. 모래는 여러 가지 광물의 작은 알갱이로 이루어졌다. 모래에 가장 많이 포함되어 있는 것은 규소 광물인 석영이다.
⇩

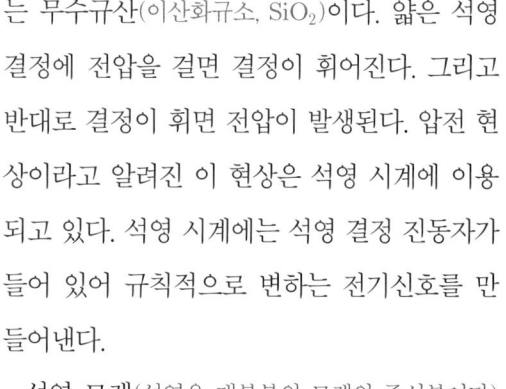

마이크로프로세서의 일부(배율 약 ×200). 트랜지스터나 트랜지스터를 연결하는 (알루미늄) 트랙과 같은 소자들은 순수한 규소 위에 증착하고 부식시켜 만든다.

는 무수규산(이산화규소, SiO_2)이다. 얇은 석영 결정에 전압을 걸면 결정이 휘어진다. 그리고 반대로 결정이 휘면 전압이 발생된다. 압전 현상이라고 알려진 이 현상은 석영 시계에 이용되고 있다. 석영 시계에는 석영 결정 진동자가 들어 있어 규칙적으로 변하는 전기신호를 만들어낸다.

석영 모래(석영은 대부분의 모래의 주성분이다)에서 얻어지는 무수규산은 유리의 주원료이다. 유리는 규산을 녹인 후 빠르게 식혀서 만든 것으로, 분자가 규칙적인 결정구조를 형성하는 것이 아니라 유리의 특징인 불규칙한 네트워크를 만들고 있다. 녹은 무수규산을 천천히 식히면 규칙적인 결정이 만들어진다. 인류의 조상들은 부싯돌이라고 부르는 석영의 한 종류를 도끼나 화살촉을 만드는 데 사용했다. 규소를 나타내는 영어 단어 '실리콘silicon'은 '부싯돌'을 나타내는 라틴어 실렉스silex에서 유래했다.

1824년에 원소 상태의 규소가 처음 만들어졌고 규소가 원소라는 것이 밝혀졌다. 스웨덴의 화학자 옌스 야코브 베르셀리우스가 상당히 순수한 무정형 규소(무정형 탄소와 같은, 157쪽 참조) 분

실리콘겔이 가득 차 있는 가슴 성형물. 실리콘은 고분자 재료이다. 실리콘의 커다란 분자는 작은 분자가 반복적으로 결합하여 만들어졌다. 모든 실리콘의 출발점은 이산화규소이다.

말을 만들어냈다. 석영의 주성분인 규산은 공기 중의 수분을 흡수하는 겔로 사용되고 있다. 실리카겔은 건조한 상태를 유지해야 하는 상품의 포장 안에 든 작은 종이 주머니에서 발견할 수 있다. 현대에는 규소의 사용범위가 넓어졌다. 그중 하나가 실리콘이다. 실리콘은 유기 고분자 화합물로 고무의 대용품이나 열에 잘 견디는 요리 기구, 가정용 충전제로 사용되는 액체나 겔, 가슴 성형 등에 사용되고 있다. 또한 변압기의 철심을 만드는 데 사용되는 규소강처럼 다양한 철이나 알루미늄 합금 성분에 포함되어 있다.

Group 14

32
Ge
게르마늄(저마늄)
Germanium

규소와 마찬가지로 게르마늄도 규소보다는 적은 양이지만 역시 반도체로 전자 산업에 이용되고 있다. 일부 집적회로(칩)은 순수한 규소가 아니라 규소와 게르마늄의 혼합물로 만든다. 두 원소는 모두 금속과 비금속의 성질을 일부씩 가지고 있는 반금속이다.

원자번호	32
원자반지름	125 pm
산화 상태	**-4**, -1, **+2**, +3, **+4**
원자량	72.63
녹는점	938℃
끓는점	2834℃
밀도	5.32 g/cm³
전자구조	[Ar] 3d¹⁰ 4s² 4p²

원소 상태의 게르마늄(저마늄)은 단단한 흰색이 도는 은색 물질이다. 드미트리 멘델레예프가 그의 주기율표에서 규소 아래 있는 빈칸을 채울 원소의 존재를 예측하고 이 원소를 에카실리콘이라고 불렀다. 독일 화학자 클

반금속인 게르마늄 샘플.

레멘스 빙클러$^{Clemens\ Winkler}$가 1886년 아기로다이트(Ag_8GeS_6)라고 부르는 광물에서 에카실리콘 자리에 들어갈 원소를 발견했다. 빙클러가 이 광물을 분석했을 때 질량의 7%는 알려진 원소에 해당하는 것이 아니었다. 같은 해에 그는 이 새로운 원소의 비교적 순수한 샘플을 만들어 조국의 라틴어 명칭인 게르마니아^{Germania}를 따라 게르마늄이라고 불렀다. 게르마늄의 가장 중요한 화합물은 게르마니아라고 불리는 이산화게르마늄(GeO_2)이다. 이 화합물은 광섬유, 산업용 촉매 등 다양한 용도로 사용된다.

50
Sn
주석
Tin

원자번호	50
원자반지름	145 pm
산화 상태	−4, **+2**, +4
원자량	118.71
녹는점	232℃
끓는점	2590℃
밀도	7.29 g/cm³
전자구조	[Kr] 4d¹⁰ 5s² 5p²

주석 원소는 고대 금속 기술자들에게 이미 알려진 일곱 가지 '고대 금속' 중 하나이다(114쪽 참조). 고대 그리스와 로마 신화에서는 주석이 목성과 연관되어 있었다. 주석의 원소기호 Sn은 주석의 라틴 명칭인 스탄눔stannum에서 따왔다.

순수한 주석 샘플.

청동으로 알려진 구리와 주석의 합금은 적어도 5000년 전부터 생산되었다 (107쪽 참조). 백랍은 널리 알려진 또 다른 주석 합금으로, 단단하게 하기 위해 90%의 주석에 안티몬, 구리, 비스무트, 납과 같은 금속을 섞어 만든 합금이다. 주석은 납 파이프나 전기 도선을 연결하는 데 사용하는 땜납의 성분이다. 원소 상태의 주석은 다른 금속 표면에 입히는 보호막으로 사용된다. 대부분의 식품 캔은 주석을 입혀 사용한다.

주석 금속은 결정구조가 다른 두 가지 동소체를 가지고 있다(157쪽 참조). 알파 주석은 비금속이고 어두운 회색인 반면 베타 주석은 금속결합을 하고 있어 자유전자를 가지고 있고 금속과 같은 성질을 가지고 있으며 은색 광택이 있다.

페인트를 칠한 주석 팽이. 1850년대부터 1940년대에 플라스틱이 등장할 때까지 주석은 가장 인기 있는 장난감 재료였다.

Group 14

82
Pb
납
Lead

주석과 마찬가지로 납도 고대인들에게 알려져 있던 일곱 가지 '고대 금속' 중 하나였다(114쪽 참조). 고대 그리스와 로마 신화 그리고 연금술에서는 납을 토성과 연관 지었다. 원소 상태에서의 납은 연한 밝은 광택을 가진 은색과 푸른색 금속이다.

원자번호	82
원자반지름	180 pm
산화 상태	−4, **+2**, +4
원자량	207.20
녹는점	327℃
끓는점	1750℃
밀도	11.34 g/cm³
전자구조	[Xe] 4f¹⁴ 5d¹⁰ 6s² 6p²

순수한 납덩이. 이처럼 표준 크기로 주조된 납은 다시 녹여 원하는 모양으로 주조하기 위한 판매와 수송에 편리하다.

사람들은 로마제국이 등장하기 전부터 납을 이용해왔다. 납은 광석에서 추출하는 것이 쉽다. 약 9000년 전부터 지금의 터키와 이라크에 해당하는 초기 정착지에서 작은 규모로 납을 제련하기 시작했다는 증거가 발견되었다. 고대 이집트인들 역시 납을 제련하였고 납 화합물을 화장품, 염료, 의약품으로 사용했다. 2010년에 행한 고대 이집트의 눈 화장품에 대한 분석에서는 자연에서 발견되지 않아 의도적으로 만든 것이 틀림없는 두 가지 납 화합물이 발견되었다. 실험결과 이 화합물들은 면역 기능을 가지고 있는 것이 확인되었다. 고대 이집트인들은 눈 화장품이 눈 감염을 줄여준다는 사실을 알고 있었던 것으로 보인다. 로마인들이 납중독에 의한 증상을 알고 있었음에도 불구하고 여러 가지 고대 로마 의약품에는 납 화합물이 사용되었다.

다른 많은 금속들과 마찬가지로 납도 공기 중에 노출되면 빠르게 녹이 슬어 어두운 회색으로 변한다. 금속 납 위에 녹이 슬어 생긴 막은 더 이상의 부식을 방지해준다. 부식에 강한 성질과, 연성과 전성이 좋다는 납의 특성 때문에 납은 수백 년 동안 지붕 재료로 사용되어왔으며 오늘날에도 사용되고 있다. 또 로마제국 시대부터 20세기 후반까지 납은 연관의 재료로 사용되었

이집트 여왕 네페르타리(기원전 13세기) 무덤 벽화. 대부분의 고대 이집트 여인과 마찬가지로 네페르타리도 황화납(또는 황화안티몬)으로 만든 검은색 마스카라를 바르고 있다.

다. 실제로 연관을 뜻하는 영어 단어 '플럼빙plumbing'은 납을 나타내는 라틴어 플룸붐plumbum에서 유래했다. 납의 원소기호인 Pb 역시 이 단어에 기원을 두고 있다. 플룸붐은 '연한 금속'이라는 뜻을 가진 접두어로 납은 플룸붐 니그룸, 주석은 플룸붐 알붐 또는 플룸붐 칸디둠(어둡고 가벼운 플룸붐)이었으며 비스무트는 때로 플룸붐 시네아레움이라고 불렀다. 납을 뜻하는 영어 단어 'lead'은 고대 영어에서 이 금속을 뜻하는 단어였다.

납은 1430년대에 있었던 인쇄술의 발명에서도 중요한 역할을 했다. 인쇄기를 발명한 독일의 대장장이 요하네스 구텐베르크Johannes Gutenberg는 낮은 온도에서 녹아 주조하여 글자를 만들 수 있으면서도 종이에 누르는 큰 압력도 견딜 수 있을 정도로 단단한 금속이 필요했다. 이에 따라 납으로 시도해봤지만 너무 연해서 실패하자 그는 납과 주석 그리고 안티몬의 합금을 사용했다.

납이 독성을 가지고 있다는 것은 잘 알려져 있다. 납중독의 증상에는 설사, 신장 손상, 근육 약화가 있다. 그러나 더 큰 위험은 납에 만성으로 노출되었을 때 나타난다. 다른 많은 중금속과 마찬가지로 납도 우리 몸의 조직에 축적되며 납의 축적이 오래 지속되면 신경계통을 손상시킨다. 납은 뇌의 성장을 저해하고 주의력 결핍을 일으키기 때문에 특히 어린이에게 위험하다. 신경 손상을 일으키는 정확한 메커니즘은 아직 알려져 있지 않지만 최근 연구는 납이 뇌신경 성장인자라고 부르는 단백질의 방출과 기능을 방해한다는 사실을 알아냈다. 이 단백질은 새로운 신경세

포의 성장을 도와주며 학습과 기억에서 핵심 역할을 한다. 이와 같은 부작용이 알려지면서 환경으로 배출되는 납에 대한 염려로 한때 널리 사용되던 납의 사용량이 줄어들고 있으며 많은 경우에는 사용이 금지되기도 했다. 납을 기반으로 하는 페인트와 납 첨가 휘발유(노킹을 방지하기 위해 테트라에틸납($CH_3CH_2)_4Pb$)을 첨가한)는 사용이 금지된 납 함유 제품의 대표적인 예이다.

납은 X-선을 사용하는 기계의 차폐 재료, 배에 사용되는 추나 배를 안정시키는 데 사용하는 밸러스트 등에 아직도 사용되고 있다. 그중에서도 납-산 자동차 전지에 생산된 납의 반 이상이 사용되고 있다. 로마인들과 이집트인들은 납을 갈레나라고 부르는 광석에서 얻었다. 주로 황화납(II)(PbS)로 이루어진 갈레나 광석은 오늘날에도 납의 주요 공급원이다. 아직도 매년 약 1000만 톤의 납이 생산되고 있으며 이 중 약 반은 재활용을 통해 회수된다.

납에는 세 가지 안정한 동위원소가 있다. 가장 흔하게 존재하는 동위원소는 납-208이다. 납-208의 원자핵은 모든 원소의 안정한 원자핵 중에서 가장 무거운 원자핵이다. 납-208은 악티늄계열(141쪽 참조)의 토륨과 같은 불안정한 방사성 원소의 붕괴계열의 마지막 생성물이다. 방사성 동위원소가 붕괴하여 다른 방사성 동위원소를 생성하면서 계속되는 방사성붕괴는 안정한 동위원소인 납-208에 이르러 끝난다. 다른 두 개의 안정한 납 동위원소는 납-206과 납-207이다. 이들은 다른 붕괴계열의 마지막 생성물이다. 지구가 생성되었을 때부터 존재한 동위원소인 납-204도 불안정한 동위원소이다. 그러나 납-204의 반감기는 1조 년이다.

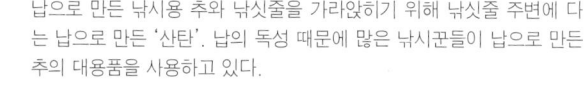

납으로 만든 낚시용 추와 낚싯줄을 가라앉히기 위해 낚싯줄 주변에 다는 납으로 만든 '산탄'. 납의 독성 때문에 많은 낚시꾼들이 납으로 만든 추의 대용품을 사용하고 있다.

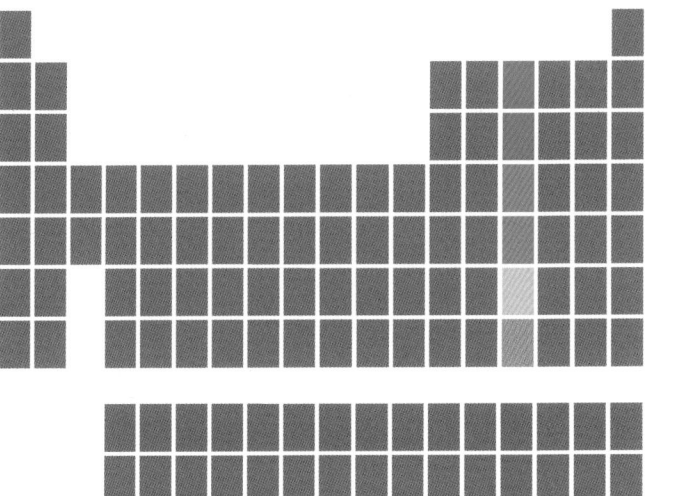

7 **N** 질소 Nitrogen	
15 **P** 인 Phosphorus	
33 **As** 비소 Arsenic	
51 **Sb** 안티몬 Antimony	
83 **Bi** 비스무트 Bismuth	
115 ☢ **Mc** 모스코븀 Ununperntium	

질소족

14족 원소들의 경우와 마찬가지로 15족 원소들의 성질도 비금속인 질소와 황에서부터 반금 속인 비소와 안티몬 그리고 '전이 후 금속'인 비스무트에 이르기까지 매우 다양하다. 15족에 는 115번 원소로 원자로에서 만들어져 모스코븀 원소도 포함되어 있지만 이 원소는 초우라늄 원소(228~236쪽)에서 다룰 것이다.

질소와 인은 지구 상의 생명체에게 매우 중요한 원소이다. 따라서 이 두 원소는 비료의 핵심 성분이다. 질소는 모든 단 백질과 디옥시리보핵산(DNA)의 필수 원소이고 인은 DNA와 에너지의 '현금'이라고 할 수 있는 아데노신삼인산(ATP) 과 아데노신이인산(ADP)의 주요 구성 원소이다. 반면에 비소와 안티몬은 매우 독성이 강하다. 인과 비소는 순수한 상 태에서 두 가지 형태, 즉 동소체를 가지고 있다(155쪽 참조). 15족 원소들은 때로 닉토겐 원소라고 부른다. 닉토겐은 '숨 막히는' 또는 '질식할 것 같은'이라는 뜻을 가진 그리스어 니게인^{pnigein}에서 유래했다. 질소 원소는 불활성기체여서 불 을 끌 수 있기 때문에 이런 이름으로 불렸다. 이 원소들의 원자는 가장 바깥쪽 전자껍질에 다섯 개의 전자를 가지고 있 다. 두 개는 s-궤도에 있고 세 개는 p-궤도에 있다(13~15쪽 참조). 이 원소들의 전자구조는 $s^2 p^3$로 끝난다. 두 개의 전 자를 가지고 있는 s-궤도는 구형이다. 다른 세 개의 전자들은 각각의 p-궤도에 하나씩 들어간다. 이런 특별한 배치가 p-궤도를 구 대칭으로 만든다. 그 결과 이 원자들이 단독으로 존재할 때는 구형이며 이는 원소들 사이에서 드문 일이다. 원자가 구형이기 위해서는 전자껍질이 반만 채워졌거나 모두 채워져 있어야만 한다. 그러나 이 원소들의 원자들이 단독 원 자로 존재하는 경우는 아주 드물다. 순수한 질소의 경우에도 상온에서 이원자분자인 N_2로 존재한다. 이 원소들의 반만 채 워진 전자껍질은 이 원자들이 같은 종류의 다른 원자들이나 다른 원소의 원자들과 쉽게 결합할 수 있음을 의미한다. 결합이 강하기 때문에 이 원소들의 화합물은 대부분 매우 안정하다.

7

N

질소
Nitrogen

원자번호	7
원자반지름	65pm
산화 상태	**-3**, -2, -1, +1, +2, **+3**, +4. +5
원자량	14.01
녹는점	-210℃
끓는점	-196℃
밀도	1.25g/L
전자구조	[He] 2s² 2p³

표준온도에서 원소 상태의 질소는 색깔과 냄새가 없는 기체이다. 질소 분자는 두 개의 질소 원자로 이루어졌다. 각 원소의 반만 채워진 세 개의 p-궤도가 매우 안정한 삼중결합을 형성하기 때문에 질소 기체는 반응성이 아주 작거나 불활성이다. 이 때문에 질소 기체는 종종 이산화탄소와 함께 불활성 공기로 사용된다. 신선한 샐러드나 고기와 같은 식품을 포장할 때처럼 산소의 존재가 바람직하지 않은 경우에 불활성기체를 사용한다. 질소는 지구 대기에 가장 많이 포함된 원소지만 지각에는 31번째로 많이 포함되어 있다. 이런 차이는 질소의 불활성 때문이다. 반응성이 컸다면 질소가 지각을 이루는 다른 원소들과 결합하여 광물을 형성했을 것이다(산소와 비교. 179쪽 참조).

기체용 용기에 들어 있는 원소 상태의 질소. 표준 온도와 압력에서 질소는 이원자분자(모형도)로 이루어진 색깔 없는 기체로 존재한다.

    질소의 불활성에도 불구하고 질소의 존재는 현대 화학 초기에 '공기(기체)'를 조사한 과학자들에 의해 발견되었다. 이 개척적인 과학자들은 보통의 공기가 적어도 두 가지 원소로 이루어졌다는 것을 알아냈다. 하나는 그 안에서 물건이 타고 동물이 숨을 쉴 수 있는 원소이고, 다른 하나는 그것이 가능하지 않은 원소였다. 1770년경에 영국 과학자 헨리 캐번디시^{Henry Cavendish}는 대부분이 이산화탄소와 질소로 이루어진 '탄공기'를 조사하고 있었다. 그는 이산화탄소를 제거하고 보통 공기의 80%를 구성하고 있다고 생각한 기체를 남겼다. 하지만 연구 결과를 출판하지는 않았다. 그리고 몇 년 뒤에 여러 명의 과학자들이 같은 기체를 분리해냈고 1772년에 영국 화학자 대니얼 러더퍼드^{Daniel Rutherford}가 최초로 그 결과를 발표했다.

    프랑스 화학자 앙투안 라부아지에^{Antoine Lavoisier}는 새로운 '공기'가 원소라는 것을 알아내고 1789년에 이 원소를 '아조트^{azote}'라고 부를 것을 제안했다. 첫 글자 a는 부정을 의미하는 접두어이고 조트^{zote}는 그리스어에서 '생명'을 뜻하는 주(zoo)에서 따왔다. 순수한 질소 안에서는 생

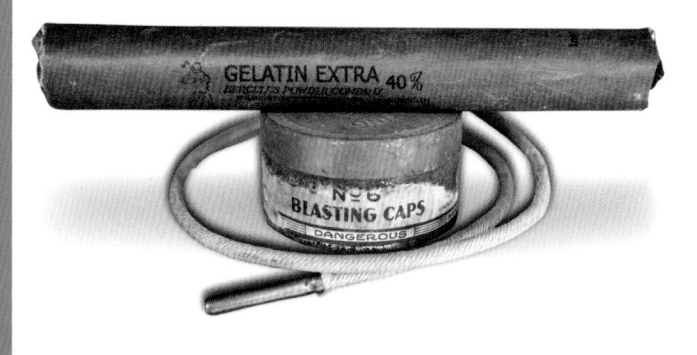

진흙에 흡수시킨 니트로글리세린인 다이너마이트 막대와 다이너마이트에 삽입하여 멀리서 폭발시킬 수 있게 하는 심지.

명체가 살 수 없기 때문이다. 일부 질소 화합물은 오늘날까지도 그 이름 일부에 'az-'를 포함하고 있다. 예를 들면 '아조 다이스$^{azo\ dyes}$'는 섬유를 비롯한 여러 가지 제품에 사용되는 합성염료이다. 그리고 소듐 아지드라고 부르는 질화나트륨(NaN_3)은 자동차 에어백을 부풀리기 위해 많은 양의 질소를 빠르게 만들어내는 폭발적인 화합물이다.

새로운 기체를 조사한 과학자들은 이 기체가 질산(HNO_3)을 만들 수 있다는 것과 질산이 화약을 만드는 데 사용되는 질산칼륨(KNO_3)인 니트레를 만들 수 있다는 것을 알아냈다. 질소를 나타내는 프랑스어 니트로젠^{nitrogène}은 '니트레-발생자'라는 의미를 가지고 있다. 이 이름은 1790년에 프랑스 화학자 장 앙투안 샤프탈$^{Jean\ Antoine\ Chaptal}$이 제안했다.

1830년대부터 과학자들은 질산을 식물의 섬유질을 구성하고 있는 셀룰로오스와 반응시켰다. 그 결과로 얻은 니트로셀룰로오스는 다양한 용도로 쓰였다. 연기 없는 폭약으로도 사용되었고 1850년대에는 영국의 발명가 알렉산더 파크스$^{Alexander\ Parkes}$가 발명한 최초의 플라스틱 파케신을 만드는 데에도 사용되었다. 파케신은 50년 이상 사진 필름 생산에 사용된 셀룰로이드로 발전했다.

니트로셀룰로오스에서 파생된 것 중 하나가 큰 폭발성을 가지고 있는 니트로글리세린이다. 1867년에 스웨덴의 화학자 알프레드 노벨$^{Alfred\ Nobel}$은 니트로글리세린을 진흙에 흡수시켜 사용하고 수송하기에 편리한 다이너마이트를 발명했다.

니트로글리세린은 심장에 혈액 공급이 줄어들어 발생하는 협심증 증상을 완화하는 의약품으로 쓰이기도 한다. 알약이나 캡슐로 먹거나 스프레이를 이용하여 입에 뿌리면 몸 안에 들어간 니트로글리세린이 분해되어 산화질소(NO)를 만들고 산화질소가 좁아진 동맥을 넓혀 혈류를 증가시킨다.

폭약과 플라스틱에서 질소가 많이 사용되는 것 외에도 19세기 과학자들이 질소가 생명체에 필수적인 원소라는 사실을 밝혀낸 후에는 비료의 핵심 성분이 되었다. 현재 우리는 모든 생명

벼락이 땅을 치고 있다. 벼락이 방출하는 엄청난 에너지는 공기의 두 주요 성분인 질소와 산소의 반응을 유도한다. 그 결과 번개는 공기 중의 질소를 '고정'하여 산화질소를 만들어낸다.

과정에 꼭 필요한 모든 분자에 질소가 포함되어 있다는 것을 알고 있다. 특히 생명 활동의 중심이 되는 DNA나 단백질에서도 질소는 중심 역할을 한다. 공기 중에 질소가 많이 포함되어 있지만 질소의 불활성으로 인해 생명체들이 질소를 흡수하는 것은 어렵다. 실제로 공기 중의 질소를 '고정'할 수 있는 생명체는 그리 많지 않으며 몇 종류의 세균만 가능하다. 다행스럽게도 질소 고정 세균(디아조트로프스)은 바다, 강, 호수, 토양에 풍부하게 존재한다. 특정한 식물의 뿌리에 달려 있는 뿌리혹에도 있다. 이런 생명체들은 질소분자의 삼중 결합을 분리하여 질소가 수소와 반응하도록 한다. 그 결과 만들어진 암모니아(NH_3)는 질소를 생명의 세계로 날라주는 주 수송 수단이다. 질소 고정 세균인 디아조트로프스는 매년 전 세계적으로 약 2억 톤의 질소를 고정한다. 번개는 매년 약 900만 톤의 질소를 공급하며 질소와 산소를 반응시켜 일산화질소(NO)를 만들고 일산화질소는 물에 녹아 질산(HNO_3)이 되어 토양으로 스며든다. 식물은 이 질산을 사용할 수 있다.

20세기 초까지는 생명체가 세균과 번개를 통해서만 생명 활동에 필요한 질소를 얻을 수 있었다. 질소를 많이 포함하고 있는 비료와 폭약은 주로 구아노라고 불리는 새의 배설물로 만들었다. 그러나 구아노의 공급량은 많지 않아 과학자들은 농업 생산성이 늘어나는 세계 인구를 감당할 수 없을 것을 염려했다.

콩과 식물의 뿌리혹. 뿌리혹에는 질소 고정 세균이 들어 있다.

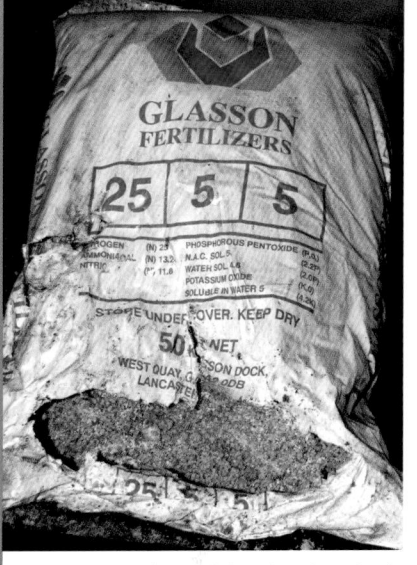

질소를 다량 포함하고 있는 인공 비료가 찢어진 포대에서 흘러나오고 있다. 포대 위의 세 가지 숫자는 NPK 비율을 나타낸다. NPK 비율은 비료 속에 포함된 질소(N), 인(P), 칼륨(K)의 상대적 함량 비율이다.

1908년에 독일 화학자 프리츠 하버$^{Fritz\ Haber}$가 공기 중의 질소를 이용하여 암모니아 생산법을 개발했다. 하버의 돌파구는 고압 반응 용기를 사용한 것이었다. 또 다른 독일 화학자 카를 보슈$^{Karl\ Bosch}$는 대량생산에 따른 어려움을 극복했다. 이로 인해 1913년에 처음으로 암모니아가 대량으로 생산되었다.

오늘날 하버-보슈법은 매년 1억 톤의 질소를 고정하고 있으며 고정된 질소의 대부분은 비료를 생산하는 데 사용되고 있다. 하버-보슈법으로 생산된 암모니아는 비료의 주성분인 질산암모니아(NH_4NO_3)나 요소소($CO(NH_2)_2$)를 만드는 데 사용된다. 비료가 없다면 전 세계 농부들이 지구 상의 인류를 먹여 살릴 방법이 없을 것이다.

하버-보슈법으로 생산된 암모니아는 플라스틱, 의약품, 폭약을 만드는 데도 사용된다. 일부 암모니아는 질산을 생산하는 데 쓰이는데 질산은 여러 가지 중요한 화학반응에 사용된다.

질소 자체는 독성이 없다. 그렇지 않다면 우리가 쉬는 숨은 매우 위험할 것이다. 그러나 시아나이드라고 부르는 질소 화합물은 가장 빠르게 작용하는 독성 물질이다. 시아나이드 분자는 탄소 원자와 삼중결합을 하고 있는 질소 원자를 포함하고 있다. 몸 안에서 시안이온(($CN)^-$)이 세포가 제대로 작용하는 데 필수적인 세포호흡을 방해한다.

사람의 몸 안에서 빠르게 작용하는 또 다른 질소를 포함하고 있는 분자는 아산화질소(N_2O)이다. 웃음가스로 널리 알려져 있는 아산화질소는 작업 중이나 치과 치료 중에 마취제나 진통제로 흡입한다. 아산화질소는 여분의 산소를 발생시켜 연료가 빠르게 연소되도록 하는 연료 첨가제로도 쓰인다. 그런가 하면 거품 크림을 만들 때와 같이 에어로졸의 추진제로도 사용된다(스프레이 크림을 생산하는 초기의 실험에서는 이산화탄소를 사용했지만 이산

액체질소를 플라스크에 붓고 있다.

화탄소는 산성용액을 만들어 크림이 엉기도록 만들었다). 또 다른 질소 산화물인 이산화질소(NO_2)는 독성이 있는 기체이다. 일부 이산화질소는 번개에 의해 산화질소로부터 만들어지며 자동차의 엔진에서 연료가 연소될 때도 만들어진다. 촉매 변환기 내부에서 일어나는 반응 중 하나는 자동차 배기가스에 포함된 산화질소의 산소와 질소를 분리시켜 독성을 없애 오염을 줄이는 것이다.

Group 15

15 P 인 Phosphorus	
원자번호	15
원자반지름	100 pm
산화 상태	**-3**, -2, -1, +1, +2, **+3**, +4, **+5**
원자량	30.97
녹는점	44℃ (황인) 610℃(흑인)
끓는점	281℃(황인); 적인은 승화한다.
밀도	1.82 g/cm³(황인) 2.30 g/cm³(적인) 2.36 g/cm³(흑인)
전자구조	[Ne] 3s² 3p³

비금속인 인은 발견한 사람이 알려져 있고 발견이 기록으로 남아 있는 첫 번째 원소이다. 1669년에 독일의 상인이며 연금술사였던 헤니히 브란트$^{Hennig\ Brand}$는 노란색 용액인 오줌에서 금을 추출하려고 했다. 그는 물을 증발시키기 위해 오줌을 끓인 다음 기름기 있는 찌꺼기를 높은 온도로 가열했다. 찌꺼기는 여러 가지 물질로 분해되었다. 마지막에는 연기가 나왔는데 이 연기를 물 안에서 농축시켜 흰색의 끈적이는 용액을 만들었다. 이 용액은 신비한 초록빛을 냈다. 브란트는 이 새로운 물질을 인 미라빌리스 또는 '신비스러운 빛을 만드는 물질'이라고 이름 지었다. 인을 나타내는 영어 포스포로스^{phosphoros}는 그리스어에서 '횃불을 든 사람'이라는 뜻의 포스포로스^{phosphoros}에서 따왔다. 그 불꽃은 인과 공기 중의 산소가 반응하여 만들어진 것이었다.

기름 안에 보관 중인 적인(붉은인) 샘플. 황인만큼 반응성이 크지는 않지만 이 붉은 동소체도 산소와 반응한다. 300℃ 이상의 온도에서는 격렬하게 반응한다.

인은 여러 가지 동소체(155쪽 참조)를 가지고 있다. 황인은 30℃에서 자연적으로 발화하며 독성이 강하다. 19세기 이후 황인은 연기 폭탄과 같은 무기에 사용되었지만 최근에는 국제법에 의해 금지되었다. 19세기 초부터 성냥 머리에 사용되어왔던 황인은 20세기 초부터 독성에 대한 염려로 다른 형태의 인, 즉 다른 동소체로 대체되었던 것이다. 안정하고 독성이 없으며 신비한 빛을 내지 않는 적인은 오늘날에도 성냥 머리에 사용되고 있다. 알려져 있는 또 다른 두 가지 동소체는 흑인과 보라인이다.

어느 곳에나 그어 불을 붙일 수 있는 성냥. 이 성냥에는 삼황화인(P_4S_3)이나 삼황화인의 화합물이 포함되어 있다. 그러나 성냥을 긋는 표면에는 유리 분말과 섞은 붉은인이 포함되어 있다.

자연에서는 인이 거의 대부분 네 개의 산소 원자와 결합되어 인산이온(PO_4^{3-})을 이루고 있다. 인산이온은 여러 가지 인산 광물과 모든 생명체 안에서 발견되며 DNA의 당-인산 '골격'을 만들고 있다. 그리고 아데노신이인산염(ADP)과 아데노신삼인산염(ATP) 사이에서 교환되는 생명체의 '에너지 현금'의 주요 구성 성분이기도 하다. 성인이 가지고 있는 750g 정도의 인 대부분은 뼈와 이에 인산칼슘 광물의 한 형태인 수산화인산염($Ca_5(PO_4)_3(OH)$)으로 포함되어 있다.

대부분의 비료와 동물 사료는 상당한 양의 인을 포함하고 있다. 비료는 포함된 질소(N), 인(P), 칼륨(K)의 비율에 따라 NPK 비율을 정한다. 현재 전 세계가 필요로 하는 인산염 광물에 대한 엄청난 수요로 자원 고갈이 염려되고 있으며 일부 광산 전문가들은 이 중요한 광물을 재활용하지 않는다면 수십 년 안에 공급이 크게 감소할 것이라며 경고하고 있다. 그중 특히 오수에 포함된 인을 재활용하는 것이 중요하다.

Group 15

33
As
비소
Arsenic

원자번호	33
원자반지름	115pm
산화 상태	**−3**, +2, **+3**, **+5**
원자량	74.92
녹는점/끓는점	615℃에서 승화한다.
밀도	5.73g/cm³
전자구조	[Ar] $3d^{10}$ $4s^2$ $4p^3$

순수한 비소는 여러 가지 동소체를 가지고 있다. 비소의 동소체 중에서 가장 중요한 두 동소체의 대조적인 성질은 비소의 반금속적인 특징을 잘 나타낸다. 회색 비소는 밀도가 높고 금속과 같은 광택을 가지고 있다. 반면에 노란색 비소는 다른 많은 비금속과 마찬가지로 부서지기 쉬운 분말이다. 비소는 표준압력에서는 614℃에서 고체에서 직접 기체로 변하는 승화를 한다. 훨씬 높은 압력에서는 비소도 액체로 존재할 수 있다. 그런 높은 압력에서 비소의 녹는점은 표준 상태에서의 끓는점보다 높은 817℃이다.

독성이 있는 반금속인 원소 상태의 비소.

비소는 때로 다른 원소와 결합하지 않는 순수한 원소 상태로 발견되지만 대부분은 여러 가지 광물 안에 포함되어 있다. 비소 광물은 고대부터 19세기 말까지 염료로 사용되었다. 고대에 가장 널리 사용된 비소 광물 염료는 주로 금색이 나는 황색 삼황화비소(As_2S_3)로 이루어진 웅황이었다. 웅황을 뜻하는 고대 페르시아어는 '금 색깔의'라는 뜻을 가진 자르닉^{zarnik}이었다. 이 이름이 비소를 뜻하는 영어 단어 '아세닉^{arsenic}'의 어원이다. 고대 문명에서 비소 화합물은 염료 외에 의약품으로도 사용되었으며 비소 약품은 19세기에도 인기가 좋았다. 그리고 오늘날에도 일부 비소 화합물이 항암 약물로 사용되고 있다. 기원전 4000년경에 만들어진 가장 오래된 청동(107쪽 구리 참조)은 구리와 주석이 아니라 구리와 비소의 합금이었다.

고대와 중세의 학자들과 연금술사들은 비소 광물에서 금속 물질을 얻는 방법을 기록해놓았지만 현대 화학이 등장하기 전까지는 비소를 원소라고 생각하지 않았다. 오늘날의 비소 금속의 주요 용도는 구리나 납과 함께 합금에 사용되는 것이다. 또한 전자 산업에서 집적회로나 LED 제조에 쓰이는 갈륨비소(GaAs) 화합물을 생산하는 데도 사용된다(151쪽 갈륨 참조).

순수한 비소와 대부분의 비소 화합물은 독성이 강하다. 따라서 중세부터 비소 화합물을 쉽게 감지할 수 있고 해독약이 발견된 20세기 초까지는 범죄자나 자살하는 사람들이 독약으로 비소 화합물을 사용했다. 20세기에 비소 화합물의 가장 큰 용도는 목재 보존제와 살충제이다. 그러나 비소의 독성으로 인해 여러 나라에서 사용을 금하고 있다. 1990년대에 국제 원조 단체와 보

화산활동에 의해 지표면으로 솟아오르는 뜨거운 물을 이용하고 있는 뉴질랜드의 지열 연못. 지열 연못의 물은 녹아 있거나 석출된 많은 광물을 포함하고 있다. 이 연못에는 안티몬과 수은의 황화물과 함께 황화비소가 많이 포함되어 있다.

비소는 자연에서 원소 상태로 발견되는 몇 안 되는 원소 중 하나이다. 원소 상태의 비소는 포 도송이와 같은 형태를 하고 있다.

건 기구들은 비소를 포함한 지하수 사용을 경고하고 있다. 이로 인해 질병을 유발하는 세균과 다른 병원체로 오염되어 있는 지표수를 피하기 위해 수십 미터 깊이의 지하수를 퍼 올릴 수 있는 수백만 개의 우물이 개발되었다. 그런데 지하 암석에서 비소 화합물이 물로 녹아들어가 수십만 건의 비 소 중독이 발생했다. 정확한 수는 아니지만 전 세계 약 1억 명의 사람들이 이런 방법으로 위험한 수준의 비소에 노출 되어 있다.

51
Sb
안티몬
Antimony

원자번호	51
원자반지름	145 pm
산화 상태	**-3, +3, +5**
원자량	121.76
녹는점	631℃
끓는점	1587℃
밀도	6.69 g/cm^3
전자구조	[Kr] 4d^{10} 5s^2 5p^3

15족 원소인 안티몬은 사촌인 비소와 매우 비슷하다. 안티몬 역시 반금속이 고 여러 가지 동소체를 가지고 있으며 독성이 있어 오랫동안 의약품과 독약 으로 사용되었다. 또한 안티몬 도 가끔 다른 원소와 결합되 지 않은 원소 상태로 발견 된다. 그러나 일반적으로는 광물 안에 포함되어 있다.

안티몬과 안티몬의 화합물 은 수천 년 전부터 알려져 있 었다. 고대 이집트에서는 황화 안티몬(Sb_2S_3)을 포함하고 있는 검은색 광물을 마스카라로 사용

원소 상태의 안티몬. 대부분의 안티몬 은 주로 황화안티몬(Sb_2S_3)으로 이루어 진 휘안석을 철 파편과 함께 가열하여 생산한다. 철이 황과 결합하면 안티몬 원소만 남는다.

했다. 이 광물의 이집트 이름인 sdm이 이 원소의 이름과 원소기 호의 기원이 되었다. 이 말은 시대가 바뀌면서 차용되거나 변해 그리스에서는 스팀미^{stimmi}가 되었고, 라틴어에서는 안티모니움^{antimonium}이 되었다. 이것이 현재 안티몬의 이름으로 바뀌었고, 안티몬의 원소기호 Sb는 안티몬을 가리키는 또 다른 라틴어 스팀 미^{stimmi}에서 유래했다.

오늘날에는 주로 구리 제련의 부산물로 안티몬 금속을 얻고 있다. 생산량은 세계 경제 상황에 따라 달라지지만 약 18만 톤이 생산되고 있다. 중국이 가장 많은 안티몬 생산국으로 납과 합금하여 전극이나 자동차 전지에 사용하고 있다. 안티몬의 가장 중요한 화합물은 산화안티몬(Sb_2O_3)으로, 불에 타는 것을 지연시키기 위해 PVC에 첨가된다.

Group 15

83
Bi
비스무트
Bismuth

원자번호	83
원자반지름	160 pm
산화 상태	−3, **+3**, +5
원자량	208.98
녹는점	271℃
끓는점	1564℃
밀도	9.72 g/cm³
전자구조	[Xe] $4f^{14}\ 5d^{10}\ 6s^2\ 6p^3$

원소 상태의 비스무트는 밀도가 높고 빛나는 금속처럼 보이는 은백색 물질이다. 그러나 금속보다 부서지기 쉽고 열과 전기의 전도도가 낮다(비스무트는 때로 '열화 금속'이라고 부른다). 순수한 비스무트 샘플을 공기 중에 놓아두면 표면에 서서히 얇은 산화비스무트 막이 만들어진다. 이 막은 핑크색이나 여러 가지 색깔로 이루어진 무지개 색깔을 나타낸다. 최근까지도 비스무트는 한 가지 안정한 동위원소 비스무트-209만 존재하는 것으로 생각했다. 그러나 2003년에 프랑스의 물리학자들이 비스무트-209가 $2×10^{19}$년이나 되는 긴 반감기를 가진 불안정한 동위원소라는 것을 알아냈다. 따라서 비스무트는 안정한 동위원소가 하나도 없다.

용도가 그리 많지 않은 비스무트는 여러 가지 합금에 이용되고, 비스무트 화합물은 일부 의약품에 사용된다. 가장 중요한 비스무트 화합물은 차살리실산비스무트($C_7H_5BiO_4$)이다. 이 화합물은 설사와 속 쓰림을 치료하는 알약이나 액체 상태의 약품 또는 화장품에 사용된다. '비스무트'라는 이름의 어원은 확실하지 않다. 아마도 '흰색 물질'을 뜻하는 독일어에서 유래했을 가능성이 있다. 혹은 '흰색 납'을 뜻하는 그리스어 시미디온^{psimythion}에서 유래했을 가능성도 있다.

'열화 금속'인 원소 상태의 비스무트 샘플.

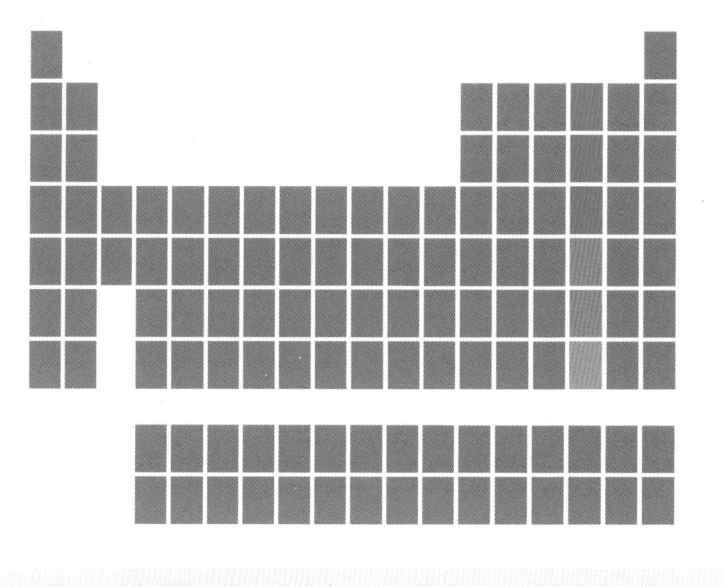

8
O
산소
Oxygen

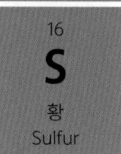

16
S
황
Sulfur

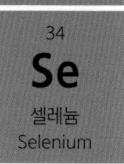

34
Se
셀레늄
Selenium

52
Te
텔루륨
Tellurium

84
Po
폴로늄
Polonium

116
Lv
리버모륨
Livermorium

산소족

16족 원소 중에서 가장 중요하고 가장 많이 존재하는 원소는 비금속인 산소와 황이다. 셀레늄도 비금속이지만 텔루륨은 반금속이다. 폴로늄은 때로 금속으로 간주되고 때로는 반금속으로 간주되며 안정한 동위원소를 가지고 있지 않은 방사성 원소이다. 16족에는 실험실에서 만든 리버모륨도 포함되어 있다. 리버모륨에 대해서는 초우라늄 원소(228~236쪽)를 참조하기 바란다.

16족 원소들은 때로 '칼코겐' 원소라고 부른다. 이 이름은 '청동'이나 '금속'을 뜻하는 그리스어 칼코스chalkos에서 유래했다. 산소나 황은 거의 모든 금속광석에 포함되어 있다. 이 원소들의 원자는 가장 바깥쪽 전자껍질에 여섯 개의 전자가 들어 있다. 두 개의 전자는 s-궤도에 들어 있고, p-궤도에 네 개의 전자가 들어 있다. 따라서 이 원소들의 전자구조는 $s^2 p^4$로 끝난다. 일반적으로 같은 전자구조를 가지고 있으면 비슷한 성질을 갖는다. 이것이 주기율표가 만들어진 기본 원리이다. 그러나 16족 원소들의 성질은 다른 족 원소들보다 다양하다. 그것은 부분적으로는 전자구조 때문이다. 가장 바깥쪽 전자껍질을 가득 채우기 위해서는 두 개의 전자를 얻거나 네 개의 전자를 잃거나(s-궤도에 두 개의 전자를 남겨놓고), 또는 여섯 개의 전자 모두를 잃어야 한다. 원자가 이 중 어떤 것을 선택하느냐 하는 것은 특정한 상황과 원자의 크기에 따라 달라진다. 16족의 맨 위쪽에 있는 산소는 원자의 지름이 작아 가장 바깥쪽 전자가 상대적으로 원자핵에 가까워 전자를 잃기 어렵다. 대신 쉽게 전자를 받아들일 수 있어 산소는 비금속의 성질을 갖는다. 훨씬 큰(가장 아래쪽에 있는) 폴로늄은 쉽게 전자를 잃을 수 있다. 따라서 금속 원소이다. 산소는 16족에 속하는 원소 중에서 가장 중요한 원소로, 지각과 수권(지구의 물)에 가장 많이 포함되어 있고, 공기 중에는 두 번째로 많이 포함되어 있다. 또한 생명체 질량의 많은 부분을 차지하고 있으며 사람은 65%가 산소이다.

8
O
산소
Oxygen

원자번호	8
원자반지름	60 pm
산화 상태	**−2**, −1, +1, +2
원자량	16.00
녹는점	−219℃
끓는점	−183℃
밀도	1.43 g/L
전자구조	[He] 2s² 2p⁴

원자번호가 8번인 산소는 수소와 헬륨 다음으로 우주에 세 번째로 많이 분포하고 있는 원소이다. 산소 원자핵은 대부분의 별 내부에서 합성된다. 가장 흔한 산소의 동위원소인 산소-16은 네 개의 헬륨 원자핵이 융합하여 만들어졌다. 산소는 지구 전체로는 철 다음으로 많고, 지각에는 가장 많이 포함되어 있다. 지각에 포함되어 있는 산소는 주로 산화물, 규산염(SiO_2), 탄산염(CO_3), 황산염(SO_4) 광물 안에 들어 있다.

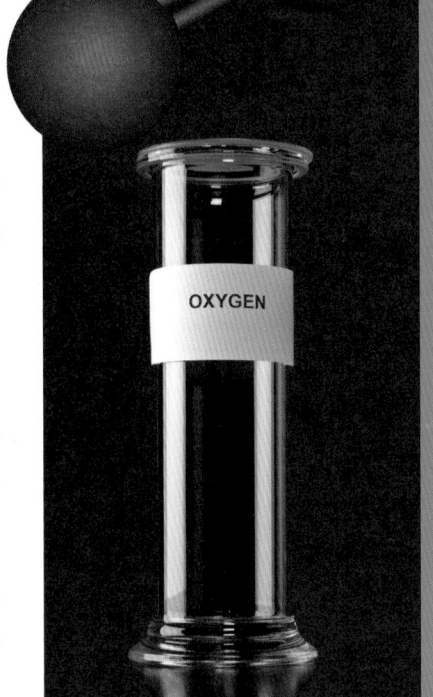

기체 용기에 들어 있는 원소 상태의 산소. 표준 온도와 압력에서 산소는 이원자분자로 이루어진 색깔 없는 기체로 존재한다(모형 그림 포함).

질량으로 볼 때 산소는 순수한 물의 90%를 차지하고 있다. 그리고 물에 녹아 있는 산소는 물에 함유된 산소의 양을 더 증가시키고 있다. 산소는 대기 중에 질소 다음으로 많이 포함되어 있는 원소로 지구 대기에는 약 10^{15}톤의 산소가 포함되어 있다. 대기 중에 포함된 산소의 대부분은 이원자분자(O_2) 상태로 존재하며 건조한 공기의 21%를 차지하고 있다. 공기 중에 포함된 수증기의 양은 변화가 심하므로 대기 중 원소의 비율은 수증기를 뺀 건조한 공기에서 측정한다.

산소는 모든 원소 중에서 반응성이 가장 큰 원소 중 하나이다. 대부분의 산소가 물, 암석, 이산화탄소처럼 다른 원소와 결합된 상태로 발견되는 것은 이 때문이다. 대기와 바다가 많은 양의 산소를 포함할 수 있는 것은 지구 상의 생명들이 광합성 작용의 부산물로 산소를 계속 재공급하고 있기 때문이다. 식물과 특정한 종류의 세균은 햇빛(광) 에너지를 이용하여 살아가는 데 필요한 분자를 만들어내는(합성) 광합성을 한다. 산소는 빛 에너지를 이용해 물 분자를 수소이온(H^+)과 산소 기체 그리고 자유전자로 분리시키는 첫 번째 단계에서 만들어진다. 수소이온과

산소족 −16족

코스타리카의 짙은 우림. 열대우림은 햇빛에서 얻는 에너지를 이용하여 물을 분해하는 광합성 작용의 첫 단계에서 매년 1헥타르 당 약 100톤의 산소를 생산한다.

자유전자는 이산화탄소와 반응하여 포도당($C_6H_{12}O_6$)과 같은 탄수화물로 시작되는 에너지를 저장하는 유기 분자들을 합성한다. 산소 원자는 모든 단백질, 지방, DNA와 같은 생명 과정에 관계하는 분자들 안에도 존재한다.

지구에 광합성 작용을 하는 생명체가 처음 나타난 것은 약 30억 년 전이다. 처음 수억 년 동안에는 이 생명체들이 만들어낸 산소 대부분이 바다에 녹아 있는 철과 반응했다. 이때 형성된 물에 녹지 않은 산화철이 오래전에 형성된 퇴적암에서 발견되는 띠 모양을 한 붉은 색깔의 철광석 층을 이루고 있다. 그러나 바다에 녹아 있던 철이 모두 산화되자 점차 공기 중의 산소 함량도 높아지기 시작했다. 대기 중의 산소가 늘어난 것은 약 24억 년 전에 시작되어 3억 년이나 계속된 빙하기의 원인이었을 수도 있다. 이론에 의하면 자유 산소는 대기 중에 포함된 메테인(CH_4)과 반응하여 이산화탄소를 만든다. 이산화탄소는 메테인보다 온실효과가 작은 기체여서 지구의 온도가 내려간다.

약 4억 5000만 년 전에 식물이 육지에 살기 시작하면서 대기 중의 산소 함량이 급격히 증가했고 오래지 않아 동물이 진화하여 산소를 많이 포함하고 있는 공기 중에서 살아가게 되었다. 약 3억 년 전인 석탄기에는 대기 중 산소의 양이 가장 높아 30%에 달했다. 이는 육지의 대부분이 산소를 생산하는 짙은 숲과 높은 나무들로 뒤덮여 있었기 때문이다. 석탄기에는 많은 곤충들이 오늘날의 곤충보다 훨씬 크게 자랐다. 그것은 거의 틀림없이 높은 산소 함유량 때문이었을 것이다. 곤충의 크기는 숨 쉬는 방법에 의해 제한된다. 곤충에게는 숨구멍이라 부르는 구멍이 몸 안의 관과 연결되어 있다. 산소는 이 관을 통해 직접 곤충의 세포로 확산되기 때문에 곤충

이 크면 클수록 관도 커야 한다. 따라서 오늘날의 공기 중에서는 길이가 30cm를 넘는 곤충은 관이 곤충 자신보다도 커야 하는 만큼 존재하지 않는다. 그러나 석탄기의 산소를 많이 포함하고 있는 공기 중에서 살던 곤충이나 거미는 관이 작아도 되었기 때문에 몸집이 더 클 수 있었다. 산소가 세포로 확산되는 속도는 공기 중에 포함되어 있는 산소의 양에 따라 달라지기 때문이다. 따라서 석탄기에는 일부 날아다니는 곤충의 날개 길이가 1m에 가까웠고, 바퀴벌레는 오늘날의 바퀴벌레보다 10배나 더 컸다. 이때는 다리 길이가 50cm나 되는 거미도 있었다.

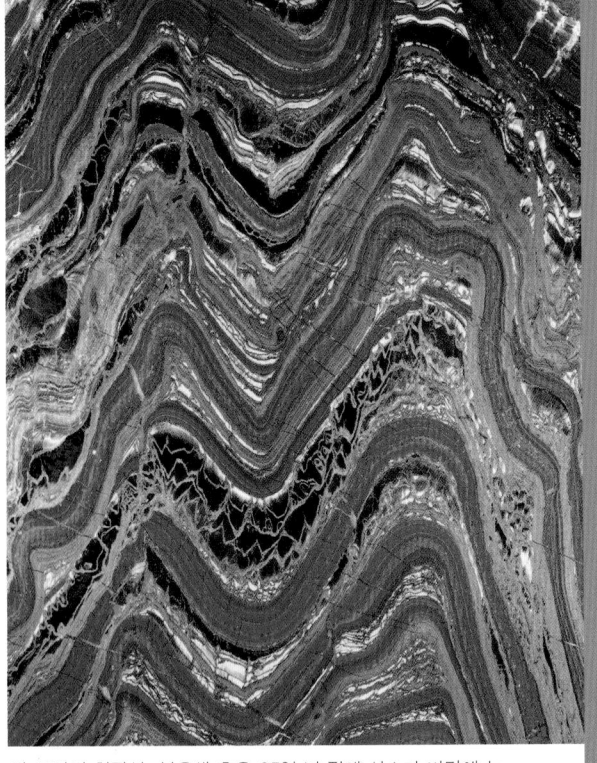

띠 모양의 철광석. 붉은색 층은 25억 년 전에 산소가 바다에 녹아 있던 철과 반응하여 만들어낸 산화철을 다량 포함하고 있다. 산화철은 물에 녹지 않아 바다 바닥에 가라앉아 퇴적되었다.

예술가들이 상상하여 그린 석탄기의 모습. 아주 큰 곤충들이 산소가 많은 대기 중에서 번성했다.

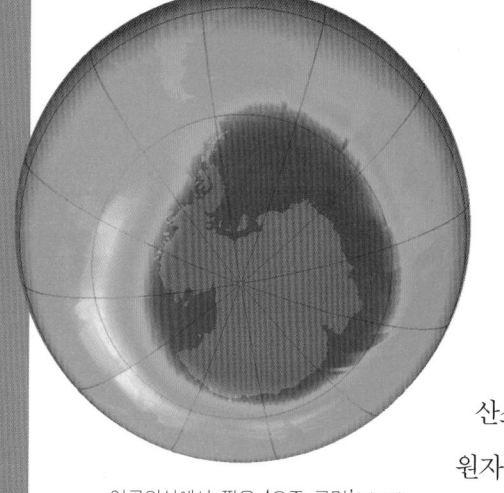

인공위성에서 찍은 '오존 구멍'(자주색)의 모습. 남극 상공의 오존층이 얇아지고 있다. 냉장고와 에어로졸에서 방출되는 염화불소탄소(CFCs)가 오존층을 파괴하고 있다.

공기 중 산소 증가의 또 다른 결과는 산소 원소의 또 다른 형태(동소체)인 오존(O₃) 분자의 생성이었다. 전체 공기에 비해 적은 양이지만 대부분의 오존은 지상 20~30km 사이에 있는 오존층에 존재한다. 오존층은 지구 상의 생명체에게 해로운 자외선 대부분을 차단한다. 자외선 광자가 오존 분자(O_3)에 충돌하면 오존 분자가 산소 분자(O_2)와 반응성이 큰 산소 원자(O)로 분리된다. 산소 원자는 즉시 산소 분자와 결합하여 다시 오존 분자를 만들면서 열을 방출한다. 이 반응의 최종 결과는 해로운 자외선을 열로 바꾼 것이다.

오존은 독성을 가지고 있다. 따라서 낮은 고도에 있는 오존은 오염 물질로 간주된다. 오존은 맑은 날 대도시 위에 걸쳐 있는 광화학스모그의 주성분이다. 햇빛이 산화질소의 분해를 촉진시켜 오존을 생성하기 때문이다.

산소는 연소에서 핵심 역할을 한다. 나무, 양초, 화석연료와 같이 우리가 태우는 대부분의 물질은 탄소와 수소를 많이 포함해 타면서 수소(H)와 탄소(C)가 산소와 결합하여 물(H_2O)과 이산화탄소(CO_2)를 만들어낸다. 이는 발열반응으로, 물질을 연소시키면 열이 발생하는 것은 이 때문이다. 대부분의 생명체를 이루고 있는 세포 내부에서는 유기

미국 캘리포니아에 있는 로스앤젤레스 상공에 만들어진 광화학적 스모그를 공중에서 본 모습. 이런 스모그의 주성분은 오존이다. 이런 스모그는 호흡기를 불편하게 하거나 손상시킬 수 있다.

호흡이라고 부르는 일련의 조절된 연소 반응을 통해 생명체가 살아가는 데 필요한 에너지를 얻는다. 유기호흡은 광합성의 반대 반응이다. 광합성에서는 산소와 탄수화물이 만들어지지만 호흡에서는 산소와 탄수화물이 반응하여 물과 이산화탄소를 만들어낸다. 식물도 광합성을 통해 저장해두었던 에너지를 사용하기 위해 호흡을 한다.

남극에 있는 핼리 연구소의 한 모듈. 이 연구소에서 1985년에 오존 구멍을 발견했다. 이 연구소의 과학자들은 아직도 오존층의 상태를 감시하고 있다.

1770년의 산소 발견을 이끌어낸 것은 호흡과 연소에서의 산소의 역할이었다. 영국 화학자 조지프 프리스틀리^{Joseph Priestley}는 1775년에 처음으로 산소를 발견했다고 발표했다. 이미 1년 전에 산화수은(HgO)을 가열하여 산소 기체를 만들어내고 성질의 일부를 알아냈던 프리스틀리는 새로운 기체 안에서는 보통의 공기 안에서보다 쥐가 더 오래 산다는 것과 물건이 빠르게 연소한다는 것을 발견했다. 또한 식물이 이 기체를 만들어낸다는 것도 알아냈다. 스웨덴의 화학자 카를 빌헬름 셸레^{Carl Wilhelm Scheele}도 1772년에 프리스틀리와 같은 실험을 했지만 그의 실험은 1777년까지 발표되지 않았다.

산소가 원소라는 것을 알아내고 산소라는 이름을 붙인 사람은 프랑스의 화학자 앙투안 라부아지에^{Antoine Lavoisier}였다. 1774년에 라부아지에도 산화수은에서 산소를 발생시켰다. 3년 후에는 수은을 공기 중에서 가열하여 산화수은을 만들어내는 반대 실험을 했다, 라부아지에는 공기 중 일부가 사용되었다는 것과 수은의 무게가 처음 수은의 무게보다 증가했다는 것을 알아낸 뒤 물을 수소와 산소로 분해하기도 했다. 이 실험들은 현대 화학의 기초가 되었고 라부아지에가 화학반응에서는 반응물질과 생성물질의 질량이 같아야 한다는 질량보존의 법칙을 발견하도록 했다. 라부아지에는 모든 산이 새로운 원소인 산소를 포함하고 있다고 잘못 믿었기 때문에 산소의 이름을 '산을 만드는 것'이라는 뜻에서 'oxygen(산소)'이라고 불렀다.

금속판을 절단하는 데 사용하는 토치. 산소와 연료를 혼합하여 고온의 불꽃을 만들어내고 다른 산소 바람이 금속을 태워 날려버려 금속이 절단된다.

풍부하게 존재하고 반응성이 크기 때문에 산소는 자연적이든 산업체에서 이루어지는 것이든 거의 모든 반응에 여러 가지 방법으로 관계하고 있다. 그러나 대부분의 경우 산소 원소로서가 아니라 산소 화합물로 작용한다. 많은 금속광석은 금속의 산화물이므로 순수한 금속을 얻기 위해서는 산소를 제거해야 한다. 철의 생산(87쪽 참조)은 산화철(Fe_2O_3, Fe_3O_4)에서부터 시작된다. 산화철을 고로 안에서 탄소(주로 코크스)를 함유한 물질과 함께 높은 온도로 가열하여 산화철 안의 산소와 탄소가 반응하여 이산화탄소가 만들어지도록 한다. 이렇게 만든 철은 대개 많은 양의 탄소를 포함하고 있어 부서지기 쉽다. 탄소나 황과 같은 불순물을 태워버리기 위해서는 순수한 산소를 전환로에 불어넣는다.

매년 수백만 톤의 산소가 산업적으로 생산되고 있다. 이 중 반 이상이 제강에 사용된다. 그리고 나머지의 많은 부분은 화학 산업에 사용된다. 산소는 또한 금속의 산소 용접에도 사용된다. 공급되는 순수한 산소가 연료와 결합하여 온도가 높은 강력한 불꽃을 만들어낸다. 일반적으로 사용되는 연료는 아세틸렌으로도 알려져 있는 에틴(C_2H_2)이다. 비슷한 과정이 금속을 절단하는 데도 사용된다. 불꽃이 금속을 높은 온도로 가열하기 때문에 산소를 표면에 직접 불어넣는다. 금속이 타면서 액체 상태의 금속 산화물이 만들어지지만 불려 날아가기 때문에 깨끗한 절단면이 남는다.

일부 우주 로켓은 연료(추진제)와 분리된 액체산소를 가지고 있다. 연소를 위해서는 산소가 필요하고 연소 속도는 산소 공급에 의해 제한되기 때문에 순수한 산소를 가지고 있으면 아주 빠른 속도로 연료를 연소시킬 수 있다. 그리고 공기가 없는 우주에서 연소시키기 위해서도 산소를 가

져가야 한다. 일부 로켓은 가열하면 많은 양의 산소를 방출하는 산화제라고 부르는 화합물로부터 필요한 산소를 공급받는다. 산화제는 보통 추진제와 섞어서 사용한다. 그러나 때로는 추진제와 산화제가 화학적으로 결합된 경우도 있다. 폭약도 산화제를 포함하고 있다. 예를 들면 전통적인 화약의 한 성분인 초석(질산칼륨, KNO_3)은 산화제이다.

원소 상태의 산소는 병원에서 치료용으로 쓰이는 보충용 산소, 그리고 다른 기체와 섞어 고도가 높은 곳이나 물속에서 작업하는 사람들이 숨을 쉬는 공기로 사용하기도 한다. 승객용 항공기에서 응급 상황에 승객들에게 제공하는 호흡 기체는 산소를 많이 포함하고 있는 염소산나트륨($NaClO_3$)나 과산화바륨(BaO_2)과 같은 광물로부터 필요에 따라 화학적으로 만들어낸다.

순수한 산소는 공기의 분별 증류를 통해 대량으로 생산된다. 이 과정에서는 액화된 공기의 온도를 서서히 높이면 공기의 각 성분들이 다른 온도에서 증발한다. 액체산소는 −183℃에서 끓는다. 산소와 질소는 공기의 99%를 차지하고 있다. 질소가 먼저 증발하고 나면 거의 순수한 산소가 남는다. 액체산소는 차가운 상태로 대형 진공 플라스크에 모으거나 산소 기체를 발생시키기 위해 증발시킨다. 그런 다음 압축하여 고압 용기를 이용해 필요한 곳으로 수송한다. 산소 기체는 색깔이 없는 것처럼 보이지만 실제로는 아주 희미한 푸른색이고 약한 자성을 띤다(하늘이 파란 것은 산소의 색깔 때문이 아니다). 액체산소의 부피는 기체 산소 부피의 800분의 1밖에 안 된

다. 액체산소는 물보다 약간 밀도가 높으며 기체와 마찬가지로 알아볼 수 있을 정도로 푸른 기가 돌고 강력한 자석에 끌린다. 액체산소는 −219℃에서 얼어 고체 산소를 형성하는데 역시 희미한 푸른색을 띠며 DVD를 만드는 데 사용되는 폴리카보네이트의 밀도와 거의 비슷하다.

이중벽을 가진 보온 플라스크의 바닥에 모인 액체산소. 액체산소와 고체 산소는 특유한 푸른 기가 돈다.

16	
S	
황	
Sulfur	

원자번호	16
원자반지름	100 pm
산화 상태	**−2**, −1, +1, **+2**, +3, **+4**, +5, **+6**
원자량	32.07
녹는점	115℃
끓는점	718℃
밀도	2.00 g/cm³ (동소체에 따라 약간씩 다르다)
전자구조	[Ne] 3s² 3p⁴

황은 다른 어떤 원소보다도 많은 동소체를 가지고 있다. 알려진 30여 가지 동소체 중에서 가장 잘 알려진 두 가지 동소체는 여덟 개의 황 원자로 이루어진 밝은 노란색 고체 결정이다. 약 200℃로 가열하면 두 동소체 모두 녹

화산 지역에서 발견된 자연적으로 형성된 결정 상태의 황. 이 결정은 화산에서 방출된 황화수소 기체가 차가운 공기 중에서 농축되어 만들어졌다.

아서 끈기 있는 붉은색 액체가 된다. 액체 상태에서도 여덟 개의 원자는 원래 상태로 남아 있다.

이 원소의 영어 이름인 설퍼^{sulfor}는 라틴어 'sulpur' 또는 'sulfur'를 변형한 것이다. 고대 그리스에서는 설퍼 테이온$^{sulfur\ theion}$이라고 불렀는데 황을 함유한 많은 화합물 이름에 이 이름의 흔적이 아직도 남아 있다. 황 화합물 중에는 '티오$^{thio-}$'로 시작되는 이름이 많다. 티올^{thiol}이라고 부르는 화합물들이 대표적인 예이다. 성경에서는 황을 '유황'이라고 불렀다. 신의 분노를 나타낼 때 '불과 유황'이라는 표현을 사용했으며 코란에도 언급되어 있다. 1770년대에 프랑스 화학자 앙투안 라부아지에는 원소는 한 종류의 순수한 물질이고, 화합물은 하나 이상의 원소가 결합

된 물질이라고 하여 원소와 화합물을 현대적으로 정의했다. 또 1777년에는 황이 원소라는 것을 알아내고 그때까지 알려졌던 30여 가지 원소를 실은 원소표에 포함시켰다(그의 원소표에는 원소가 아닌 것도 포함되어 있었다).

수백 년 동안 황의 영어 이름은 'sulfur'와 'sulphur' 두 가지가 사용되었다. 19세기 후반까지 미국에서는 'sulfur', 영국에서는 1990년까지 'sulphur'를 주로 사용했다. 1990년에 국제순수응용화학연합이 모든 영어를 사용하는 화학자들은 'sulfur'를 사용하라고 선언했다.

자연에서 원소 상태로 발견되기 때문에 황은 고대 문명에도 알려져 있었다. 기록된 역사가 시작되기 전부터 사람들은 동굴 벽을 칠하는 페인트의 염료로 진사라고도 알려져 있는 밝은 붉은색이 도는 오렌지색 황화수은(II)(HgS)을 사용했다. 진사를 가열하면 빛나는 수은 금속 구슬이 만들어지기 때문에 진사는 연금술사들을 매료시켰다. 오늘날 진사는 수은의 주요 광석이다(123쪽 참조). 고대 문명에서는 때로 종교적인 행사에서 악마를 쫓아내기 위해 황을 태우기도 했다. 또한 해충이나 다른 감염원을 없애고 집을 소독하기 위해서도 태웠다. 오늘날에는 정원사들이 순수한 '황 분말'을 살충제로 사용하고 있다.

중앙아메리카에서는 황을 자연산 고무와 함께 가열하여 덜 끈적거리게 하고 탄성을 증가시켰으며 오래 사용할 수 있도록 했다. 현재 가황이라고 알려져 있는

황 덩이를 가열하면 짙은 붉은색 액체가 만들어진다.

붉은 양파 조각. 양파를 자르면 세포벽이 파괴되어 화학반응이 시작돼 신프로페인티올황산화물(C_3H_6OS)이라고 부르는 황 화합물을 만들어낸다. 이 휘발성 기체가 눈을 불편하게 만든다. 이 물질을 씻어내기 위해 눈물이 흐른다.

산성비에 의해 죽은 나무들. 산성비의 주원인은 석탄을 사용하는 발전소에서 방출한 이산화황이다. 이산화황이 빗물에 녹아 산성비를 만든다.

인도네시아 자바의 카와이젠 화산 분화구 호수 주변의 매장지에서 캔 순수한 황을 나르고 있는 사람들.

이 과정은 1839년에 미국의 발명가 찰스 굿이어$^{Charles\ Goodyear}$가 다시 발견했다. 고무는 작은 분자가 반복적으로 길게 연결되어 만들어진 자연산 고분자이다. 황 원자는 긴 고분자 사이에 교차 결합을 만드는 데 이것이 고무의 탄성과 안정성을 증가시킨다. 자동차 타이어에서 실리콘 러버 스위치와 구두 바닥에 이르기까지 다양한 제품의 용도에 맞추기 위해 여러 가지 합성고무도 가황 과정을 거친다.

황을 성냥개비 머리에 바른 초기 성냥은 16세기에 중국에서 만들어졌다. 그 후 오랫동안 황은 성냥 머리의 주요 성분으로 사용되었으며 현대의 안전성냥에도 적은 양이지만 사용되고 있다. 9세기에 중국의 승려들과 연금술사들은 황이 가지고 있는 가연성의 또 다른 용도를 발견했다. 황을 화약의 중요한 성분으로 사용하기 시작한 것이다. 전통적인 '흑색화약'은 탄소 공급원(일반적으로 목탄의 분말), 초석(질산칼륨KNO_3), 황으로 이루어져 있다. 이 혼합물에서 황은 연소에 필요한 온도를 낮추어 탄소 분말이 빠르게 연소될 수 있도록 하며, 황 자체도 연소되므로 전체적인

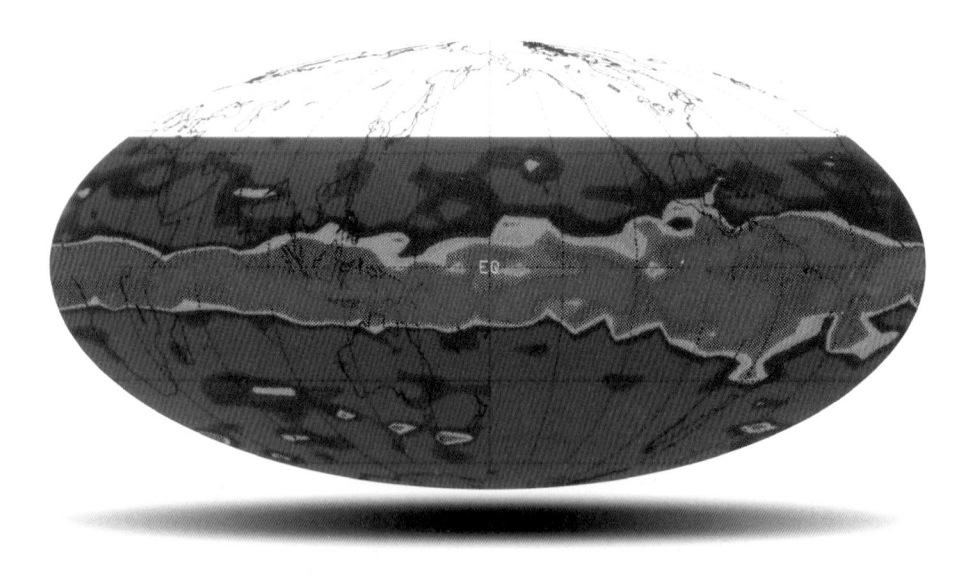

NASA 인공위성이 필리핀에 있는 피나투보 화산이 분출한 후에 찍은 사진. 붉은색과 초록색으로 나타낸 이산화황 분포가 보여주는 것처럼 화산은 엄청난 양의 이산화황을 공기 중으로 방출한다.

가연성을 높여준다.

황은 오랫동안 활화산이나 온천 부근에서 채광했다. 오늘날에도 이런 위험한 작업이 인도네시아 같은 일부 지방에서 이루어지고 있다. 이런 곳에서는 이산화황과 같은 유독한 기체와 뜨거운 열기로 인해 작업자의 건강이 위협받고 있다. 그러나 대부분의 황은 화석연료에 불순물로 포함되어 있는 황을 분리해내어 생산된다. 많은 황을 포함하고 있는 화석연료를 연소시키면 중요한 오염원으로 산성비의 원인이 되는 이산화황이 만들어진다. 황은 일부 금속을 제련하는 과정에서 부산물로 얻어지기도 한다. 이와 같은 광석 중 하나가 황화철(FeS_2) 광물인 황철석이다. 과거에 일부 광부들은 금속 광택과 금과 비슷한 색깔 때문에 황철석을 금으로 오해해 황철석은 '바보의 금'이라는 별명을 얻었다. 중국의 연금술사들은 3세기에 이미 황철석에서 황을 추출할 수 있다는 것을 알았다.

황에는 중요한 화합물이 여러 가지 있다. 메타중아황산나트륨($Na_2S_2O_5$)은 포도주나 맥주 제조에서 소독제와 보존제로 널리 사용되고 있다. 이 편리한 분말은 물에 녹으면 이산화황을 방출한다. 이산화황은 기체로 연한 과일을 저장하거나 수송하는 동안 더 오래 저장할 수 있는 기체 환경을 만든다. 이산화황(실제로는 황 자체의)의 주요 용도는 현대 화학 산업에서 가장 중요한

화합물 중 하나인 황산 제조이다. 전 세계 황산 생산량은 매년 2억 톤이 넘는다. 황산은 비료의 제조, 세척제, 염색, 의약품, 납-산 자동차 전지의 전해질을 비롯해 다양한 용도로 사용된다. 또 다른 중요한 황 화합물은 상온에서 기체인 육불화황(SF_6)이다. 이 화합물은 발전소에서 사용하는 커다란 스위치의 절연제나 이중 창문에 주입하는 기체로 사용된다.

포도주 주입 기계와 포도주 병들. 나트륨과 칼륨 아황산수소염은 일반적으로 위생 설비에 사용된다. 포도주 자체도 이 화합물에 의해 이산화황을 방출하여 세균을 죽이고 항산화제로 작용하여 맛과 색깔을 유지시킨다.

순수한 황은 냄새가 없고 독성도 아주 작지만 많은 황 화합물은 심한 냄새가 나고 일부는 독성이 강하다. 양파와 마늘 냄새는 모두 유기 황 화합물 때문이다. 뷰테인티올(부틸메르갑탄이리고도 알려진, $C_4H_{10}S$)은 냄새가 없는 천연가스에 첨가하여 냄새를 통해 가스가 새는 것을 빨리 알아차릴 수 있도록 하는 용도로 사용되고 있다. 에테인티올(에틸메르캅탄, C_2H_6S)을 포함한 다른 티올은 스컹크가 내뿜는 역겨운 냄새가 나는 액체의 주성분이다. 이산화황(SO_2) 기체는 불쾌한 냄새가 나는 기체로 농도가 높으면 독성이 있다. 황화수소(H_2S)는 썩은 달걀 냄새로 잘 알려져 있으며 농도가 높으면 유독하다.

Group 16

34
Se
셀레늄
Selenium

원자번호	34
원자반지름	115 pm
산화 상태	−2, +2, +4, +6
원자량	78.96
녹는점	221℃
끓는점	685℃
밀도	4.50 g/cm³ (동소체에 따라 약간씩 다르다)
전자구조	[Ar] 3d¹⁰ 4s² 4p⁴

셀레늄은 종종 자연에서 다른 원소와 결합하지 않은 원소 상태로 발견된다. 보통 활철석(황화철FeS₂)과 같이 황을 함유한 광석에 소량 포함되어 있으며 1817년에 셀레늄이 처음 발견된 것도 황철석 샘플에서였다. 스웨덴 마리프 레드에 있는 황산 공장의 공동 소유주였던 스웨덴 화학자 옌스 야코브 베르셀리우스와 요한 고틀리프 간은 황철석에서 얻은 황을 공장 화로에서 태운 뒤 남은 찌꺼기를 조사하고 있었다. 이 찌꺼기에는 처음 그들이 텔루륨라고 오해한 붉은 물질이 포함되어 있었다. 분석을 더 해본 베르셀리우스는 자신의 실수를 알아내고 새로운 원소의 발견을 선언했다. 그는 그리스 달의 여신인 셀렌Selene을 따라 셀레늄이라고 이름 지었다. 30년 전에 발견된 텔루륨는 로마의 지구 신 이름을 따서 명명했다. 스페인의 학자 아르날두스 드 빌라 노바Arnaldus de Villa Nova는 베르셀리우스보다 500년 전에 같은 붉은색 황 찌꺼기를 발견했지만 이것이 화학원소라는 것은 알지 못했다.

셀레늄의 회색 반금속 형태의 샘플. 다른 중요한 셀레늄 동소체는 붉은색 비금속이다.

여러 가지 비타민과 셀레늄을 함유한 보조 식품. 셀레늄 원소는 우리 몸에서 세포 내부의 손상을 방지하는 효소들의 일부를 이루는 것을 포함해 많은 역할을 한다.

셀레늄 원소는 두 가지 형태(동소체)로 존재한다. 하나는 붉은색 비금속이고(베르셀리우스와 간이 발견한), 다른 하나는 어두운 회색 반도체 성질을 가지고 있는 반금속이다. 빛이 회색 셀레늄 표면에 도달하면 전기저항이 변한다. 빛의 광자가 전자들을 들뜨게 하여 전도띠로 올려 보내기 때문이다. 높은 에너지 상태의

전도띠에서는 금속에서와 마찬가지로 전자들이 쉽게 원자를 떠날 수 있다. 셀레늄이 가지고 있는 이런 성질의 발견으로 셀레늄은 사진 광도계, 사진 복사기, 팩스기, CCD(디지털카메라에 사용되는 영상 장치)와 같은 곳에 사용될 수 있게 되었다. 또한 디지털 X-선 장치에도 사용된다. 셀레늄에 X-선 광자가 충돌하면 전압이 발생한다. 이 전압을 이용하면 영상을 만들어낼 수 있다.

산업에서의 셀레늄 수요는 많지 않으며 사진 장치에서의 셀레늄 사용이 다른 반도체에 의해 대체되고 있듯이 그것마저 점점 줄어들고 있다. 그러나 구리인듐갈륨셀렌(CIGS)은 인기 있는 형태의 태양전지에 점점 더 많이 사용되고 있다. 매년 2000톤 이하의 셀레늄이 생산되며, 대부분 구리 추출의 부산물로 얻어진다. 생산된

복숭아는 셀레늄, 비타민 C, 비타민 A를 만드는 베타카로틴이 많다.

전문가가 디지털 X-선 영상 장치에 사용될 판을 준비하고 있다. 이 판은 유리로 만든 후 X-선 광자가 충돌하면 전자를 발생시키는 셀레늄으로 코팅했다.

셀레늄의 3분의 1씩이 유리 제조와 망간 추출에 사용되고 있다. 유리 제조에서는 이산화셀렌 (SeO_2)의 붉은 염료가 철 불순물로 인해 일반적으로 나타나는 황-녹 색깔을 없애기 위해 사용된다. 더 많은 양의 셀레늄은 붉은색 유리를 만드는 데 사용된다. 건축용 유리에서는 셀레늄이 통과하는 자외선의 양을 감소시킨다. 망간 광석과 이산화셀레늄의 혼합물 용액에서는 망간을 추출해낼 수 있다. 양이 많으면 셀레늄이 독성을 나타내기 때문에 이 과정의 폐기물은 신중하게 처리해야 한다.

독성에도 불구하고 셀레늄은 동물과 일부 식물의 필수 원소이다. 동물에서 셀레늄은 여러 가지 효소의 작용에 관계하고 일부 항산화 비타민의 작용에도 관여한다. 셀레늄을 많이 함유한 식품에는 브라질 호도, 참치, 칠면조, 해바라기씨 등이 있다. 이때 식물이나 칠면조는 셀레늄을 많이 포함하고 있는 환경에서 자란 것이어야 한다.

Group 16

52
Te
텔루륨
Tellurium

원자번호	52
원자반지름	140 pm
산화 상태	−2, +2, +4, +5, +6
원자량	127.60
녹는점	450℃
끓는점	988℃
밀도	6.24 g/cm³
전자구조	[Kr] $4d^{10}\,5s^2\,5p^4$

순수한 텔루륨은 은색 광택을 가지고 있어 금속처럼 보이지만 실제로는 반도체 성질을 가지고 있는 반금속이다. 그리고 셀레늄(191쪽 참조)과 마찬가지로 빛을 비추면 전기전도도가 달라진다. 텔루륨화카드뮴(CdTe)의 얇은 막은 일부 태양전지에 사용된다. 그러나 텔루륨의 주 용도는 구리나 납과 합금을 만드는 것이다. 또한 텔루륨은 가공성을 향상시키기 위해 강철에 첨가하기도 한다. 일부 텔루륨 화합물은 독성이 매우 강하다.

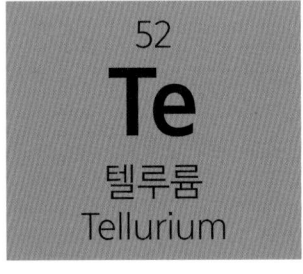

석영 암석에 박혀 있는 원소 상태의 텔루륨.

텔루륨은 1782년 오스트리아 광물학자 프란츠요제프 뮐러 폰 라이헨슈타인Franz-Joseph Müller von Reichenstein이 금 광석 샘플에서 발견했다. 폰 라이헨슈타인은 이 광석에 금 이외의 다른 금속이 포함되어 있다는 것을 알아냈다. 많은 과학자들은 이 금속이 안티몬일 것이라고 생각했지만 성질이 매우 복잡했기 때문에 문제를 만드는 금이라는 뜻으로 아우룸 프로블레마티쿰aurum problematicum이라는 별명을 얻었다. 폰 라이헨슈타인은 이 광석이 새로운 원소를 포함하고 있다고 확신했다.

텔루륨 샘플. 순수한 텔루륨은 반금속이지만 금속과 같은 은색 광택을 가지고 있다.

1798년에 독일 화학자 마르틴 클라프로트Martin Klaproth가 이 광석에서 순수한 텔루륨을 분리해 냄으로써 폰 라이헨슈타인이 옳았다는 것이 증명되었다. 클라프로트는 다음 해에 '지구'를 뜻하는 라틴어 텔루스tellus를 따라 이름을 텔루륨tellurium이라고 지었다. 텔루륨은 지각에 금과 비슷한 양이 존재해 아주 희귀한 원소이다. 매년 단지 수 톤의 순수한 텔루륨이 생산되고 있는데 대부분 구리 추출의 부산물이다.

Group 16

84
Po
폴로늄
Polonium

원자번호	84
원자반지름	190 pm
산화 상태	−2, +2, +4, +6
원자량	(210)
녹는점	254℃
끓는점	962℃
밀도	9.20 g/cm^3 (동소체에 따라 약간씩 다르다)
전자구조	[Xe] 4f^{14} 5d^{10} 6s^2 6p^4

강한 방사능을 가지고 있는 폴로늄은 1898년 폴란드 물리학자 마리 퀴리Marie Curie와 그녀의 남편인 프랑스 화학자 피에르 퀴리Pierre Curie가 발견했다. 우라늄 광석인 비치블렌드를 조사하던 퀴리 부부는 이 광석에서 나오는 방사선의 세기가 예상보다 네 배나 강하다는 것을 알아냈다. 광석을 분석해 알려진 모든 원소를 조사한 그들은 이 광석에 적어도 하나 이상의 알려지지 않은 원소가 들어 있다고 결론지었다. 실제로는 두 가지 새로운 원소가 포함되어 있었는데 그들은 폴로늄을 먼저 발견했고, 같은 해에 라듐을 발견했다. 퀴리 부부는 처음 발견한 원소의 이름을 마리 퀴리의 모국인 폴란드 이름을 따서 폴로늄이라고 지었다. 폴로늄은 1871년에 드미트리 멘델레예프가 그의 주기율표에서 잠정적으로 제안한 위치에 자리 잡았다. 멘델레예프는 아직 발견되지 않은 이 원소를 에카텔루르('텔루륨 아래')라고 불렀다.

방사성이 큰 원소에서 예상할 수 있는 것처럼 폴로늄은 매우 희귀한 원소이다. 가장 반감기가 긴 동위원소인 폴로늄-210의 반감기도 겨우 138일이다. 따라서 초기 지구에 존재했던 모든 폴로늄 원소는 오래전에 붕괴했다. 그러나 우라늄에서 시작하는 붕괴계열의 일부분으로 광석 안에서 새로운 폴로늄 원소가 계속 만들어지고 있다. 폴로늄-210 샘플은 방사성 붕괴 때 방출되는 에너지로 열이 발생한다. 폴로늄은 한때 우주선에서 사용하는 열전지의 에너지원으로 사용되었다. 인공적으로 만든 반감기가 가장 긴 동위원소(폴로늄-209)의 반감기는 100년이 조금 넘는다.

우라늄 광석인 피치블렌드의 샘플. 우라늄 광석은 자연 상태의 폴로늄이 소량 들어 있는 유일한 광석이다. 폴로늄은 이 광석에 포함된 불안정한 원자핵의 분열 생성물이다.

강력한 알파입자를 방출하는 방사성 원소인 폴로늄-210을 포함하고 있는 샘플.

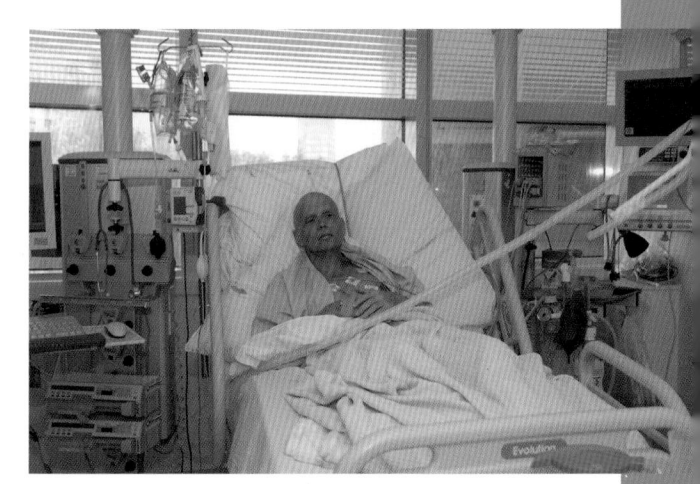

폴로늄-210은 2006년 11월 런던에서 전 KGB 요원 알렉산드르 리트비넨코를 살해하는 데 사용된 독극물로 알려졌다.

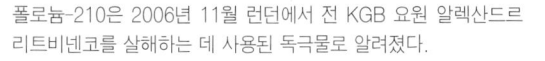

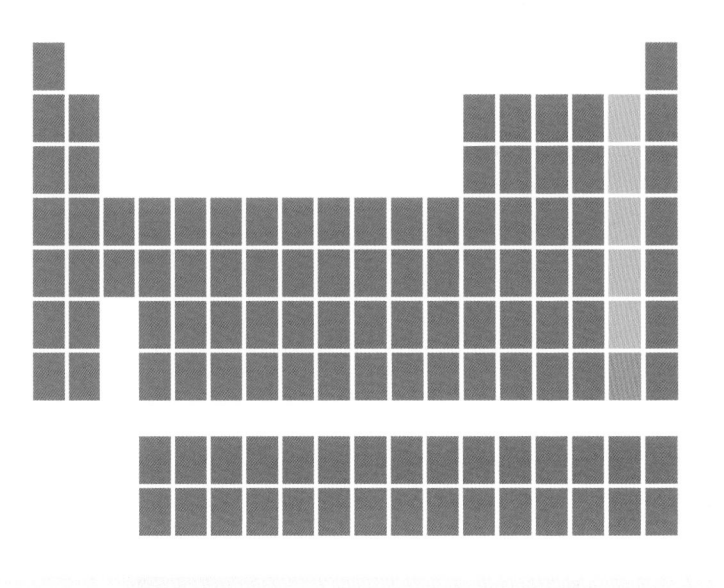

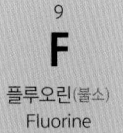

9
F
플루오린(불소)
Fluorine

17
Cl
염소
Chlorine

35
Br
브롬
Bromine

53
I
요오드(아이오딘)
Iodine

85
At
아스타틴
Astatine

117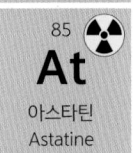
Ts
테네신
Tennessine

할로겐족

14, 15, 16족과는 달리 17족은 성질이 매우 비슷한 원소들로 이루어졌다. 17족 원소들은 모두 반응성이 큰 비금속 원소들로 모두 하나의 여분의 전자를 가지고 있는 이온을 만들고 비슷한 화합물을 형성한다. 그러나 순수한 상태에서는 17족 원소들 사이에도 차이점이 있다. 불소와 염소는 상온에서 기체이고, 브롬은 액체이며 요오드는 고체이다. 이런 차이는 아래로 내려가면서 원자량이 증가하기 때문이다. 아스타틴은 17족의 다른 원소들과는 달리 매우 불안정한 방사성 원소이다. 17족에는 117번 원소인 테네신도 포함되어 있다. 자연에서는 발견되지 않는 원소로 원자핵 실험실에서 만들어진 117번 원소는 다른 초우라늄 원소와 함께 228~236쪽에서 다룰 것이다.

17족 원소들의 전자구조는 모두 $s^2 p^5$로 끝난다. 하나의 전자만 더 있으면 p-궤도가 채워질 수 있다. 따라서 17족 원소들은 원자의 가장 바깥쪽 전자껍질을 채우기 위해 하나의 전자를 필요로 한다. 17족 원소들은 1족 원소(36쪽 참조)들과 반대라고 할 수 있다. 1족 원소들은 전자 하나를 잃고 가장 바깥쪽 전자껍질을 가득 채우는 반면 17족 원소들은 전자 하나를 얻어 가장 바깥쪽 전자껍질을 가득 채운다. 따라서 17족 원소들은 모두 이온 화합물 안에서 음이온으로 발견된다. 17족 원소들의 음이온은 주로 양이온인 알칼리금속과 이온 화합물을 만든다. 양이온인 나트륨 이온과 음이온인 염소 이온이 이온 결합하여 만들어진 염화나트륨(NaCl)은 대표적인 예이다.

17족 원소들은 할로겐족이라고도 부른다. 이 말은 1842년에 스웨덴 화학자 옌스 야코브 베르셀리우스가 제안한 것으로, 오늘날의 염소를 지칭하는 이름이다. '할로겐'이라는 말은 소금을 뜻하는 그리스어 할스^{hals}에서 유래했다. 이런 이름을 붙인 것은 17족의 첫 네 원소가 모두 금속과 반응하여 보통 소금과 비슷한 화합물을 만들기 때문이다.

9
F
불소(플루오린)
Fluorine

원자번호	9
원자반지름	50 pm
산화 상태	**-1**
원자량	19.00
녹는점	-220℃
끓는점	-188℃
밀도	1.70 g/L
전자구조	[He] $2s^2 2p^5$

다른 할로겐족(17족) 원소들과 마찬가지로 불소는 가장 바깥쪽 전자껍질을 채우기 위해 하나의 전자를 더 필요로 하기 때문에 원소 상태에서 반응성이 매우 크다. 불소의 경우에는 가장 바깥쪽 전자껍질이 n=2인 두 번째 전자껍질이다(13~14쪽 참조). 불소 원자는 다른 원자로부터 쉽게 하나의 전자를 받아들여 음이온이 된다. 불소 자체는 반응성이 매우 크지만 불소 이온(F^-)은 전자껍질이 모두 채워져 있어($2s^2 2p^6$) 매우 안정하다.

주로 불화칼슘(CaF_2)으로 이루어진, 형석이라고도 불리는 불소 광물의 결정.

불소(플루오린) 원자는 채워진 전자껍질을 갖기 위해 하나의 전자가 더 필요하다는 점과 이 원자가 작아 모두 원자핵과 단단히 연결된 아홉 개의 전자만 가지고 있다는 사실을 연결해 보면 불소 원자가 공유결합을 거의 하지 않으리라는 것을 쉽게 예상할 수 있다(18~19쪽 참조). 불소 원자들은 공유결합에 관여하는 전자들을 '훔치는' 경향을 가지고 있다. 이런 성질을 전기음성도라고 부른다. 불소는 모든 원소 중에서 전기음성도가 가장 크다. 예외가 있다면 불소 원자가 다른 불소 원자와 공유결합으로 이루어진 이원자분자(F_2)를 형성할 때이다. 이원자분자인 F_2 분자는 순수한 불소의 정상적인 상태이다. 이것은 다른 할로겐 원소들의 경우도 마찬가지이다(그리고 수소, 질소, 산소의 경우도 같다). 불소는 정상 온도에서 연한 노란색 기체이며, 지각에 13번째로 많이 포함되어 있는 원소이다. 거의 대부분 광물 안에 이온 형태로 들어 있으며 불소를 함유한 가장 중요한 광물은 불화칼슘(CaF_2)으로 이루어진 형석이다. 16세기부터 제련할 때 녹는 온도를 낮추어 전체 혼합물이

형석 광물이 자외선을 받아 빛을 내고 있다. '형광'을 뜻하는 영어 단어는 이 광물의 이름에서 유래했다.

흘러내릴 수 있도록 하기 위해 철광석에 첨가했던 형석은 아직도 같은 이유로 제강에 이용되고 있다. '흐르다'라는 뜻의 라틴어는 플루오^{fluo}이다. 이 말로부터 형석을 뜻하는 플루오르스파^{fluorspar}라는 말이 만들어졌고, 형석에서 새로운 원소가 발견되자 '플루오린^{fluorine}'이라 부르게 되었다. 형광이라는 뜻의 영어 단어 '플루오레센스

플루오^{fluo}이다. 이 말로부터 형석을 뜻하는 플루오르스파^{fluorspar}라는 말이 만들어졌고, 형석에서 새로운 원소가 발견되자 '플루오린^{fluorine}'이라 부르게 되었다. 형광이라는 뜻의 영어 단어 '플루오레센스

fluorecence'도 '플루오르스파^{fluorspar}'에서 유래했다. 형광은 일부 물질에 자외선이나 다른 빛을 쪼였을 때 빛을 내는 성질을 말한다. 영국의 물리학자 조지 가브리엘 스토크스^{George Gabriel Stokes}는 1852년에 형광으로 널리 알려져 있던 '형석의 상태를 갖게 되다'는 뜻으로 이 말을 만들었다.

형석으로 만든 '불소산'에 알려지지 않은 원소가 포함되어 있다고 처음 제안한 사람은 프랑스의 물리학자 겸 화학자였던 앙드레 마리 앙페르^{André Marie Ampère}였다(현재 이 산은 불화수소산으로 알려져 있다). 영국의 화학자 험프리 데이비^{Humphry Davy}는 1813년에 '플루오스(불소)'라는 이름을 제안했다. 그러나 불소 기체를 만들어내기까지는 70년이 더 걸렸다. 불소가 반응성이 커서 다른 원소와 단단히 결합해 화합물이 매우 안정하기 때문이다. 1886년에 불소 기체를 처음 만들어낸 사람은 프랑스의 화학자 앙리 무아상^{Henri Moissan}이었다.

오늘날까지 비교적 적은 양의 원소 상태의 불소만 생산되었다(전 세계적으로 2만 톤 이하). 상업적으로 생산된 불소 기체는 즉시 다른 원소와 반응시켜 필요한 화합물을 만든다. 불소 기체는 보관이나 수송이 어렵고 위험하기 때문이다. 원소 상태 불소의 중요한 용도는 전기 스위치에 사용되는 육불화황(SF_6) 생산(190쪽 참조)과 우라늄 농축에 사용되는 것이다(143쪽 참조).

불소 기체를 포함하여 불소의 다양한 산업적 이용의 출발점은 불화수소(HF)이다. 불화수소가 물에 녹으면 불화수소산이 된다. 불화수소산은 형석을 황산과 반응시켜 만든다. 불화수소산

은 다른 할로겐 원소와 함께 여러 가지 유기화합물을 만드는 데 사용되며 이런 화합물 중에서 가장 잘 알려진 것이 염화불화탄소(CFCs)이다. 19세기에 처음 만들어진 염화불화탄소는 1920년대부터 가정용 냉장고나 산업용 냉장고의 냉매와 에어로졸 캔의 추진제로 사용되기 시작했다. 그런데 1980년대에 들어서면서 이 기체가 공기 중으로 방출되면 천천히 그러나 지속적으로 지구를 보호하고 있는 오존층을 파괴한다는 것을 알게 되었다(182쪽 참조). 1989년에 발효된 오존층 파괴 물질에 대한 몬트리올 의정서에 의해 가정용 제품의 염화불화탄소 사용은 금지되었다. 그 결과 오늘날에는 수소화불화탄소(HFCs)와 수소염화불화탄소(HCFCs)가 냉매로 널리 사용되고 있다.

또 다른 유기 불소 화합물은 폴리테트라플루오르에틸렌(PTFE)이다. 이 화합물의 주요 용도는 전기회로의 절연체로, 배관공이 사용하는 흰색의 끈끈한 방수 테이프도 이 화합물로 만든다. 그리고 이 화합물의 '늘린' 형태는 공기가 통할 수 있는 고어텍스(Gore-Tex®) 섬유를 만드는 데도 사용된다. 테플론(Teflon®)이라고도 알려진 PEFE는 요리 기구를 만드는 데 사용된다.

불화수소산은 여러 가지 무기화합물을 만드는 데 사용된다. 불소를 기반으로 하는 무기화합물 중에 가장 중요한 것은 헥사플루오로알루민산나트륨(Na$_3$AlF$_6$)이다. 이 화합물은 녹여서 알루미늄을 추출할 때 용매로 사용한다. 1880년대에 현대적 알루미늄 추출 방법이 개발될 때(149쪽 참조) 주로 헥사플루오로알루민산나트륨으로 이루어진 빙정석을 사용했다. 그러나 자연 상태의 빙정석은 매우 희귀해 오늘날에는 불화수소산을 이용하여 만든 '합성

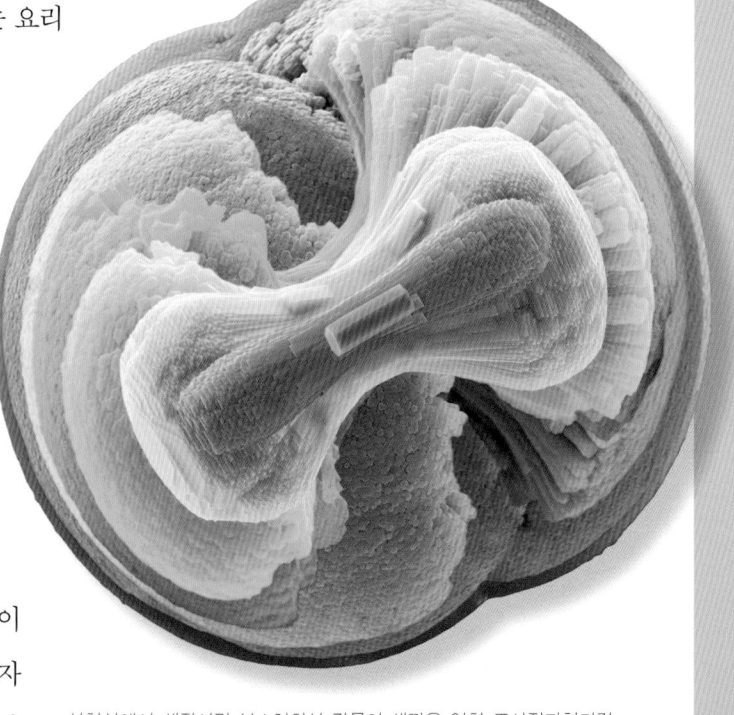

실험실에서 생장시킨 불소인회석 광물의 색깔을 입힌 주사전자현미경 사진(배율 ×1800). 이것은 물과 치약에 포함된 불화물에 의해 치아에 형성되는 단단한 광물이다.

동위원소 분리 공장. 내부에서 우라늄 광석에서 얻어진 기체 상태의 헥사플로라이드(UF₆)를 U-238 동위원소를 포함하고 있는 분자와 우라늄-235 동위원소를 포함하고 있는 분자로 분리한다. 우라늄-235는 원자로에서 핵분열에 사용된다.

빙정석'을 사용하고 있다. 생산된 불화수소산의 3분의 1이 이 용도로 쓰인다.

불화수소산은 불화나트륨(NaF)과 불화인산나트륨(Na₂PO₃F), 치약에 첨가하는 불화물 함유 화합물을 만드는 데도 사용된다. 치약에서 불화물의 주된 역할은 치아의 에나멜을 구성하는 칼슘 광물인 수산화인회석을 부식에 좀 더 강한 불소 광물인 불소인회석으로 바꾸는 것이다. 불화물 이온은 대부분의 물에 소량 포함되어 있다. 일부 지방에서는 물에 포함되어 있는 불소가 치아에 유익한 효과를 나타내기도 한다. 불소가 소량 포함된 지역의 일부 수도 회사는 치아의 건강을 증진시키기 위해 수돗물에 불소를 첨가하기도 한다. 식품 일부에도 불소가 포함되어 있는데, 한 컵의 차에는 보통 0.5mg의 불소가 포함되어 있지만 1mg보다 많이 함유한 경우도 있다. 하루에 섭취하는 불소의 양은 대략 3mg이다.

특정 지역에서는 물에 포함된 불소의 양이 정상보다 훨씬 높다. 장기적으로 지나치게 많은 불소 이온을 섭취하면 치아의 에나멜질이 약해지는 불소침착증이 생길 수 있다. 심한 경우 이러한 증상은 뼈까지 확장될 수 있다. 골격 불소침착증이 생기면 사지가 변형되고 골절이 쉽게 일어난다. 지나친 불소 섭취는 신장 손상, 갑상선기능저하증과 같은 질병을 유발할 수 있기 때문에 수돗물에 불소를 첨가하는 문제는 격렬한 논쟁 중에 있다. 이를 반대하는 사람들은 불소를 널

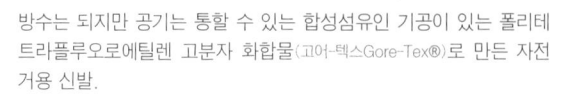
방수는 되지만 공기는 통할 수 있는 합성섬유인 기공이 있는 폴리테트라플루오로에틸렌 고분자 화합물(고어-텍스Gore-Tex®)로 만든 자전거용 신발.

리 퍼진 독소로 생각하는 반면 찬성하는 사람들은 충치의 비율을 줄이는 데 효과적이라는 것을 강조한다.

원소 상태의 불소는 독성이 매우 강하고, 불소 이온은 중간 정도의 독성을 가지고 있다. 한 번에 약 5g 이상의 불화물을 섭취하는 것은 치명적이다. 불소 화합물은 쥐약이나 살충제로 사용되었으며 사린이라고 알려진 유기 불소 화합물은 한때 화학무기로 사용되었던 물질로 현재는 법적으로 생산이 금지되었다.

17
Cl
염소
Chlorine

원자번호	17
원자반지름	100 pm
산화 상태	**−1**, +1, +2, +3, +4, **+5**, +6, **+7**
원자량	35.45
녹는점	−102℃
끓는점	−34℃
밀도	3.20 g/L
전자구조	[Ne] 3s² 3p⁵

불소와 마찬가지로 염소도 상온의 원소 상태에서 반응성이 강한 유독성 기체이다(염소는 −34℃에서 액체가 된다). 그리고 원소 상태의 염소는 보통 이원자분자(Cl_2)를 형성한다. 염소는 특징적인 심한 냄새를 가지고 있으며 황록색을 띤다. 염소를 나타내는 영어 단어 클로린chlorine은 '황록색'을 뜻하는 그리스어 클로로스chloros에서 유래했다. 불소와 마찬가지로 염소도 하나의 전자를 얻으면 가장 바깥쪽 전자껍질을 채워 안정한 전자구조를 가질 수 있다. 따라서 음전하를 띤 염소 이온 상태로 발견된다.

정상 온도와 압력에서 기체인 염소.

염소는 불소만큼 반응성이 크지는 않기 때문에 불소보다 쉽게 화합물에서 분리할 수 있다. 따라서 불소 기체를 만들기 100년 전에 염소 기체를 만든 것은 놀라운 일이 아니다. 스웨덴의 화학자 카를 빌헬름 셸레는 염산(염화수소 용액, HCl)과 산화망간(IV)(MnO_2)을 반응시켜 최초로 원소 상태의 염소를 만들었다. 셸레는 이 반응으로 만들어진 기체가 자극성 냄새를 가지고 있으며 금속과 잘 반응한다고 설명했다. 화학자들이 셸레가 만든 기체가 원소라는 사실을 알아낸 것은 그로부

19세기에 사용하던 마취용 마스크와 클로로포름이 들어 있는 병. 클로로포름은 1847년부터 1950년대에 독성이 덜한 화합물로 대체될 때까지 수술용 마취제로 사용되었다.

터 30년 이상 지난 후였다.

소금물(NaCl과 H_2O)로부터 얻은 염소 기체는 염화불화탄소(CFCs)와 클로로포름으로 더 잘 알려진 트리클로로메테인($CHCl_3$)과 같은 다양한 유기 염소 화합물을 생산하는 데 사용되고 있다. 한때 마취제로 널리 시용되던 클로로포름은 현재 주로 폴리테트라플루오르에틸렌(PTFE, 테플론)을 생산하는 데 사용되고 있다.

연금술사들과 초기 화학자들은 16세기 이후 염산을 이용해왔다. 오늘날에는 염화수소를 물에 녹여 대량으로 염산을 생산하고 있다.

염화수소는 수소 기체와 염소 기체를 반응시켜 만든다. 염화수소를 만드는 데 사용되는 수소 기체와 염소 기체는 모두 소금물에 전류를 흘려보내 만든다. 화학 산업에서 대량으로 사용하기 때문에 매년 수백만 톤의 염산이 생산되고 있다. 예를 들면 염산은 플라스틱 문틀이나 창틀을 비롯해 다양한 용도로 쓰이고 있는 폴리비닐(PVC)을 생산하는 데 사용된다. 사람의 위에는 세균을 죽이고 단백질의 소화를 돕기 위해 아주 강한 염산이 들어 있다.

CD나 MP3 플레이어가 등장하기 전에 음악을 녹음하는 데 가장 인기 있던 비닐(PVC) 레코드. PVC는 하수관, 홈통, 플라스틱 문틀이나 창틀을 만드는 데도 사용된다.

불소는 공유결합에서 전자를 '훔치는' 경향이 가장 커 이온화 경향이 가장 큰 원소지만 염소는 전자친화도가 더 큰 원소이다. 다시 말해 염소 원자가 다른 원소의 원자로부터 전자를 훔쳐 불소보다 더 쉽게 음이온을 만든다. 염소가 접촉한 원소들이 전자를 잃는 것을 산화라고 한다. 이 말은 역시 전자친화도가 높은 산소와의 반응과 관련이 있다. 예를 들면 철 원자가 산소 원자와 접촉하면 산소가 철 원자에서 전자를 제거하여 철을 산화시킨다. 다시 말해 철이 녹이 슨다. 염소의 높은 전자친화도로 인해 염소는 매우 강력한 산화제이다. 이런 성질은 염소의 응용과 밀접한 관계를 가지고 있다.

산화와 관련된 반응은 염료 분자 안의 중요한 결합을 끊을 수 있기 때문에 산화는 표백하는

결과를 가져오기도 한다. 셸레는 자신이 만든 기체를 조사하고 이 기체가 표백작용을 할 수 있다는 것을 알아냈다. 산화제는 세균이나 바이러스와 같은 병원균을 파괴할 수 있어 염소는 소독제로도 사용할 수 있다. 염소가 세포막에 포함되어 있는 화합물을 산화시켜 세균 세포의 내용물이 밖으로 흘러나오게 하여 세균을 죽인다.

원소 상태의 염소도 강력한 산화제이며 표백제이지만 염소의 일부 화합물은 더 강한 살균 및 표백 작용을 한다. 그리고 염소 화합물

가정용 표백제 병. 표백 성분은 차아염소산나트륨이다. 차아염소산나트륨은 물속에서 분해되어 산화력이 큰 염소 원소를 발생시킨다.

은 염소와는 달리 가정에서 사용할 수 있는 형태로 만들 수 있다. 예를 들면 가정용 표백제는 차아염소산나트륨($NaClO$) 용액이다. 차아염소산 이온(ClO^-) 안의 염소 원자는 정상보다 하나 적은 전자를 가지고 있다(따라서 산화수는 +1이다). 차아염소산 이온이 다른 물질과 반응하면 염소 원자가 두 개의 전자를 취하여 염소 이온(Cl^-)이 된다. 차아염소산나트륨이 강한 산화제로 표백 및 소독 작용을 할 수 있는 것은 염소 이온이 두 개의 전자를 제거하기 때문이다. 차아염소산 화합물은 수중 병원체의 확산을 방지하기 위해 수돗물에 사용하고 있다. 이 화합물은 같은 목적으로 수영장에도 사용된다. 또 다른 염소 화합물인 이산화염소(ClO_2)는 종이 재료인 펄프를 표백하는 데 사용된다.

염소의 강력한 산화작용은 염소를 유용하게 만들기도 하지만 유독하게 만들기도 한다.

제1차 세계대전 동안 독일군은 영국 진지에 염소 가스를 살포하여 수천 명을 죽이거나 불구로 만들었다. 염소는 또한 머스터드가스의 핵심 성분이다. 머스터드가스는 황과 염소를 함유한 유기화합물로 피부나 허파에 물집을 만든다. 머스터드가스는 제1차 세계대전 때 처음 사용되었고, 이후 다른 분쟁 지역에서도 사용되었다. 머스터드가스 분자 안에 있는 염소가 전자를 제거하여 염소 이온을 만들고 분자를 반응성이 큰 이온으로 만들어 DNA를 공격하도록 한다.

제1차 세계대전에서 질식 화학무기로 사용되어 널리 알려진 염소를 포함하고 있는 또 다른 화합물은 포스젠(염화카르보닐$COCl_2$)이다. 오늘날에는 포스젠이 안경 렌즈, 플라스틱 음료수 병,

CD, DVD, 블루레이 디스크 등을 만드는 데 사용되는 폴리카보네이트 생산에 중요한 역할을 하는 것을 포함해 화학 산업에서 다양한 용도로 사용되고 있다.

20세기에는 염소를 포함한 다른 많은 화합물이 평화로운 목적으로 개발되었다. 예를 들면 살충제로 사용되던 디클로로디페닐트리클로로에탄(DDT) 분자는 다섯 개의 염소 원자를 포함하고 있다. 1940년대

제1차 세계대전 동안 독성이 강한 화학무기인 머스터드가스에 대비해 방독면을 쓰고 있는 군인과 말. 방독면은 눈도 보호한다. 머스터드가스는 결막염을 일으키거나 일시적으로 시력을 잃게 한다.

와 1950년대에는 DDT가 널리 사용되었지만 미국 생물학자 레이철 카슨^{Rachel Carson}이 DDT가 발암물질이라는 것과 먹이사슬을 파괴한다는 것을 밝혀낸 후 사용량이 줄어들다가 전면 금지되었다. 그녀는 특히 DDT의 무차별적인 사용이 우는 새의 개체 수를 급격히 감소시킨다는 것을 밝혀냈다. 카슨은 이 발견을 1962년에 출판한 《침묵의 봄》에 자세히 수록했다. 많은 사람들은 이 책이 현대 환경운동의 출발점이 되었다고 생각하고 있다.

또 다른 종류의 유기 염소 화합물은 한때 변압기나 전기 스위치 기어에 냉각제로 널리 사용되었던 폴리염화바이페닐(PCBs)이다. 잔류성 유기 오염 물질에 관한 스톡홀름 협약이라고 부르는 2001년의 UN 조약은 환경에 잔류하여 야생과 인간의 건강에 좋지 않은 영향을 주는 유기 화합물의 생산과 사용을 금지하고 있다. 이 조약에 의해 금지된 거의 모든 물질은 염소를 포함하고 있다. 금지 물질 목록에는 DDT와 PCBs가 포함되어 있다.

우리가 마시는 물이나 수영장에 있는 염소도 사람의 건강에 문제가 될 수 있다. 염소는 피부세포나 땀과 같은 유기물질과 반응하여 과학자들이 소독 부산물이라고 부르는 여러 가지 물질을 만들어낸다. 이런 물질 중 일부는 DNA에 돌연변이를 일으켜 암을 유발할 수 있다. 그러나

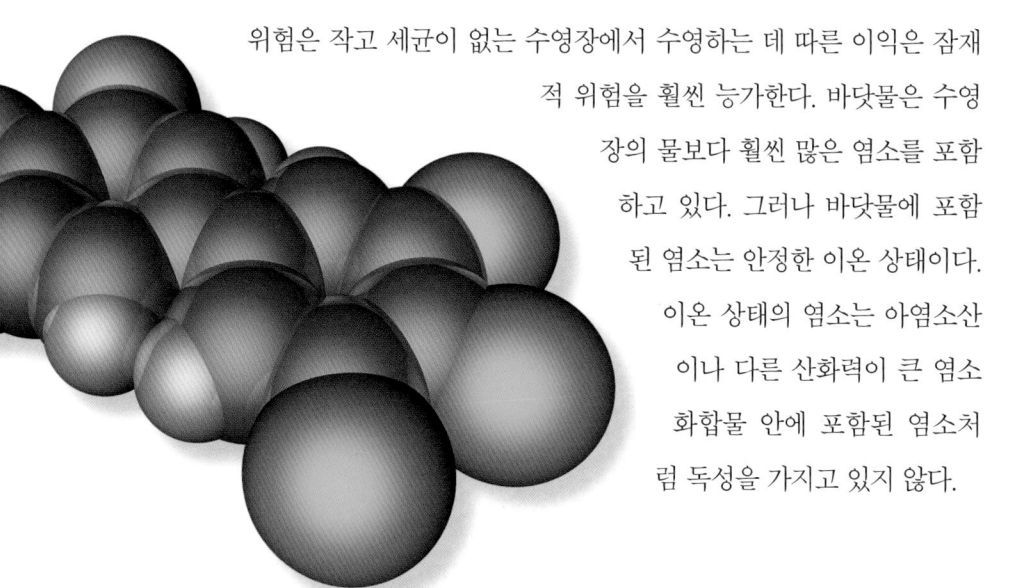

위험은 작고 세균이 없는 수영장에서 수영하는 데 따른 이익은 잠재적 위험을 훨씬 능가한다. 바닷물은 수영장의 물보다 훨씬 많은 염소를 포함하고 있다. 그러나 바닷물에 포함된 염소는 안정한 이온 상태이다. 이온 상태의 염소는 아염소산이나 다른 산화력이 큰 염소 화합물 안에 포함된 염소처럼 독성을 가지고 있지 않다.

폴리염화바이페닐이라 불리는 유독성 화합물의 분자. 이 분자($C_{12}H_5Cl_5$)는 탄소 원자(짙은 회색)로 이루어진 두 개의 고리, 다섯 개의 수소 원자(흰색), 다섯 개의 염소 원자(녹색)로 이루어졌다.

물에 녹아 염소 원소를 방출하는 차아염소산 화합물이 녹아 있는 수영장. 녹아 있는 염소는 해로운 미생물을 죽이는 데 매우 효과적이다.

35
Br
브롬
Bromine

원자번호	35
원자반지름	115 pm
산화 상태	**−1, +1, +3, +4, +5,** +7
원자량	79.90
녹는점	−7℃
끓는점	59℃
밀도	3.10 g/cm³
전자구조	[Ar] 3d¹⁰ 4s² 4p⁵

적갈색 원소인 브롬은 상온에서 액체인 두 원소 중 하나이다(다른 하나는 수은이다). 브롬은 밀도가 커서 브롬 1리터의 무게는 물 3리터의 무게와 같다. 원소 상태에서는 이원자분자(Br₂)로 존재한다. 모든 할로겐(17족) 원소와 마찬가지로 브롬도 비금속이지만 높은 압력에서는 반금속이 되어 전기와 열의 전도도가 좋은 편이고 금속 광택을 갖는다.

원소 상태의 브롬이 들어 있는 플라스크. 브롬은 표준 온도와 압력에서 적갈색 액체이다. 그러나 휘발성이 커서 항상 냄새를 풍긴다.

브롬은 지각에 화합물로 함유된, 비교적 희귀한 원소로 62번째로 많다. 브롬 이온(Br⁻)으로 물에 녹기 때문에 세계의 바다와 호수 그리고 강에는 수십억 톤의 브롬이 녹아 있다. 사람에게 브롬이 하는 생물학적 역할은 알려져 있지 않다. 그러나 일부 해양 생명체들은 브롬을 소량 섭취하는데 그 이유는 알려지지 않았다. 특정한 바다뱀은 고대 페니키아(오늘날의 레바논, 시리아, 이스라엘)에서 귀중히 여겼던 트리언 퍼플이라고 부르는 염료를 만드는 데 사용했던 브롬 화합물을 만든다.

브롬은 59℃에서 끓지만 상온에서도 증발하여 눈에 보이는 자극적인 냄새가 나는 기체를 발생시킨다. 이 원소의 이름은 악취라는 뜻의 그리스어 브로모스bromos에서 유래했다. 프랑스의 약사 겸 화학 선생이었던 앙투안 제롬 발라르Antoine Jérôme Balard는 1825년에 소금 소택지에서 얻은 소금물에서 알려지지 않은 적갈색 액체를 추출했다. 처음에는 이 액체가 요오드와 염소의 화합물일 것이라고 생각했지만 곧 그는 새로운 원소라고 확신하게 되었다. 같은 해에 독일에서 화학을 공부하던 학생 카를 뢰비히Carl Löwig도 집 부근의 광물이 녹아 있는 물에서 신비한 적갈색 액체를 얻어냈다. 그리고는 이 발견을 출판해 발라르는 공식적으로 브롬 원소의 발견자로 인정받고 있다.

1840년부터 사용된 브롬의 최초 중요한 용도는 다게레오타입 사진(112쪽 참조)이었다. 1857년에 영국 의사 찰스 로코크Charles Locock는 월경 중 간질 발작으로 고통받는 여성 환자에게 브롬화칼륨(KBr)을 처방하여 치료에 성공했다는 기록을 남겼다. 점차 이 화합물은 월경과 관계없는

간질의 치료에도 사용되기 시작했으며 여성뿐만 아니라 남성 환자의 치료에도 사용되었다. 브롬화칼륨은 최초의 성공적인 간질 치료제이자 1912년에 페노바르비탈이 등장하기 전까지 유일한 간질 치료제였다.

브롬은 강력한 산화제여서 염소의 경우와 마찬가지로 브롬의 화합물도 때로 물의 소독 그중에서도 특히 뜨거운 온천 목욕용 물의 소독에 사용된다. 브롬은 염소만큼 강력한 산화제는 아니어서 바닷물이나 호수의 물에서 추출하여 사용할 수 있다. 염소 기체 방울이 물을 통과할 때 염소 원자가 물에 녹아 있는 브롬 이온으로부터 전자를 빼앗아 브롬 원소를 만든다. 매년 전 세계에서 이런 방법으로 수십만 톤의 브롬을 생산하고 있다. 생산된 브롬의 대부분은 연소를 지연시키기 위해 플라스틱이나 섬유에 섞는 용도로 사용된다. 브롬을 첨가한 연소 지연제는 산업체에서도 널리 쓰이고 있으며 최근까지 다양한 소비재에도 사용되었다. 그러나 브롬의 독성과 오존층에 대한 영향 때문에 많은 생산자들이 대체 화합물을 찾고 있다. 진정제와 살충제를 포함하여 여러 가지 역사적 브롬 화합물의 용도가 같은 이유 또는 더 나은 대체품의 개발로 사라지고 있다. 그러나 소량을 사용하는 산업체의 용도는 아직 많이 남아, 때로 석유 시추를 돕는 액체로 사용되거나 일부 유기 브롬 화합물은 아직도 염색에 사용되고 있다.

Group 17

53
I
요오드(아이오딘)
Iodine

원자번호	53
원자반지름	140 pm
산화 상태	**−1**, **+1**, **+3**, +5, +7
원자량	126.90
녹는점	114℃
끓는점	184℃
밀도	4.94 g/cm³
전자구조	[Kr] 4d¹⁰ 5s² 5p⁵

원소 상태에서 요오드는 이원자분자(I_2)로 이루어진 고체 상태로 존재한다. 요오드는 짙은 흑청색으로 거의 금속과 같은 광택을 가지고 있다. 상온에서도 수많은 요오드 분자가 고체로부터 탈출하여 짙은 보라색 증기를 만든다. 이렇게 고체로부터 직접 기체가 만들어지는 것을 승화라고 한다. 요오드는 114℃에서 짙은 갈색 액체가 된다. 불소나 브롬, 염소만큼 반응성이 크지는 않지만 다른 원소들과 여러 가지 화합물을 만든다. 다른 할로겐 원소들과 마찬가지로 요오드는 쉽게 안정한 음이온인 요오드 이온(I^-)을 만든다. 대부분의 요오드 화합물은 이온결합 화합물이다.

원소 상태의 요오드가 들어 있는 원추형 플라스크. 표준 압력과 온도에서 진한 자주색 고체인 요오드는 승화한다 (고체에선 직접 기체로 변한다).

요오드 원자나 이온은 우주나 지구에 매우 희귀하지만 요오드 이온을 함유한 광물은 여러 가지가 있다. 이런 광물들로부터 매년 1만여 톤의 요오드가 생산되며 나머지는 소금물에서 추출한다. 요오드 자체는 물에 잘 녹지 않지만 이온 화합물 안의 요오드 이온은 물에 잘 녹는다. 따라서 바닷물은 소량의 요오드를 포함하고 있으며 소금물에는 함유량이 더 많다. 또 요오드는 해양 생물인 해초와 조류에 유기화합물, 특히 요오드화메틸(CH_3I) 형태로 포함되어 있다.

요오드는 1811년에 화약에 필요한 질산칼륨을 생산하기 위한 노력의 일부로 해초에서 나트륨과 칼륨 화합물을 추출하려고 시도하던 프랑스 화학자 베르나르 쿠르투아[Bernard Courtois]가 처음 발견했다(187쪽 참조). 그가 해초를 태우고 남은 재에 황산을 붓자 자주색 증기가 만들어졌고 이 증기를 농축하자 짙은 푸른색 결정이 만들어졌다. 다른 화학자들이 연구를 더 진행한 후에 쿠르투아가 새로운 원소를 발견했다고 선언했다. 프랑스 화학자 조제프 게이뤼삭[Joseph Gay-Lussac Gay-Lussac]이 '자주색'을 뜻하는 그리스어 이오데스[iodes]에서 따와 이 원소의 이름을 요오드라고 지었다.

1829년에 프랑스 의사 장 루골[Jean Lugol]은 폐결핵을 치료할 수 있다고 믿었던 요오드와 요오드화물의 용액을 만들었다. 그의 믿음은 틀린 것으로 밝혀졌지만 이 용액은 아직도 사용되고 있다. 요오드팅크라고 불리는 요오드와 요오드화물의 비슷한 용액은 소독제, 물 세정제, 녹말을 검출하는 실험실용 시약 등으로 사용되고 있다. 요오드를 녹말을 포함하고 있는 음식물에 떨어뜨리면 녹말이 짙은 자주색으로 물든다. 브롬과 마찬가지로(207쪽 참조) 요오드도 초기 사진술인 다게레오타입에서 사용되었다.

요오드 증기가 은과 반응하여 빛에 민감한 요오드화은을 만든다. 요오드화은은 필름을 기반

갈조 식물인 블래더 랙은 19세기에 갑상선종이나 요오드 부족으로 인한 갑상선이 부어오르는 것을 치료하는 데 사용되던 인기 있는 요오드 공급원이었다.

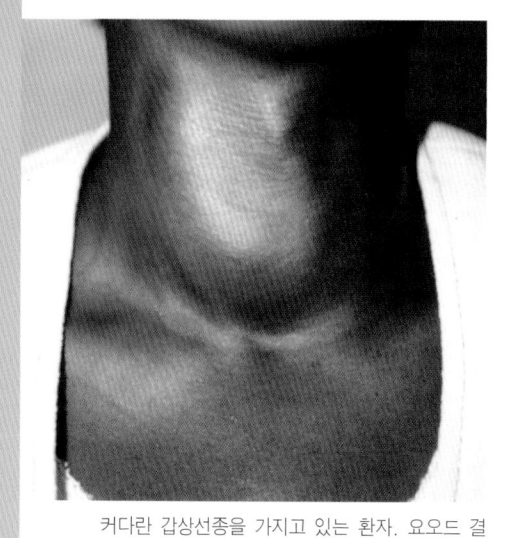

커다란 갑상선종을 가지고 있는 환자. 요오드 결핍은 전 세계적으로 90% 갑상선종의 원인이다. 갑상선종은 많은 비가 내려 토양에 포함되어 있던 대부분의 요오드가 물에 녹아 내려간 지역에서 자주 발생한다.

으로 하는 사진에서 매우 중요하다. 요오드화은의 결정은 구름에 뿌려 비가 내리도록 하는 인공 강수의 씨앗으로도 사용된다.

요오드는 사람에게도 필수적인 원소이다. 그러나 사람 몸에 포함되어 있는 요오드의 양은 약 20mg 정도이다. 요오드는 갑상선에서 분비하는 두 가지 호르몬의 합성에 중요한 역할을 한다. 갑상선에서 분비되는 트리요오드티로닌과 티록신 호르몬은 대사 작용, 체온, 심장 박동수, 성장을 조절하는 중요한 역할을 한다. 요오드 섭취가 충분하지 않으면 갑상선호르몬이 충분히 분비되지 않은 갑상선기능저하증이 나타난다. 갑상선기능저하증은 피로감, 체중 증가, 추위에 적응하지 못하는 것과 같은 증상을 나타낸다. 그리고 증상이 악화되면 목이 크게 부어오르는 갑상선종으로 발전한다. 어린이의 경우 만성적인 요오드 결핍은 성장 장애를 불러오고 정신 발달 장애(크레틴병)를 유발한다. 전 세계에서 수억 명이 요오드 결핍으로 인한 고통에 시달리고 있다. 이 문제를 해결하기 위해 요리용이나 식탁용 소금에는 대부분 요오드를 첨가하고 있다.

방사성 동위원소인 요오드-131은 핵분열반응의 생성물이다(143쪽 참조). 요오드-131은 핵폭탄 실험이나 핵발전소의 사고를 통해 공기 중에 유출되며 8일이라는 짧은 반감기를 가지고 있지만 사람이 먹는 우유와 같은 제품에 포함되어 있을 수 있다. 방사성이 없는 요오드로 갑상선을 포화시켜 방사성 동위원소가 갑상선에 흡수되는 것을 막기 위해 보건 당국에서는 요오드화칼륨(KI)이 포함된 알약을 나누어주고 있다.

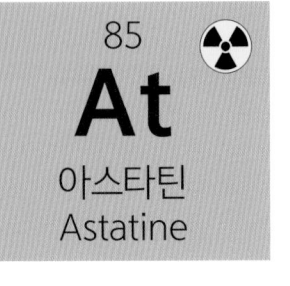

85

At

아스타틴
Astatine

원자번호	85
원자반지름	125 pm
산화 상태	**−1**, +1, +3, +5
원자량	(210)
녹는점	302℃
끓는점	335℃ 추정치
밀도	알려지지 않음
전자구조	[Xe] 4f^{14} 5d^{10} 6s^2 6p^5

아스타틴은 방사성이 큰 원소이다. 일정 양의 아스타틴은 많은 에너지와 열을 방출하기 때문에 즉시 증발되어버린다. 불안정하지 않다면 아스타틴은 다른 할로겐 원소들(17족 원소들)과 거의 같은 성질을 가졌을 것이다.

아스타틴은 우라늄 광석에 포함되어 있는 다른 방사성 원소의 붕괴 생성물이어서 짧은 반감기를 가지는 방사성 원소임에도 불구하고 자연에 존재한다. 동시에 존재하는 양은 아주 적어 전체 지각에 30g 이하로 아주 적다. 아스타틴은 1940년에 미국 물리학자 데일 코슨$^{Dale\ Corson}$과 케네스 매켄지$^{Kenneth\ MacKenzie}$ 그리고 이탈리아 태생 미국 물리학자 에밀리오 세그레$^{Emilio\ Segrè}$가 실험실에서 만든 뒤 발견되었다. 비스무트에 알파입자를 충돌시켜 만든 뒤(15~16쪽 참조). '불안정'을 뜻하는 그리스어 아스타토스^{astatos}에서 유래해 이름을 명명했다. 가장 긴 아스타틴 동위원소의 반감기는 8시간이다.

원자핵 연구 시설에서 만들어진 아스타틴-211 동위원소는 암 치료제로 사용될 가능성이 있다. 생명체가 수용할 수 있는 화합물에 포함되어 직접 종양에 주입된 아스타틴-211은 계속적으로 알파입자를 방출하여 가까이 있는 종양 세포의 DNA에 흡수시키면 건강한 조직을 손상시키지 않고 종양 세포를 제거할 수 있다.

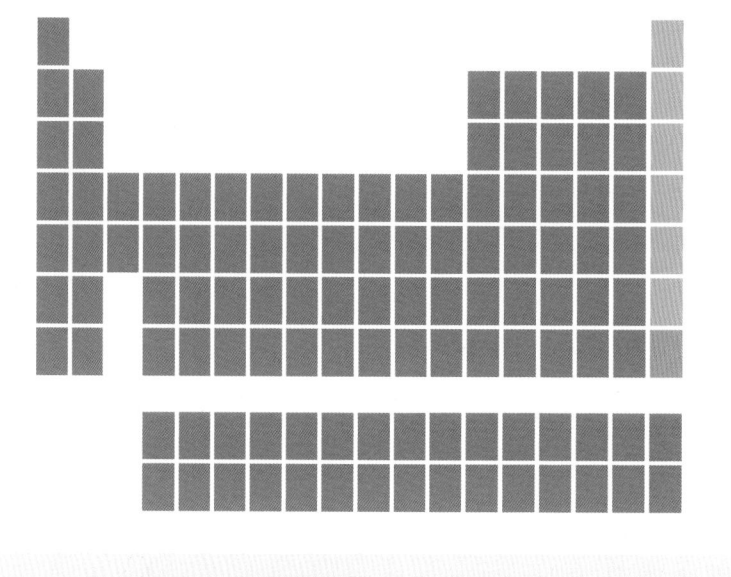

| 2
He
헬륨
Helium |
| 10
Ne
네온
Neon |
| 18
Ar
아르곤
Argon |
| 36
Kr
크립톤
Krypton |
| 54
Xe
제논
Xenon |
| 86 ☢
Rn
라돈
Radon |
| 118 ☢
Og
오가네손
Oganesson |

불활성기체

18족 원소들은 모두 불활성기체들이다. 이 원소들도 화합물을 만들 수 있지만 쉽지는 않다. 자연에서 발견되는 가장 무거운 불활성기체인 라돈은 큰 방사성을 갖는다. 18족 원소들 가운데 자연에서 발견되는 모든 원소들은 스코틀랜드 화학자 윌리엄 램지(William Ramsay)가 처음 발견하거나 분리했다. 18족에는 오가네손도 포함되어 있다. 그러나 이 원소는 자연에서 발견된 것이 아니라 실험실에서 만들어낸 원소여서 초우라늄 원소(228~236쪽)에서 다룰 것이다.

불활성기체가 가지고 있는 대표적인 성질인 불활성은 모든 전자껍질이 전자로 채워졌기 때문에 나타나는 성질이다. 이 원소들이 주기율표 맨 우측에 배열된 것도 이 때문이다. 이 원소들은 불활성이어서 같은 종류의 원자들과도 결합하지 않는다. F_2, Cl_2와 같은 이원자분자를 형성하는 17족 원소들과는 달리 18족 원소들은 단원자분자이다. 이 기체들은 모두 끓는점이 아주 낮다. 따라서 아주 낮은 온도에서도 기체 상태를 유지한다. 끓는점은 원자량과 관계가 있어 아래로 갈수록 높아진다. 헬륨은 끓는점이 가장 낮아 −269℃이고, 라돈은 −61℃이다. 18족 원소들의 원자는 구형이다. 이것은 전자껍질이 모두 채워졌거나 반만 채워진 경우에 만들어지는 형태이다(168쪽 참조).

2
He
헬륨
Helium

원자번호	2
원자반지름	대략 130 pm
산화 상태	없음
원자량	4.00
녹는점	−272℃ (높은 압력에서만)
끓는점	−269℃
밀도	0.18 g/L
전자구조	$1s^2$

18족 원소들 중에서 가장 가벼운 헬륨은 공기보다 가벼운 기체로 파티 때 사용하는 풍선에 넣는 기체로 널리 알려져 있다. 모든 불활성기체와 마찬가지로 색깔이나 냄새가 없고 반응성이 매우 낮다. 헬륨의 안정한 화합물은 알려진 것이 없다. 헬륨은 개개의 원자로 존재하며 모든 원소들 중에서 끓는점과 녹는점이 가장 낮다.

원소기호 모양의 헬륨 램프. 헬륨은 표준 온도와 압력에서 색깔이 없는 기체이다. 이 불빛은 헬륨 기체를 통과하는 전류에 의해 들뜬 전자들이 원래의 에너지 상태로 돌아가면서 방출하는 것이다.

헬륨은 우주 초기의 몇 분 동안에 대량으로 만들어진 두 원소 중 하나이다(다른 하나는 수소). 그런데 우주 초기에 만들어진 것은 헬륨 원자가 아니라 헬륨 원자핵이었다. 전자와 원자핵이 결합할 수 있을 정도로 우주의 온도가 내려간 '재결합의 시기'라고 부르는 빅뱅 후 30만 년이 지나기 전까지는 우주에는 어떤 종류의 원자도 존재하지 않았다. 다른 원소들은 한참 후에 별 내부나 초신성 폭발 때 만들어졌다 (13쪽 참조).

우주 초기에 만들어진 헬륨 원자핵에는 두 개의 안정한 동위원소인 두 개의 양성자와 두 개의 중성자로 이루어진 헬륨-4와 두 개의 양성자와 한 개의 중성자로 이루어진 헬륨-3이 있다. 이 두 동위원소는 지금도 모든 빛나는 별 내부에서 수소 원자핵의 핵융합반응으로 만들어지고 있다. 이 핵융합반응이 별의 주 에너지원이다. 빅뱅 직후에 많은 양의 헬륨이 만들어졌고 별들이 계속 만들어내고 있기 때문에 우주에 수소 다음으로 많은 원소로, 우주에 존재하는 모든 원소 열 개 중 하나는 헬륨이다.

거대한 별의 내부에서는 헬륨 원자핵이 융합하여 더 큰 원자핵을 만든다. 예를 들면 산소의 가장 흔한 안정한 동위원소인 산소-16(8p, 8n)은 네 개의 헬륨-4 원자핵이 융합하여 만들어진다. 일부 커다란 원자핵은 불안정하다. 이런 원자핵이 안정해지는 방법 중 하나는 두 개의 양성

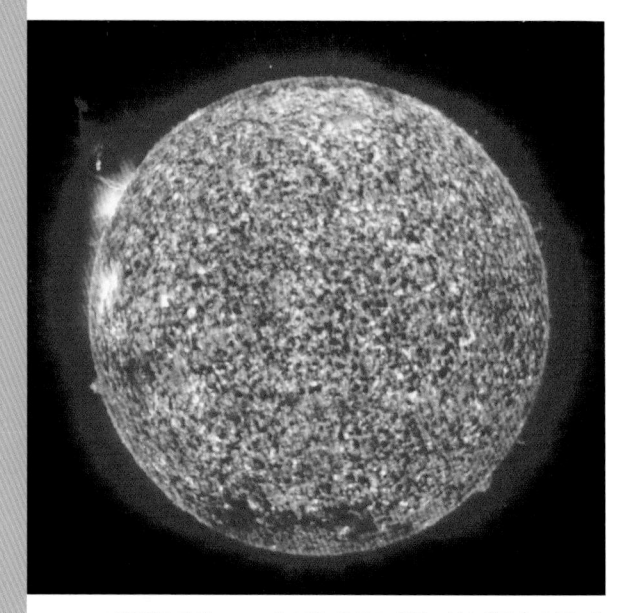

태양관측위성(SOHO)에 실린 장치로 찍어 가상 색깔을 입힌 태양 사진. 이 장치는 태양의 채층에 있는 헬륨 이온이 내는 자외선을 감지한다. 채층은 태양의 밝은 표면층인 광구에 의해 잘 보이지 않는다.

자와 두 개의 중성자로 이루어진 알파입자를 방출하는 것이다(15~16쪽 참조). 알파입자는 헬륨-4 원자핵(2p, 2n)과 동일하다. 따라서 방사성 원소가 알파붕괴를 하면 헬륨-4 원자핵이 방출된다. 알파입자가 두 개의 전자를 얻으면 헬륨 원자가 된다.

우주 전체에 존재하는 헬륨-4 원자핵과 헬륨-3 원자핵의 비는 약 1만 대 1이다. 그러나 이 두 동위원소의 비는 일정하지 않다. 특별한 경우에는 헬륨-4 원자핵이 헬륨-3 원자핵보다 더 잘 만들어진다. 예를 들면 방사성붕괴가 헬륨-4 원자핵을 만들어내는 지구에서는 헬륨-4 원자핵과 헬륨-3 원자핵의 비가 100만 대 1이다.

우주에 전체적으로 그처럼 많이 존재하는 원소임에도 이상하리만치 지구에는 비교적 적은 양만 존재한다. 특히 대기 중에는 더 적은 양만 포함되어 있다. 공기 중에 포함된 헬륨은 대부분 바깥 층에 모여 있다. 전체적으로 대기를 이루고 있는 20만 개의 입자 중 하나만이 헬륨 원자이다. 대기의 78%를 차지하는 질소와 달리 대부분의 헬륨 원자는 지구의 역사 초기에 우주로 달아나버렸다. 기체의 질량이 작을수록 평균 속력이 크다. 가벼운 헬륨 원자(He)는 무거운 질소 분자(N_2)보다 평균적으로 훨씬 빠르게 움직인다. 따라서 일부 헬륨 원자는 지구의 중력을 벗어날 수 있는 속력을 갖게 된다. 지구를 떠나기에 충분한 속력을 갖지 못한 원자들은 다른 원자나 분자와의 충돌을 통해 에너지를 얻어 결국은 지구를 떠날 수 있는 속력을 갖게 된다. 이와는 대조적으로 거대 기체 행성인 목성은 대부분의 헬륨을 그대로 보유하고 있다. 목성의 두꺼운 대기는 질량으로 볼 때 약 24%가 헬륨이다. 그것은 목성이 태양으로부터 더 멀리 떨어져 있어 더 차갑고, 질량이 커서 강한 중력을 가지고 있기 때문이다.

지구 대기에는 헬륨이 아주 적게 포함되어 있기 때문에 파티용 풍선이나 다른 용도로 사용되는 헬륨은 공기 중에서 추출하는 것이 아니라 지하에서 얻어낸다. 헬륨은 천연가스 산업의 부산

헬륨을 채운 비행선이 이륙을 기다리고 있다. 헬륨은 밀도가 공기보다 작아 비행선에 부력을 제공한다.

물로 생산된다. 천연가스에서 분류해낸 기체의 혼합물에는 몇 퍼센트의 헬륨이 포함되어 있다. 이 지하 헬륨은 지각에 포함된 방사성 원소가 붕괴하면서 계속 만들어진다. 이런 방법으로 매년 수 톤의 헬륨이 생산된다. 일부 헬륨은 천연가스가 매장된 것과 같은 암석층에 들어 있다.

대기 중의 헬륨이 소량이며 불활성을 가지고 있어 헬륨은 자연에 존재하는 다른 원소들이 발견된 후에나 발견되었다. 1868년에 프랑스 물리학자 피에르 쥘 장센Pierre Jules Janssen과 영국 물리학자 조지프 노먼 로키어Joseph Norman Lockyer는 각각 태양 스펙트럼에서 그 당시 알려졌던 어떤 원소의 스펙트럼과도 일치하지 않는 밝은 선을 발견했다. 두 과학자는 이 선이 알려지지 않은 원소가 내는 것이라고 제안했다.

로키어는 이 원소의 이름을 태양을 뜻하는 그리스어 헬리오스helios에서 따와 헬륨이라 부를 것을 제안했다. 일부 과학자들은 지구에 없는 원소가 태양에 있을 수 있다는 생각을 비웃었다. 1895년에 스코틀랜드의 화학자 윌리엄 램지가 우라늄 광석을 산에 섞었을 때 나오는 기체를 분리해냈다. 램지는 전해에 그가 분리한 아르곤을 찾기 위해 스펙트럼을 분석하다가 이 기체가 로키어가 발견한 헬륨이라는 것을 알게 되었다. 램지로부터 기체의 샘플을 받은 로키어는 이 기체에서 거의 30년 전에 태양 스펙트럼에서 보았던 것과 같은 '영광스러운 노란 광선'이 나오는 것

을 보고 무척 기뻐했다.

그 뒤 20년 동안에 소량의 헬륨만 분리됨에 따라 과학자들은 지구에 헬륨이 아주 소량만 존재한다고 생각했다. 그러나 1905년의 놀라운 발견이 모든 것을 바꿔놓았다. 그보다 2년 전에 미국 캔자스의 덱스터 마을에서 많은 사람들이 새로 발견된 천연가스 유정에서 나오는 기체가 빛을 내며 타는 것을 보기 위해 모여들었다. 불에 타고 있는 밀짚을 계속 유정에서 나오는 기체로 밀어 넣었지만 기체가 타지 않아 지방 공무원들은 당황했다. 기체를 분석해보니 4분의 3은 불활

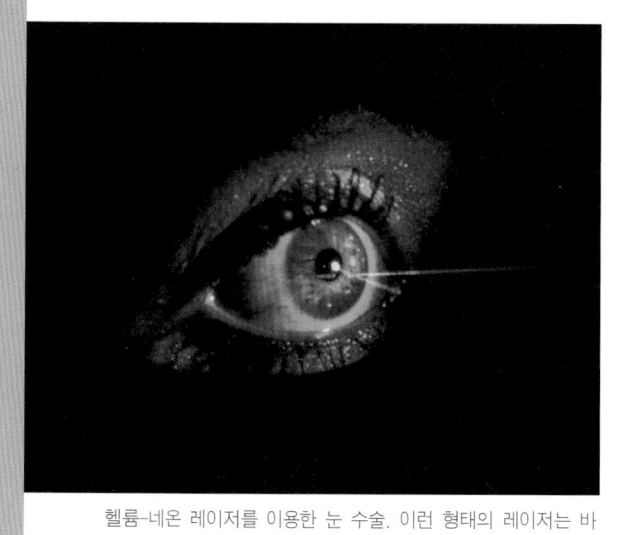

헬륨-네온 레이저를 이용한 눈 수술. 이런 형태의 레이저는 바코드 리더나 CD플레이어에서 오랫동안 사용해왔다. 그러나 지금은 작고 값싼 다이오드 레이저로 대체되고 있다.

성기체인 질소였다. 그러나 좀 더 많은 분석을 한 과학자들은 이 기체의 2%가 헬륨이라는 것을 알아냈다. 천연가스 매장지에 헬륨이 포함되어 있다는 발견으로 헬륨의 가격이 폭락했다. 1924년에 미국은 주로 비행선에 이용할 헬륨을 저장할 수 있는 시설을 만들었다. 오늘날에도 같은 시설인 미국 국립 헬륨 저장소에 10억 m^3 이상의 헬륨을 저장해놓고 있다. 미국이 세계 헬륨의 대부분을 생산하고 있고, 알제리가 나머지의 대부분을 생산하고 있다.

헬륨 기체는 좋은 열 전도체여서 기체 냉각 원자로의 냉각제로 사용된다. 불활성으로 인해 매우 민감한 재료나 부품을 생산할 때 보호 공기로 사용할 수 있으며, 전자공학 산업에서 순수한 규소 결정의 성장이나 액정 디스플레이(LCD)와 광섬유 제작과 같은 작업은 헬륨 기체 안에서 이루어진다. 헬륨은 또한 아크 용접 시에 공기 중의 산소가 높은 온도의 용접 물질과 접촉해 금속을 산화시키는 것을 방지하는 용도로도 쓰인다.

헬륨의 많은 용도 중 하나가 액체 상태의 헬륨을 이용하는 것이다. 액체헬륨은 MRI의 초전도 자석을 냉각시키는 데 사용된다. 이와 비슷하지만 훨씬 규모가 큰 입자가속기의 초전도체 자석에도 액체헬륨이 사용된다. 그리고 기체 상태의 헬륨은 입자의 충돌로 발생한 열을 제거하기 위해 사용된다. 우주공학에서는 액체헬륨이 로켓 연료로 사용되는 수소와 연료를 연소시키는 데 필요한 산소를 액화시키고 발사 전까지 차갑게 유지하는 데 사용된다.

우주선과 항공기의 많은 부품들은 제작하는 동안 주기적으로 변하는 열에 노출시키는 처리를 거친다. 반복적으로 가열하고 냉각시키는 과정을 통해 부품이 사용할 수 있을 정도로 안정되도록 한다. 이러한 열처리의 냉각 부분에서는 보통 액체헬륨을 사용한다.

헬륨을 가지고 노는 재미있는 방법 중 하나는 파티용 풍선에서 헬륨 기체를 들이마셔 목소리가 이상해지도록 만드는 것이다. 사람들의 예상과는 달리 헬륨을 마신다고 목소리의 진동수가 변하는 것은 아니다. 사람의 성대는 공기 속에서나 헬륨 속에서 똑같은 진동수의 목소리를 낸다. 그러나 소리의 속도는 헬륨 안에서 훨씬 더 빠르기 때문에 입이나 코 안의 공간이 줄어든 것과 같은 효과를 내 더 높은 진동수를 가진 소리가 공명하도록 한다. 헬륨은 독성이 없기 때

세계에서 가장 큰 입자가속기인 대형 하드론 충돌가속기(LHC)에 액체헬륨을 공급하는 냉각장치의 하나. 이 가속기는 100톤의 액체헬륨을 이용하여 냉각 상태가 유지되는 초전도 자석에 의해 유도되는 양성자가 돌고 있는 27km의 고리 형태 진공관이다.

문에 한 모금 마시는 것은 해롭지 않지만 계속 마실 경우 죽음에 이를 수도 있다. 허파가 헬륨으로 (또는 다른 어떤 기체로) 가득 차면 산소가 몸의 조직에 공급되지 못해 질식할 수 있기 때문이다.

10
Ne
네온
Neon

원자번호	10
원자반지름	대략 160 pm
산화 상태	없음
원자량	20.18
녹는점	−249℃
끓는점	−246℃
밀도	0.90 g/L
전자구조	[He] $2s^2\,2p^6$

모든 불활성기체와 마찬가지로 네온 기체는 색깔과 냄새가 없고, 거의 반응성이 없다. 헬륨과 마찬가지로 네온도 안정한 화합물을 가지고 있지 않다. '네온'이라는 이름은 '새롭다'라는 뜻의 그리스어 네오스[neos]에서 유래했다. 네온은 우주 전체로는 네 번째로 많이 포함된 원소지만 지구에서는 매우 희귀한 원소이다. 지구 대기의 0.002%가 네온으로 헬륨보다 약간 많다.

원소기호 모양의 네온램프. 네온은 표준 온도와 압력에서 색깔이 없는 기체이다. 빛은 네온 기체를 통해 흐르는 전류에 의해 들뜬 전자들이 원래의 상태로 돌아가면서 내는 것이다

스코틀랜드의 화학자 윌리엄 램지[William Ramsay]와 영국 화학자 모리스 트래버스[Morris Travers]는 1898년에 액화 공기 샘플에서 네온을 발견했다. 크립톤을 발견하고 몇 주 후의 일이었다(222쪽 참조). 두 화학자는 아르곤으로 알고 있던 기체를 분리하고 다른 원소가 있는지를 알아보기 위해 가열했다. 그들은 기체에 전류를 흘렸을 때 밝은 붉은 오렌지색 빛을 내는 것을 보고 깜짝 놀랐다. 이 빛의 스펙트럼을 분석하여 이 기체가 이전에는 알려지지 않은 원소라는 것을 확인했다.

1910년에 프랑스 발명가 조르주 클로드[Georges Claude]는 저압의 네온 기체에 전류를 흘렸을 때 나오는 밝은 빛을 이용하는 방법을 발견했다. 네온관을 발명한 것이다. 클로드의 발명은 긴 네온관을 눈에 잘 띄는 상품 이름이나 구호 형태로 만들 수 있었기 때문에 광고에 널리 사용되었다. 네온사인은 아직도 널리 사용되고 있지만 오늘날의 '네온'관에는 여러 가지 불활성기체 혼합물이나 때로는 수은 증기를 넣는다. 또 눈에 띄는 빛 효과를 이용하는 다양한 방법이 개발되어 네온관의 사용이 감소하고 있다.

클로드의 네온관과 같은 원리로 작동하는 크기가 작고 낮은 전압을 이용하는 네온램프는 1970년대에 발광다이오드(LED)가 개발되기 전까지는 전자 제품의 스위치를 나타내는 램프로 널리 사용되었다. 평판 스크린 플라스마 디스플레이는 네온램프 기술에서 파생된 것이다. 이런

한자 형태의 네온사인을 포함한 중국 상하이의 밝은 사인들. 많은 '네온'사인에는 실제로는 다른 색깔을 내기 위해 불활성기체를 혼합한 기체를 넣는다.

디스플레이는 네온이나 제논, 때로는 크립톤을 포함하고 있는 수백만 개의 밀봉된 작은 캡슐로 이루어져 있다. 캡슐에 전압이 걸리면 기체가 이온화되어 전류가 흐른다. 기체 원자는 자외선을 방출한다. 각 캡슐의 안쪽에는 적, 녹, 청 형광 페인트가 발려 있고 이 페인트에 자외선이 충돌하면 해당되는 색깔의 빛을 낸다. 적, 녹, 청색의 캡슐이 디스플레이의 한 픽셀을 이룬다. 네온은 희귀한 만큼 가격이 비싸 플라스마 디스플레이와 발광용 외에는 실용적인 용도가 거의 없다.

18
Ar
아르곤
Argon

원자번호	18
원자반지름	대략 175 pm
산화 상태	없음
원자량	39.95
녹는점	−189℃
끓는점	−185℃
밀도	1.78 g/L
전자구조	[Ne] $3s^2\,3p^6$

18족의 다른 원소들과 마찬가지로 아르곤은 색깔과 냄새가 없는 불활성기체지만 산소(O_2)나 질소(N_2)가 이원자분자인 것과는 달리 개별 원자 상태로 존재한다. 아르곤 역시 불활성기체여서 극단적인 조건에서만 화합물을 형성한다. 이 원소의 이름은 '게으른' 또는 '비활동적인'이라는 뜻의 그리스어 아르고스^{argos}에서 유래했다.

색깔 없는 아르곤 기체를 포함하고 있는 방전관. 방전관에 전류가 흐르면 빛이 난다.

아르곤은 건조한 공기의 거의 1%를 차지하고 있다(공기 중의 수증기 양은 조건에 따라 크게 변하기 때문에 건조한 공기가 조성의 표준으로 사용된다). 아르곤 존재의 첫 번째 증거는 1785년에 포착되었다. 영국 화학자 헨리 캐번디시$^{Henry\ Cavendish}$는 새롭게 발견된 '플로지스톤 공기(질소)'와 '탈플로지스톤 공기(산소)'의 비를 결정하기 위해 공기 중에 전기 스파크를 통과시켰다. 그런데 공기의 1% 정도는 두 가지 공기 중 어느 것도 아니었다. 우리는 이 기체의 대부분이 아르곤이라는 것을 알고 있다. 그러나 과학자들이 아르곤이 원소임을 발견한 것은 그로부터 100년 후의 일이었다.

1894년에 영국 물리학자 레일리(존 윌리엄 스트럿)는 화학반응을 통해 만든 순수한 질소의 밀도가 약간 그러나 일관적으로 공기 중에서 추출한 순수한 질소의 밀도보다 작다는 것을 발견했다. 이 결과는 다른 불활성 물질이 공기 안에 들어 있음을 뜻하는 것이었다. 스코틀랜드 화학자 윌리엄 램지는 캐번디시가 발견한 공기의 1%와 같을 수 있다고 제안했다. 함께 연구한 램지와 레일리는 아르곤을 분리하고 여러 가지 성질을 결정했으며 스펙트럼을 조사했다.

공기 중에 포함된 수십억 톤에 달하는 아르곤은 거의 대부분 아르곤-40이다. 그러나 태양에 포함되어 있는 아르곤은 거의 대부분 아르곤-36이다. 아르곤-40은 방사성 동위원소인 칼륨-40이 붕괴하여 만들어졌고 지금도 만들어지고 있다. 지질학자들은 이것을 화성암의 연대를

결정하는 데 사용하고 있다. 이런 방법을 칼륨-아르곤(K-Ar) 연대 측정법이라고 한다. 암석이 응고되기 전에 만들어진 아르곤은 공기 중으로 달아난다. 그러나 암석이 응고된 후에 만들어진 아르곤은 암석 안에 갇혀 있게 된다. 샘플 안에 얼마나 많은 아르곤이 포함되어 있는지를 조사하면 암석이 얼마나 오래전에 응고되었는지 알 수 있다. 성인의 몸속에서는 음식 속에 들어 있던 칼륨-40이 붕괴하여 매초 아르곤-40 원자 400개가 만들어진다(43쪽 참조).

아르곤은 지구에 가장 많이 포함되어 있는 불활성기체이며 비교적 생산하기 쉬워(액체공기로부터) 불활성기체 중에서 가장 값이 싼 기체이다. 네온과 함께 아르곤은 '네온'관에 사용된다. 전기적으로 들뜬 아르곤은 밝은 푸른색 빛을 낸다. 아르곤은 또한 불활성기체를 채운 형광등에도 사용된

과학자들이 화산 암석에 대해 칼륨-아르곤 연대 측정법을 시행하고 있다. 1950년대에 도입된 이 방법으로 35억 년 된 암석에서부터 2만 년 된 암석까지 연대를 결정했다.

다. 그리고 수은 증기와 혼합하여 형광등에도 사용되는데 형광등은 백열전구를 대부분 대체하고 있다.

헬륨과 마찬가지로 아르곤은 아크 용접의 차폐 가스로도 사용되며(216쪽 참조), 반도체 산업에서 순수한 실리콘 결정을 성장시킬 때 보호 기체로도 사용된다. 또한 금속 공업에서도 널리 사용되고 있는 아르곤은 강철 변환기에 사용되는 산소 창에서 산소와 함께 사용된다(180쪽 참조). 아르곤의 흐름이 철 혼합물을 '젓는' 동안 산소는 탄소를 비롯한 다른 불순물과 반응한다.

헬륨과는 달리 아르곤은 열전도도가 매우 낮아 단열 효과를 증대시키기 위해 이중 창문 사이의 공간을 채우는 데 사용되기도 한다.

아르곤은 의약품에서도 다양하게 사용되고 있다. 아르곤 플라스마 응고법은 몸 안의 조직, 특히 대장에서 출혈을 정지시키는 데 사용된다. 아르곤 기체의 흐름이 내시경 탐침을 통해 공급되어 외과 의사들이 무엇을 하고 있는지를 볼 수 있도록 한다. 탐침을 떠나면 아르곤 기체는 강한 전기장에 의해 이온화된다. 주파수가 큰 펄스 형태의 전류가 이온화된 기체를 통해 흐르면서 혈액이 응고되게 하여 출혈을 정지시킨다. 아르곤은 스펙트럼의 푸른색과 초록색의 정확한 파장을 혼합한 빛을 만드는 의료용 레이저에도 사용된다. 이 파장의 빛은 망막 아래 있는 세포나 혈액 속의 헤모글로빈 분자에 의해 흡수된다. 따라서 아르곤 레이저는 망막 혈관이나 박리된 망막의 치료와 일부 형태의 녹내장을 치료하는 데 사용된다. 아르곤 레이저는 치과에서 충진제로 사용되는 고분자를 '치료'하는 데도 사용되며 레이저 쇼에도 이용된다.

36
Kr
크립톤
Krypton

원자번호	36
원자반지름	대략 190 pm
산화 상태	+2
원자량	83.80
녹는점	-157℃
끓는점	-153℃
밀도	3.75 g/L
전자구조	[Ar] $3d^{10}$ $4s^2$ $4p^6$

크립톤은 색깔과 냄새가 없는 기체로 반응성이 낮은 불활성기체이다. 크립톤 원자는 헬륨이나 네온 그리고 아르곤 원자보다 크기 때문에 가장 바깥쪽 전자들이 원자핵에서 더 멀리 떨어져 있어 일부 반응에 참여할 수 있다. 최초의 크립톤 화합물인 불화크립톤(II)(KrF_2)은 1963년에 만들어졌다. 이 화합물은 고체이지만 -78℃ 이하에서만 안정하다.

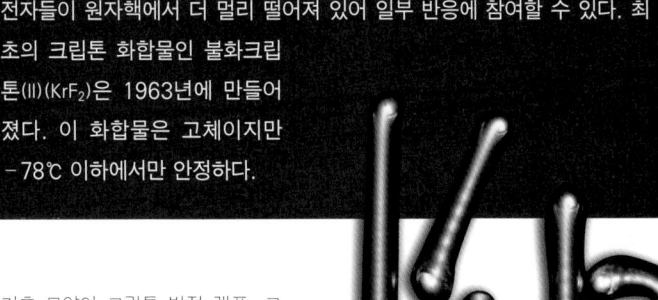

원소기호 모양의 크립톤 방전 램프. 크립톤은 표준 온도와 압력에서는 색깔이 없는 기체이다. 이 빛은 관을 통해 흐르는 전류에 의해 들뜬 크립톤 원자의 전자가 원래의 상태로 돌아가면서 내는 것이다.

스코틀랜드 화학자 윌리엄 램지와 그의 조수였던 영국 화학자 모리스 트래버스는 1898년에 액화 공기 샘플에서 크립톤을 발견했다. 그들은 액화 질소에서 질

소와 산소를 증발시킨 뒤 남은 것을 끓게 하면서 전류를 흘릴 때 발생하는 빛의 스펙트럼을 조사했다. 이전에는 보지 못했던 밝은 황록색 선스펙트럼은 램지와 트래버스가 새로운 원소를 발견했음을 의미하는 것이었다. 그러나 새로운 원소를 분리해내지는 못했기 때문에 그들은 이 원소의 이름을 '숨어 있는'이라는 뜻의 그리스어 크립토스^{kryptos}에서 따와 크립톤이라고 불렀다. 몇 주일 안에 그들은 같은 샘플에서 네온과 제논을 발견했다.

지구 대기의 0.0001%만 차지하고 있지만 크립톤은 액화 공기를 이용하여 산업적으로 생산하고 있다. 네온이나 아르곤과 마찬가지로 '네온'관에 사용되고 있으며, 수은 증기와 함께 아주 밝은 흰빛을 내도록 설계된 형광등에도 사용된다. 짧지만 매우 밝은 빛의 펄스를 발생시켜 짙은 안개 속에서도 보이는 크립톤을 채운 아크 램프는 비행장 활주로에 설치한다. 크립톤은 컴퓨터 칩의 아주 작은 소자를 부식시키는 데 사용되는 크립톤-불소 레이저에도 사용된다. 이 레이저는 아주 짧은 시간 동안 불화크립톤(II) 화합물을 만드는 크립톤과 불소를 포함하고 있다. 이 화합물이 분해될 때 강한 자외선을 낸다.

방사성 동위원소인 크립톤-85는 원자핵 분열에서 자주 만들어지는 동위원소이다. 이 동위원소는 항공기 부품의 누출을 감지하는 데 사용된다. 또한 램프가 빛나기 시작하는 것을 돕는 일부 크립톤을 포함한 램프에서 사용되며, 아르곤과 함께 일부 플라스마 디스플레이도 사용된다.

36번 원소의 수수께끼 같은 이름이 미국 작가 제리 시겔^{Jerry Siegel}과 캐나다 예술가 조 슈스터^{Joe Shuster}에게 영감을 주어 그들의 가상적인 영웅 슈퍼맨의 고향 행성 '크립톤^{Krypton}'을 만들어내게 했다. 크립톤 행성은 크립톤 원소가 발견된 후인 1938~1940년에 슈퍼맨과 함께 만화에 처음 등장했다.

1960년에 길이의 기초 단위인 1m를 크립톤-86 동위원소가 내는 스펙트럼의 일부인 오렌지색 스펙트럼 파장의 1,650,763.73배로 정했다. 그러나 1983년에 이 정의는 빛이 299,792,458분의 1초 동안 진행한 거리를 1m라고 정의한 새로운 정의로 대체되었다.

54
Xe
제논
Xenon

18족에서 가장 무거운 안정한 원소인 제논은 색깔과 냄새가 없는 기체로 다른 불활성기체와 비슷한 성질을 갖고 있다. 제논 기체는 헬륨 기체보다 30배 이상 무거워 제논을 채운 풍선은 공기보다 무거워 땅으로 떨어지는 반면 헬륨을 채운 풍선은 위로 떠오른다. 제논은 크립톤보다도 지구 대기에 적게 포함되어 있다. 제논의 대기 함유량은 0.000009%이다.

원자번호	54
원자반지름	약 220 pm
산화 상태	+2, +4, +6, +8
원자량	131.29
녹는점	−112℃
끓는점	−108℃
밀도	5.89 g/L
전자구조	[Kr] $4d^{10}\ 5s^2\ 5p^6$

색깔이 없는 기체인 제논을 포함하고 있는 방전관. 관을 통해 흐르는 전류에 의해 빛이 난다.

제논은 1898년에 스코틀랜드 화학자 윌리엄 램지와 영국 화학자 모리스 트래버스에 의해 발견되었다. 두 사람이 크립톤을 발견하고 몇 주일 후의 일이었다. 그들은 '외국' 또는 '낯설다'라는 뜻의 그리스어 크세노스^{xenos}를 따라 제논이라고 지었다. 크립톤과 마찬가지로 제논도 플라스마 디스플레이 패널과 카메라 플래시에 사용된다. 제논램프는 스트로브스코프나 밝은 자동차 헤드라이트에 사용된다.

제논은 반응시켜 화합물을 만든 최초의 불활성 원소였다. 크립톤의 경우와 마찬가지로 원자의 크기가 상대적으로 크기 때문에 가장 바깥쪽 전자는 원자핵으로부터 멀리 떨어져 있어 원자핵에 약하게 결합되어 있다. 이 때문에 화학반응이 가능하지만 전기음성도가 매우 큰 불소나 산소와만 반응한다(197쪽 참조). 1962년에 영국 화학자 닐 바틀릿$^{Neil\ Bartlett}$이 크세논육불화백금($XePtF_6$)을 만들었고, 다른 여러 화학자들도 이후 몇 년 안에 여러 가지 제논 불화물을 만드는 데 성공했다. 오늘날에는 80여 가지 제논 화합물이 합성되었다.

제논이 원자가 상대적으로 크다는 것은 다른 불활성 원소들보다 쉽게 전자를 잃고 양이온이 될 수 있다는 것을 의미한다. 따라서 제논 기체는 이륙 시의 적은 무게로 우주 멀리까지 여행하

미국 캘리포니아에 있는 NASA의 제트추진연구소에서 디프 스페이스 1호 프로젝트의 제논 이온엔진이 점화되고 있다.

는 우주선의 동력원이 될 진보된 이온엔진에 사용할 수 있다. 이온엔진 내부에서 전자의 흐름이 제논 원자를 이온화시키면 강력한 전기장을 이용하여 빠른 속도로 가속할 수 있다. 이 이온이 빠르게 분사되면서 우주선을 앞으로 밀어낸다. 이온 추진 장치를 사용한 최초의 우주선인 NASA의 디프 스페이스 1호^{Deep Space 1}는 1998년에 발사되었다. 발사 때 81.5kg의 제논을 가지고 있던 디프 스페이스 1호는 임무가 끝날 때까지 1만 6000시간 동안 약 73kg의 제논을 우주로 분사했다.

86
Rn
라돈
Radon

원자번호	86
원자반지름	대략 230 pm
산화 상태	+2, +4, +6
원자량	(222)
녹는점	−71℃
끓는점	−62℃
밀도	9.73 g/L
전자구조	[Xe] $4f^{14} 5d^{10} 6s^2 6p^6$

18족 원소들 중에서 가장 무거운 라돈은 색깔과 냄새가 없으며 다른 원소와 반응하지 않는 불활성기체이다. 하지만 방사성이 커 지구의 자연 방사선의 반 이상을 라돈이 방출한다. 라돈은 자연적으로 그리고 계속적으로 다른 방사성 원소의 붕괴로 만들어지고 있다. 라돈의 동위원소 중에서 가장 반감기가 길고 가장 많이 존재하는 라돈-222의 반감기는 3.8일이다.

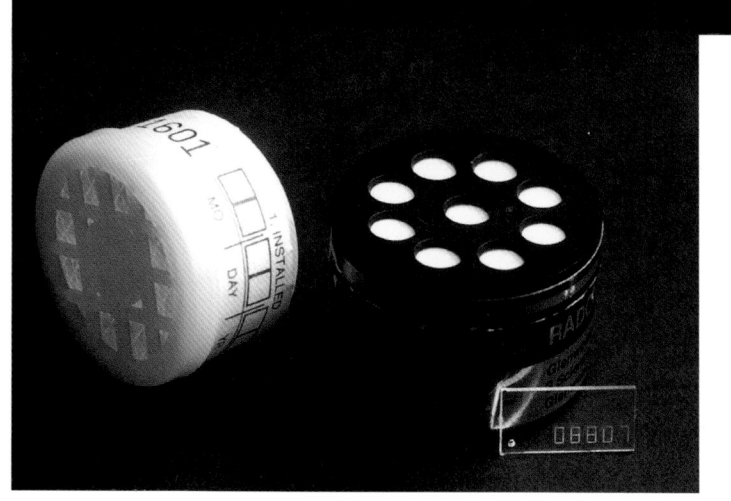

라돈 기체 감지 장치. 라돈 원자핵이 붕괴할 때 방출된 알파입자는 감지 장치 안에 있는 플라스틱 필름에 자취를 남긴다. 여러 달 후에 자취의 수를 세면 라돈의 함유량을 알 수 있다.

　라돈은 우라늄과 토륨에서 시작되는 붕괴계열 중에 생성되는 원소이다. 라돈은 지하에 있는 공간에서 수집할 수 있고, 공기 중에서도 발견할 수 있다. 통풍이 잘되지 않는 밀폐된 장소에서는 라돈이 사람의 건강을 해치는 주요 원인이 될 수 있다. 라돈은 기체이기 때문에 오래 노출되었을 때 발생하는 질병은 폐암이다. 때문에 우라늄 광산의 광부들이 특히 위험하지만 라돈을 많이 방출하는 다른 광산에서 일하는 광부들도 위험하기는 마찬가지다. 라돈에서 나오는 방사선 대부분은 실제 라돈이 붕괴하면서 만들어진 라돈의 '자손' 격인 납과 폴로늄의 방사성 동위원소가 내는 것이다.

　라돈은 1899년에 토륨의 방사성을 조사하고 있던 뉴질랜드 출신 영국 물리학자 어니스트 러더퍼드^{Ernest Rutherford}가 처음 발견했다. 러더퍼드는 토륨이 공기 중에 있을 때보다 납 상자 안에 있을 때 더 많은 방사선이 나온다는 것을 발견하고 토륨이 몇 분 동안 활발하게 방사선을 내는 '방사성물질'을 방출하고 있다고 결론지었다. 다른 과학자들도 곧 러더퍼드가 발견한 방사성물

질의 또 다른 증거들을 발견했다. 예를 들면 피에르와 마리 퀴리 부부는 라듐에서 같은 것을 발견했지만 이 경우에는 방사성물질이 약 한 달 동안 방사선을 냈다. 1903년에 악티늄에서도 같은 현상이 발견되었다.

1904년에 다른 모든 불활성기체를 처음으로 분리해냈던 스코틀랜드 화학자 윌리엄 램지가 라듐에서 나오는 방사성물질이 불활성기체에 속하는 원소라고 주장하면서 이 원소를 '엑스라디오(라듐으로부터)'로 부르자고 제안했다. 그리고 다른 두 원소로부터 나오는 방사성물질은 각각 '엑스토리아', '엑스악티니아'라고 부르자고 제안했다. 램지는 여러 가지 성질을 조사할 수 있을 만큼 엑스라디오를 수집하고 이것이 새로운 원소라는 것을 증명한 뒤 '빛나는'이라는 뜻을 가진 라틴어 니텐[niten]을 따라 '니톤'이라 부르자고 제안했다. 그러나 1923년까지 라돈 기체는 라듐 방사성물질, 토륨 방사성물질, 악티늄 방사성물질의 세 가지 이름으로 불렸다. 1923년에 국제순수응용화학연합과 화학원소를 위한 국제위원회에서 이 세 가지 물질에 각각 라돈, 토론, 악티논이라는 이름을 부여했다. 그러나 점차 이 세 가지 물질이 같은 원소의 동위원소들이라는 것이 확실해짐에 따라 결국 라돈이라는 이름을 갖게 되었다.

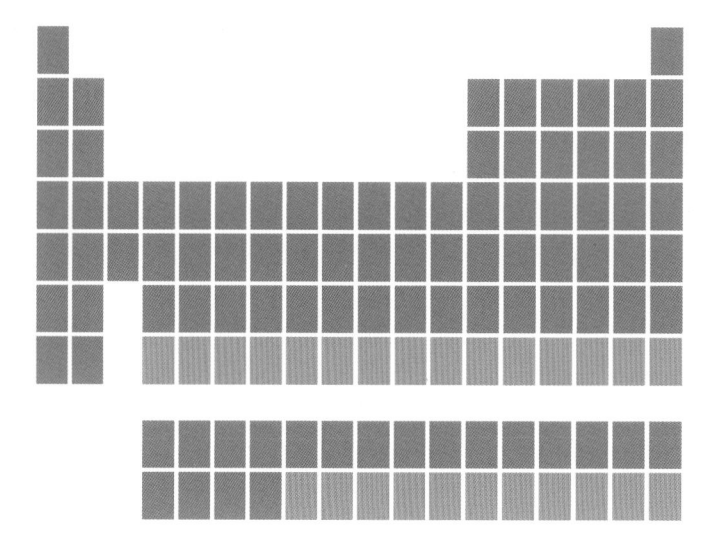

초우라늄 원소

초우라늄 원소는 원자번호가 우라늄의 원자번호인 92보다 큰 원소들을 말한다. 같은 원소에 속하는 모든 원자들은 원자핵 안에 포함된 양성자 수를 나타내는 같은 원자번호를 갖는다(12쪽 참조). 따라서 모든 우라늄 동위원소들은 원자핵에 92개의 양성자를 가지고 있다. 1930년대까지는 과학자들이 우라늄이 존재할 수 있는 가장 무거운 원소라고 생각했다. 그러나 원자핵물리학이 발전하면서 실험실, 원자로, 핵실험, 입자가속기에서 인공적으로 초우라늄 원소들을 만들어낼 수 있게 되었다.

현재(2014)까지 원자번호 93번부터 118번까지의 26개 초우라늄 원소가 만들어졌다. 이 중 여섯 개(93에서 98)는 소량이지만 우라늄 광석 안에서 자연 상태로도 발견되었다. 하지만 그것은 핵물리학자나 화학자들이 인공적으로 실험실에서 만든 후의 일이었다. 최초의 초우라늄 원소인 넵투늄을 포함해 여러 초우라늄 원소들은 무거운 원자에 중성자를 충돌시켜 만들었다. 충돌한 중성자 중 일부는 무거운 원자핵에 흡수되어 이 원자핵을 불안정하게 만들었다. 새로 만들어진 불안정한 원자핵이 중성자가 양성자와 전자로 붕괴하는 베타붕괴를 하면 양성자의 수가 하나 더 많아져 더 큰 원자번호를 가지는 새로운 원자핵이 만들어진다. 원자번호가 101보다 큰 대부분의 원소들은 중간 크기의 원자핵을 무거운 원소에 충돌시켜 만들었다. 원자번호가 93에서 103까지의 초우라늄 원소들은 악티늄계열에 속하는 원소들로 주기율표 아래쪽에 따로 떼어 배치해놓은 f-블록에 들어간다(126~127쪽 참조). 나머지 15개 원소들은 주기율표의 5족에서부터 18족까지의 7주기에 해당한다.

초우라늄 원소의 창조는 1932년에 있었던 중성자의 발견으로 시작되었다(29쪽 참조). 1934년에 이탈리아 물리학자 엔리코 페르미^{Enrico Fermi}가 적은 에너지를 가지고 있는 '느린' 중성자를 여러 원소에 충돌시키자 거의 모든 경우에 중성자가 원자핵을 불안정하게 만들어 방사성을 갖게 했다. 종종 방사성 원자핵이 전자를 방출하는 베타붕괴를 했는데 베타붕괴에서는 중성자가 하나의 양성자와 하나의 전자로 변한다($n \rightarrow p^+ + e^-$). 이때 방출되는 전자가 베타선이다. 이렇게 되면 원자핵의 양성자 수가 하나 늘어난다. 양성자의 수가 원자번호이기 때문에 베타붕괴의 결과는 한 원자를 원자번호가

이탈리아 물리학자 엔리코 페르미. 그는 동료였던 에밀리오 세그레와 함께 1930년대에 처음으로 초우라늄 원소를 만드는 것을 시도했다. 페르미는 시카고 대학 스쿼시 코트에 최초의 원자로를 만든 사람이기도 하다.

하나 더 많은 다른 원소로 '변환'시킨 것이 된다.

원자 내에서 일어나는 일들을 이해하게 된 페르미는 우라늄에서도 같은 일이 일어날지 궁금했다. 우라늄의 경우에는 첫 번째 초우라늄 원소인 93번 원소를 만들 수 있어야 했다. 페르미와 이탈리아 출신 물리학자 에밀리오 세그레^{Emilio Segrè}는 우라늄에 중성자를 충돌시켜 93번 원소를 만들려고 했다. 그리고 그들은 잠정적으로 성공을 거뒀다고 발표했다. 하지만 실수가 있었다. 중성자를 흡수한 우라늄 원자핵은 베타붕괴를 하여 93번 원소가 되는 대신 두 개의 작은 원자핵으로 분열하고 있었다. 핵분열을 시작한 것이다(143쪽 참조). 하지만 그들은 그런 사실을 모르고 있었다.

1940년에 캘리포니아 대학 버클리 캠퍼스의 미국 물리학자 에드윈 맥밀런^{Edwin McMillan}과 필립

93	☢

Np

넵투늄
Neptunium

원자번호	93
원자량	(237)
발견	1940
반감기가 가장 긴 동위원소 반감기	210만년

94	☢

Pu

플루토늄
Plutonium

원자번호	94
원자량	(244)
발견	1940
반감기가 가장 긴 동위원소 반감기	8080 만년

에이벌슨^{Philip Abelson}이 페르미가 시도했던 것과 같은 방법으로 93번 원소를 창조해내는 데 성공했다. 우라늄은 천왕성(우라누스)의 이름을 따서 명명했기 때문에 맥밀런과 에이벌슨은 새로운 원소의 이름을 태양으로부터 가장 멀리 있는 행성인 해왕성(넵툰)의 이름을 따서 **넵투늄**이라고 지었다.

다음 원소인 **플루토늄**(원자번호 94)은 1940년대 후반에 버클리에서 미국 원자핵화학자 글렌 시보그^{Glenn Seaborg}가 이끌고 맥밀런이 연구원으로 포함된 연구팀이 만들었다. 플루토늄은 새로 만들어진 넵투늄의 베타붕괴를 통해 만들어진 후 처음으로 발견되었다. 같은 해에 이 연구팀은 우라늄에 하나의 양성자와 두 개의 중성자로 이루어진 중수소 원자핵을 충돌시켜 플루토늄을 만들어냈다. 플루토늄은 당시 해왕성 바깥쪽 행성으로 간주되었던 명왕성(플루토)의 이름을 따서 명명되었다(현재 명왕성은 왜소행성이다). 반감기가 가장 긴 플루토늄 동위원소의 반감기는 놀랍게도 8000만 년이나 되지만 지구가 형성될 때 존재했던 플루토늄이 아직 남아 있기에는 충분히 길지 않아 모두 붕괴해버렸다.

물리학자들은 곧 플루토늄-239 동위원소가 우라늄과 마찬가지로 핵분열할 수 있다는 것과 폭탄을 제조할 정도로 많은 양의 플루토늄을 만들 수 있다는 것을 알게 되었다. 플루토늄은 우라늄을 연료로 사용하는 원자로에서 생산할 수 있다. 핵분열이 가능한 플루토늄-239는 1945년 7월에 행한 최초 원자폭탄 실험에 사용되었다. 약 한 달 후에 일본 나가사키에 투하된 원자폭탄은 플루토늄 폭탄이었다. 또 다른 도시 히로시마에 투하된 최초의 원자폭탄은 플루토늄이 아니라 우라늄의 핵분열을 이용한 폭탄이었다.

현재까지 만들어진 대부분의 핵무기는 핵분열 물질로 플루토늄-239를 사용하고 있다. 우라늄-235를 연료로 사용하는 원자로 내부에서는 여러 가지 플루토늄 동위원소가 만들어진다. 원자로에서 우라늄을 소비하고 남은 핵연료는 플루토늄을 분리해내기 위해 재처리 과정을 거친다. 분리된 플루토늄은 새로운 우라늄 연료에 섞어 사용한다. 또 다른 플루토늄 동위원소인 플루토늄-238은 우주 탐사선에서 방사성붕괴 시에 발생하는 에너지로 전기에너지를 생산하는 데 사용된다.

글렌 시보그의 연구팀은 다음 두 초우라늄 원소인 **아메리슘**(원자번호 95번)과 **퀴륨**(원자번호 96)도 만들었다. 두 원소는 플루토늄-239에 중성자가 아니라 알파입자를 충돌시켜 만들었다. 알파입자는 불안정한 원자핵이 알파붕괴를 할 때 방출하는 두 개의 양성자와 두 개의 중성자로 이루어진 입자이다. 그들은 사이클로트론을 이용하여 가속된 알파입자를 질소화플루토늄으로 코팅한 백금 판에 빠른 속도로 충돌시켰다. 1944년 7월에 퀴륨이 먼저 만들어져 마리 퀴리와 피에르 퀴리의 이름을 따라 명명되었다(55쪽 참조). 3개월 후 아메리슘이 만들어진 것이 확인되었고 미국을 뜻하는 아메리카에서 따와 아메리슘이라고 명명되었다. 화재경보기는 소량(100만분의 1g 이하의)의 알파붕괴를 하는 아메리슘-241을 포함하고 있다. 여기서 나오는 알파입자는 화재경보기 안의 공기를 이온화시켜 공기를 통해 약한 전류가 흐르도록 한다. 그러나 연기가 들어오면 연기가 알파입자를 흡수하여 전류의 흐름을 방해하게 되어 경고음이 울린다.

95 ☢	
Am	
아메리슘	
Americium	

원자번호	95
원자량	(243)
발견	1944
반감기가 가장 긴 동위원소 반감기	7370년

96 ☢	
Cm	
퀴륨	
Curium	

원자번호	96
원자량	(247)
발견	1944
반감기가 가장 긴 동위원소 반감기	1560 만년

97 ☢	
Bk	
버클륨	
Berkelium	

원자번호	97
원자량	(247)
발견	1949
반감기가 가장 긴 동위원소 반감기	1380년

98 ☢	
Cf	
칼리포늄	
Californium	

원자번호	98
원자량	(251)
발견	1950
반감기가 가장 긴 동위원소 반감기	898년

다음 두 초우라늄 원소인 **버클륨**(원자번호 97)과 **칼리포늄**(원자번호 98)은 1949년 후반과 1950년 전반에 역시 캘리포니아 대학 버클리 캠퍼스의 글렌 시보그가 이끄는 연구팀이 만들었다. 97번 원소를 만들기 위해 그들은 사이클론으로 가속된 알파입자를 아메리슘에 충돌시켰다. 이 원소의 이름은 대학이 있던 도시인 버클리에서 따왔다. 버클륨은 과학 연구용 외에는 다른 용도가 없다.

캘리포니아 주의 이름을 따라 명명된 98번 원소 칼리포늄도 같은 방법으로 만들어졌지만 목표물로는 아메리슘 대신 퀴륨이 사용되었다. 대부분의 칼리포늄 동위원소는 알파붕괴를 하거나 자발적으로 두 개의 작은 원자핵으로 쪼개지면서 여러 개의 중성자를 방출하는 핵분열을 한다.

99	
Es	
아인슈타이늄	
Einsteinium	

원자번호	99
원자량	(252)
발견	1952
반감기가 가장 긴 동위원소 반감기	471.7일

100	
Fm	
페르뮴	
Fermium	

원자번호	100
원자량	(257)
발견	1952
반감기가 가장 긴 동위원소 반감기	100.5일

101	
Md	
멘델레븀	
Mendelevium	

원자번호	101
원자량	(258)
발견	1955
반감기가 가장 긴 동위원소 반감기	51.5일

따라서 소량의 칼리포늄 샘플은 계속적으로 중성자를 공급할 수 있다.

가장 중성자를 잘 방출하는 칼리포늄 동위원소는 칼리포늄-252이다. 이 동위원소는 다양한 암의 치료, 지하에 매장되어 있는 금속 광물의 탐사, 항공기 부품의 위험한 결함을 보여주는 일종의 '중성자 X-선' 장치, 원자로를 처음 가동할 때 사용하는 '시동 물질' 등의 다양한 용도로 사용되고 있다.

아인슈타이늄(원자번호 99번)과 **페르뮴**(원자번호100)은 1952년에 있었던 최초 수소폭탄 폭발 실험의 낙진에서 처음 발견되었다. 수소 폭탄에서는 수소 원자핵이 융합하여 헬륨 원자핵이 만들어지면서 많은 에너지를 방출한다. 그러나 이런 반응은 아주 높은 온도와 압력에서만 일어날 수 있다. 이런 상태는 작은 우라늄이나 플루토늄 폭탄을 폭발시켜 만들어낸다. 우라늄이 새로운 원소의 출발점이다.

미국 물리학자 알버트 기오르소[Albert Ghiorso]가 이끄는 버클리의 연구팀은 새로운 원소를 발견하고 이 원소들이 우라늄이 여러 개의 중성자를 흡수하여 만들어졌다는 것을 알아냈다. 중성자를 흡수한 원자핵은 여러 번의 베타붕괴를 하면서 원자번호가 하나씩 증가한다. 1954년에 기오르소의 연구팀은 95번과 98번 원소를 만드는 데 사용된 같은 사이클로트론을 이용해 가속시킨 질소 이온을 우라늄에 충돌시켜 두 새로운 원소를 만들어내는 데 성공했다. 이 원소들은 독일 출신 물리학자 알베르트 아인슈타인[Albert Einstein]과 이탈리아 출신 물리학자 엔리코 페르미[Enrico Fermi]의 이름을 따라 아인슈타이늄과 페르뮴으로 명명되었다. 기오르소와 시보그는 1955년에 다음 원소인 **멘델레븀**(원자번호 101)을 만든 연구팀의 일원이었다. 이번에는 캘리포니아 대학의 사이클로트론을 이용하여 가속된 알파 입자를 아인슈타이늄에 충돌시켰다.

원자번호 102보다 무거운 원소들은 납, 비스무트, 플루토늄과 같은 무거운 원소나 칼슘 이온, 니켈 이온, 납 이온과 같은 무거운 이온을 충돌시켜 합성했다. 많은 경우 이런 원소의 발견은 단지 몇 개의 원자나 때로는

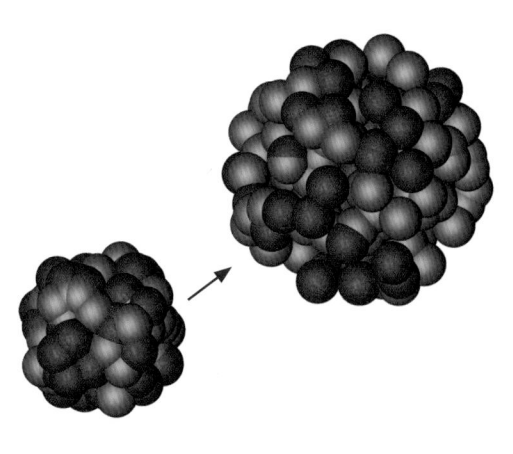

칼슘과 같은 원소의 빠른 원자핵이 비스무트와 같은 무거운 원자핵에 충돌한다.

여러 초우라늄 원소를 만드는 데 사용된 캘리포니아 버클리 대학에 있는 지름 125cm 크기의 사이클로트론.

단 하나의 원자를 만든 것을 바탕으로 이루어진다.

1958년에 알버트 기오르소와 글렌 시보그는 중이온 선형가속기(HILAC)라고 부르는 새로운 장치를 이용하여 탄소 이온을 퀴륨에 충돌시켰다. 이 실험으로 원자번호가 102번인 **노벨륨**이 만들어졌다. 그러나 당시에는 소련에 속해 있던 러시아의 두브나에 있는 공동원자핵연구소에서 다른 팀이 2년 전에 이미 이 원소를 만들었다. 물리학자 게오르기 플료도프$^{Georgy\ Flyorov}$가 이 끄는 러시아 연구팀은 플루토늄에 산소 이온을 충돌시켜 새로운 원소를 만들었다. 전해인 1957년에는 스웨덴의 스톡홀름에 있는 노벨 물리학연구소의 연구팀이 102번 원소를 만들었다고 주장하고 알프레드 노벨의 이름을 따라 노벨륨이라 부를 것을 제안했다. 현재 그들의 주장은 잘못된 것으로 밝혀졌지만 이름은 그대로 사용하고 있다.

103번 원소인 **로렌슘**은 버클리의 알버트 기오르소가 이끄는 연구팀이 1961년에 보론 이온을 칼리포늄에 충돌시켜 처음 만들었다. 이 원소의 이름은 사이클로트론의 발명자인 미국 물리학자 어니스트

102 ☢		103 ☢
No		**Lr**
노벨륨		로렌슘
Nobelium		Lawrencium

원자번호	102	원자번호	103
원자량	(259)	원자량	(262)
발견	1956	발견	1961
반감기가 가장 긴 동위원소 반감기	58분	반감기가 가장 긴 동위원소 반감기	58분

초우라늄 원소

104	☢
Rf	
러더포듐	
Rutherfordium	

원자번호	104
원자량	(267)
발견	1969년 (1966년일 가능성도)
반감기가 가장 긴 동위원소 반감기	1시간 20분

105	☢
Db	
더브늄	
Dubnium	

원자번호	105
원자량	(268)
발견	1960년대 (1967년일 가능성도)
반감기가 가장 긴 동위원소 반감기	29시간

106	☢
Sg	
시보귬	
Seaborgium	

원자번호	106
원자량	(269)
발견	1974
반감기가 가장 긴 동위원소 반감기	2분 5초

로런스^{Ernest Lawrence}의 이름을 따서 명명되었다.

104번, 105번, 106번 원소는 발견과 명명에 상당한 논쟁이 있었다. 세 원소 모두 게오르기 플료도프가 이끄는 두브나 팀이 1964년, 1967년, 1974년에 먼저 발견했다고 발표했다. 그러나 그들의 발견에 버클리의 기 오르소 연구팀이 반론을 제기했다. 그 후 이 원소들은 다시 만들어져 자세히 연구되었다. 국제순수응용화학연합(IUPAC)은 1997년에 이 원소들의 이름을 결정했다. 104번 원소는 원자핵을 발견한 뉴질랜드 출신 물리학자 어니스트 러더퍼드^{Ernist Rutherford}의 이름을 따서 **러더포듐**이라고 부르기로 했다. 105번 원소는 플료도프 연구팀이 연구했던 마을의 이름을 따서 **더브늄**이라 부르기로 했으며, 106번 원소는 글렌 시보그의 이름을 따서 **시보귬**이라 부르기로 했다. 이것은 살아 있는 사람의 이름을 따서 원소의 이름을 지은 유일한 경우이다 (시보그는 1999년에 사망했다).

여러 초우라늄 원소 발견에 관계했던 미국 핵화학자 글렌 시보그. 시보그는 살아 있는 사람들 중에서 자신의 이름을 딴 원소를 가지고 있는 유일한 사람이었다.

보륨(원자번호 107)의 발견에도 논란이 있었다. 독일 다름슈타트에 있던 중이온연구학회(GSI)에서 연구하던 독일 물리학자 페터 아름부르스터[Peter Armburster]가 이끄는 연구팀과 러시아 두브나 연구팀이 각각 1970년대 후반에 이 원소를 발견했다고 주장했지만 받아들여지지 않았다. 1981년에 107번 원소의 합성에 성공한 것은 GSI 팀이었고 발견의 명예도 그들에게 돌아갔다. 이 원소는 덴마크 물리학자 닐스 보어[Niels Bohr]의 이름을 따 보륨이라고 부르기로 했다(28쪽 참조).

GSI의 아름부르스터 연구팀은 108번 원소인 **하슘**도 최초로 만들었다. 이 원소의 이름은 연구소가 있던 독일의 주 라틴어 이름인 헤세[Hesse]를 따라 명명되었다. 독일 물리학자 리제 마이트너[Lise Meitner]의 이름을 따 **마이트너륨**이라고 부르기로 한 109번 원소도 이 연구팀이 최초로 만들었다.

110번 원소인 **다름스타튬**의 여러 동위원소는 GSI와 두브나 연구팀이 1987년 이후 만들었다. 이 원소의 이름은 GSI가 있던 도시인 다름슈타트에서 따왔다. 111번 원소인 **뢴트게늄**은 1994년에 GSI가 처음 만들었고 X-선을 처음 발견한 독일 물리학자 빌헬름 콘라트 뢴트겐[Wilhelm Conrad Röntgen]의 이름을 따라 명명되었다. 역시 GSI가 1996년에 처음 만든 112번 원소인 **코페르니슘**은 16세기 폴란드의 천문학자 니콜라우스 코페르니쿠스[Nicolaus Copernicus]의 이름을 따라 명명되었다.

현재까지 발견된 나머지 원소들(원자번호 118번까

107	☢
Bh	
보륨	
Bohrium	

원자번호	107
원자량	(270)
발견	1981년 또는 그 이전
반감기가 가장 긴 동위원소 반감기	210만년

108	☢
Hs	
하슘	
Hassium	

원자번호	108
원자량	(269)
발견	1984
반감기가 가장 긴 동위원소 반감기	11분 (대략)

109	☢
Mt	
마이트너륨	
Meitnerium	

원자번호	109
원자량	(278)
발견	1982
반감기가 가장 긴 동위원소 반감기	8초(대략)

110	☢
Ds	
다름스타튬	
Darmstadtium	

원자번호	110
원자량	(281)
발견	1994
반감기가 가장 긴 동위원소 반감기	4분 정도

111	☢
Rg	
렌트게늄	
Roentgenium	

원자번호	111
원자량	(281)
발견	1994
반감기가 가장 긴 동위원소 반감기	26초(대략)

112	☢
Cn	
코페르니슘	
Copernicium	

원자번호	112
원자량	(285)
발견	1996
반감기가 가장 긴 동위원소 반감기	9분 정도

초우라늄 원소

Nh 113
니호늄
Nihonium

원자번호	113
원자량	(286)
발견	2003
반감기가 가장 긴 동위원소 반감기 (대략)	20초

Fl 114
플레로븀
Flerovium

원자번호	114
원자량	(289)
발견	1998/99
반감기가 가장 긴 동위원소 반감기	1분 정도

Mc 115
모스코븀
Ununperntium

원자번호	115
원자량	(289)
발견	2003
반감기가 가장 긴 동위원소 반감기 (대략)	0.2초

Lv 116
리버모륨
Livermorium

원자번호	116
원자량	(293)
발견	2000
반감기가 가장 긴 동위원소 반감기 (대략)	60밀리초

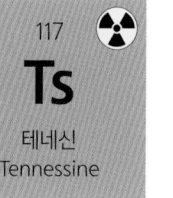

Ts 117
테네신
Tennessine

원자번호	117
원자량	(294)
발견	2010
반감기가 가장 긴 동위원소 반감기 (대략)	78밀리초

Og 118
오가네손
Oganesson

원자번호	118
원자량	(294)
발견	2002
반감기가 가장 긴 동위원소 반감기 (대략)	1밀리초

지)은 대부분 두브나와 캘리포니아에 있는 로런스 리버모어 국립연구소에서 만들었고, 일부는 GSI에서 만들었으며, 하나는 일본 도쿄 부근의 리카쿠 켄큐조(이화학연구소, RIKEN)에 있는 고등과학연구소에서 만들었다.

2004년에 IUPAC는 그리스어와 라틴어의 숫자를 기반으로 새로운 원소에 임시 이름을 부여하는 체계를 만들었다.

원소의 존재가 공식적으로 인정되면 영구적인 이름을 부여할 수 있다. 그러나 원소의 영구 명칭은 IUPAC와 국제순수응용화학연합(IUPAP)의 동의를 얻어야 한다.

114번 원소인 **플레로븀**은 게오르기 플료도프(1990년에 죽은)의 이름을 따라 명명되었고, 116번 원소인 **리버모륨**은 이 원소의 발견과 관계 있는 로런스 리버모어 연구소의 이름을 따라 명명되었다.

최근 그동안 임시 원소명이었던 113번 원소는 **니호늄**, 115번 원소는 **모스코븀**, 117번 원소는 **테네신**, 118번 원소는 **오가네손**으로 명명되었다.

새로운 원소를 만들려는 노력은 아직도 계속되고 있다. 118번 원소보다 무거운 원소들이 합성된다면 매우 불안정해 아주 짧은 시간만 존재할 수 있을 것이다. 그러나 '안정한 섬'이 있을 가능성도 있다. 그런 경우에는 과학자들이 상당히 안정한 아주 무거운 원소도 만들 수 있을 것이다. 일부 원자핵에 대한 이론적인 모델은 126번 원소(운비헥슘)의 일부 동위원소가 상대적으로 안정할 것이라고 제안하고 있다.

이미지 저작권

The majority of photographs were supplied by Science Photo Library with the exception of the page 65. Intel,
79. Getty Images/Joe Raedle, 156. Thinkstock, 158. Thinkstock/Comstock, 160. Thinkstock/Digital Vision,
195. Getty Images/Natasja Weitsz, 201. Gore-Tex

Science Photo Library contributor acknowledgements:
24. Shelia Terry, 27. Ria Novosti, 30. Adam Block, 31. Tony Craddock, 32. Martyn F. Chillmaid, Pasieka,
33. US Navy, Kenneth Eward/Biografx, 34. AJ Photo, 35. Martin Bond, US Department of Energy,
37. Eye of Science, 38. David Taylor, 39. David Nunek, Bill Beatty, Visuals Unlimited, 40. Alexis Rosenfeld,
41. Andrew Lambert Photography, Charles D. Winters, 42. David Cattlin, Cristina Pedrazzini, 43. Sciepro,
44. E.R. Degginer, 45. Andrew Brookes, National Physical Laboratory, 47. Russ Lappa, NASA, 48. Roberto De Gugliemo, Russ Lappa,
49. Jerry Mason, Herve Conge, ISM, 50. Charles D. Winters, 51. Steve Allen, Steve Gschmeissner, Scott Camazine,
53. Tony Craddock, ISM, 54. Sovereign, 55. J.C. Revy, ISM, C.Powell, P.Fowler & D.Perkins, Health Protection Agency,
60. Custom Medical Stock Photo, 61. Klaus Guldbrandsen, 62. Thedore Gray, Visuals Unlimited, Carlos Dominguez,
63. Joel Arem, 66. Charles D. Winters, 67. Andrew Lambert Photography 68. Andrew Lambert Photography, William Lingwood,
69. Wim Van Cappellen/Reporters, 70. David Parker, NASA, 71. Giphotostock, 72 Russell Lappa, James King-Holmes,
73. Charles D. Winters, 74. Mark Williamson, Joel Arem, 75. Tom Burnside, 76. Shelia Terry, 79. D.Roberts,
80. Charles D. Winters, 81. Science Vu, Visuals Unlimited, 82. ISM, 83. Science Source, 85. US Geological Survey,
86 Alex Bartel, Theodore Gray, Visuals Unlimited, 87. Charles D. Winters, Ferrofluid, 88. David Taylor, Steve Gschmeissner,
90. David R. Frazier, 92. Philippe Psaila, 93. Dirk Wiersma, Sovereign/ISM, 95. Gregory Davies, Medinet Photographics,
96. Dr. Tim Evans, 98. Martin Bond, 99. Charles D. Winters, Stefan Diller, 100. Ria Novosti, 101. Mark Sykes, 102. Martyn F. Chillmaid,
103. Manfred Kage, 104. Ken Lucas, Visuals Unlimited, Malcolm Fielding, Johnson Matthey PLC, 105. Jim Amos, Dr. P. Marazzi,
106. Jim Amos, 107. R. Maisonneuve, Publiphoto Diffusion, Dirk Wiersma, 108. David Parker, 109. Simon Lewis,
110. Theodore Gray, Visuals Unlimited, 111. David R. Frazier, 112. Tek Image, 113. Dr P. Marazzi, 115. Photo Researchers,
116. Patrick Landman, Eye of Science, 117. Maximilian Stock Ltd., 118. Herman Eisenbeiss, 119. Peidong Yang/UC Berkeley,
120. Francoise Sauze, 121. Rich Treptow, National Institute of Standards and Technology
122. Max-Planck-Institute for Metallurgy, Robert Brook, 123. Cordelia Molloy, Charles D. Winters,
124. Charles D. Winters, 125. Gustoimages, CNRI, 129. Eye of Science, 130. Gustoimages, 133. Sovereign, ISM,
137. Andrew Brookes, National Physical Laboratory, 144. Patrick Landmann, 145 Alexis Rosenfeld,
147. Dirk Wiersma, 150. Martyn F. Chillmaid, Natural History Museum, Mark Williamson, 151 Kenneth Eward,
152. Drs A. Yazdani & DJ Hornbaker, 155. Raul Gonzalez Perez, 156. Carol & Mike Werner, Visuals Unlimited,
157. North Caroline State University, J.Bernholc Et Al, James Holmes/Zedcor, 158. Cordelia Molloy, Dr. Tim Evans,
159. Richard Folwell, 162. Manfred Kage, Klaus Guldbrandsen, 164. Johnny Grieg, 165. Erich Schrempp, 166. Patrick Landmann,
167. Martyn F. Chillmaid, 169. Martyn F. Chillmaid,170. Charles D. Winters, 171. Gordon Garradd, Wally Eberhart, Visuals Unlimited,
172. Ian Gowland, Thedore Gray, Visuals Unlimited, 174. Laguna Design, Charles D. Winters, Dirk Wiersma, 175. Zephyr, Dirk Wiersma,
179. Dr. Tim Evans, Martyn F. Chillmaid, 180. David Woodfall Images, 181. Dirk Wiersma, Richard Bizley,
182. NASA, Marli Miller, Visuals Unlimited, 183. British Antarctic Survey, 184. Ton Kinsbergen, 185. Charles D. Winters,
186. Bernhard Edmaier, 187. Charles D. Winters, Mark Sykes, 188. Simon Fraser, R Bernhard Edmaier, 189. NASA,
190. Monty Rakusen, 191. Chris Knapton, 192. Alan & Linda Detrick, C.S. Langlois, Publiphoto Diffusion, 193. Dirk Wiersma,
195. Astrid & Hanns-Frieder Michler, Rich Treptow, 197. Dirk Wiersma, 198. Charles D. Winters, 200. Ria Novosti,
202. Charles D. Winters, CC Studio, 203. Victor de Schwanberg, Romilly Lockyer, Cultura, 204. Steve Horrell, 206. Laguna Design,
207. Charles D. Winters, 208. Charles D. Winters, 209. Adrian Bicker, 210. Dr. Ken Greer, Visuals Unlimited,
213. Thedore Gray, Visuals Unlimited, 214. European Space Agency, 215. Philippe Psaila, 216. Alexander Tsiaras,
218. Thedore Gray, Visuals Unlimited, 220. Thedore Gray, Visuals Unlimited, 219. Peter Menzel, 221. John Reader,
222. Peter Menzel, Thedore Gray, Visuals Unlimited, 224. Theodore Gray, Visuals Unlimited, 225. NASA/JPL,
226. National Cancer Institute, 229. Los Alamos National Laboratory, 233 & 234. Lawrence Berkeley Laboratory

※ 같은 페이지 내에서 순서는 반시계 방향입니다.